TRAITÉ D'AGRICULTURE

Celui-ci est contrefait

C.

Nancy, imprimerie de veuve Raybois, rue du faub. Stanislas, 5.

C.-J.-A. MATHIEU DE DOMBASLE

—

TRAITÉ
D'AGRICULTURE

PUBLIÉ

Sur le manuscrit de l'auteur

PAR CH. DE MEIXMORON DE DOMBASLE

SON PETIT-FILS

—

PREMIÈRE PARTIE

ÉCONOMIE GÉNÉRALE

—

PARIS

Mᵐᵉ Vᵉ BOUCHARD-HUZARD	LIBRAIRIE AGRICOLE
rue de l'Eperon, 7	rue Jacob, 26

MDCCCLXI

PRÉFACE

Voici le dernier ouvrage d'un homme auquel
l'agriculture est redevable des plus éminents services. C'est le résumé d'une vie toute de travail
et de dévouement : il représente une carrière signalée déjà par tant de succès et de découvertes.
Vingt ans avant sa mort, M. de Dombasle songeait à
cette œuvre qui devait être le couronnement de ses
laborieuses études; il la mûrissait et attendait, pour
la commencer, l'expérience que dans sa modestie
il ne croyait pas avoir encore acquise. Vers la fin
de sa vie seulement il se mit à l'œuvre, à Roville,
loin des bruits d'un monde qu'il n'aimait pas, dans
cette solitude qu'il jugeait indispensable à l'ami sin-
cère de la science. Il y travailla tous les jours, com-
parant ses idées à la réalité, commentant chaque

page par l'observation des faits, la théorie par la pratique la plus scrupuleuse.

Cet ouvrage, dont le titre seul fait comprendre toute la portée, est donc le dernier mot de ses études. Dans ses écrits publiés de son vivant, M. de Dombasle ne s'était attaché qu'à des questions agricoles prises isolément et séparément traitées. Les *Annales de Roville* sont un vaste recueil de documents pleins d'intérêt, mais sans ordre logique et préconçu, réunis au gré de travaux quotidiens qui variaient suivant mille causes de toute nature. Le *Calendrier du Bon Cultivateur* est spécialement un livre de pratique, privé de ces considérations morales qui auraient pu rebuter le positivisme du simple cultivateur. Le *Traité d'Agriculture* embrasse à la fois les hautes questions de philosophie agricole et les plus minutieuses questions de pratique usuelle.

Au moment où M. de Dombasle mettait la dernière main à son œuvre, au moment où, presque terminée, il allait la livrer à la publicité, la mort vint le surprendre. Ce qu'il n'a pu faire, je le fais aujourd'hui.

Bien souvent des amis ou des admirateurs de

M. de Dombasle, auxquels l'existence du *Traité d'Agriculture* était connue, se sont demandé pourquoi il n'avait pas été imprimé plus tôt. Plusieurs raisons ont influé sur ces retards.

Chacun sait quelle admiration éclairée et quel respect filial mon père avait voués à **M.** de Dombasle. D'abord il désira ne livrer au public l'œuvre capitale du maître que sous la forme complète d'un code agricole, en achevant lui-même les parties que la mort n'avait pas permis à l'auteur de développer complétement; mais de continuelles et astreignantes occupations d'un ordre différent réclamaient son temps et ses soins : après de nombreux efforts, il renonça à sa résolution première, et me réserva, ainsi que je l'ai dit dans la dernière édition du *Calendrier du Bon Cultivateur*, l'honneur de la publication.

Possesseur du manuscrit de mon aïeul, je consultai les hommes spéciaux les plus éminents : ils m'engagèrent tous très-vivement à l'imprimer, et m'affirmèrent que ce travail serait de la plus grande utilité. Pour s'en convaincre, me disaient-ils, il suffit de parcourir le plan général.

Je ne veux point entrer à ce sujet dans de longs

détails. J'ai placé directement après cette préface, pour lui servir de commentaire, la table générale des matières telle que l'a tracée M. de Dombasle.

Le *Traité d'Agriculture* est divisé en quatre parties : *Économie générale*, *Pratique agricole*, *Bétail* et *Comptabilité agricole*.

La première comprend une série d'études sur les questions agricoles, prises de haut et dans leur ensemble. L'auteur commence par l'examen de l'influence que l'État peut et doit exercer sur l'agriculture, dont il trace ensuite les limites et l'étendue. Puis il suit pas à pas le débutant dans sa carrière, en lui montrant la grandeur de sa mission et en lui indiquant les moyens de la remplir dignement. La conduite que l'agriculteur devra tenir envers ses subordonnés, le choix du domaine qu'il devra exploiter, les bâtiments ruraux qu'il lui faudra construire, sont autant de questions fort importantes sur lesquelles M. de Dombasle s'est étendu avec tous les développements qu'elles comportent.

La *Pratique agricole* remplit la seconde partie et les 2e et 3e volumes. Une fois le terrain de l'exploitation bien limité et les bâtiments construits, il faut tracer des chemins, clore et planter, préparer les terres, choisir les assolements, défricher et fumer. Cette première section se termine par une étude sur les instruments aratoires.

L'ordre logique qui préside à la disposition du *Traité d'Agriculture* nous amène aux labours, à la destruction des mauvaises herbes, aux semailles, aux cultures pendant la végétation des plantes, à la récolte et à la conservation des produits, céréales, fourrages ou racines. Les prairies forment un chapitre à part.

M. de Dombasle a traité avec prédilection la troisième partie de son œuvre (*Bétail*). Sa compétence si connue en pareille matière fait de ce volume un guide précieux pour les agriculteurs. Il s'attache successivement au bétail en général, aux races de chevaux, aux bêtes à cornes, aux bêtes à laine, enfin aux porcs, entrant, pour chaque série de ce vaste programme, dans les développements les plus complets.

L'ouvrage se termine par l'étude de la *Comptabilité* appliquée aux travaux agricoles. On peut voir, par un simple coup-d'œil sur la Table des matières, combien sérieusement M. de Dombasle a traité cette question, encore aujourd'hui trop négligée.

Ce plan nous prouve que l'ouvrage auquel **M.** de Dombasle donnait modestement le titre de Traité, est en réalité une Encyclopédie de l'agriculture. Or cette science, comme toutes les autres, en est encore à sa méthode expérimentale. Chaque jour amène des découvertes nouvelles, et chaque découverte amène à son tour de nouvelles expériences, de nouvelles combinaisons. Mais il n'y a pas une seule branche des connaissances humaines qu'on puisse dire positive, dogmatique, hors de toute discussion. Cependant, sous ce rapide et continuel mouvement des sciences, il y a une partie notable qui conserve à jamais sa valeur positive. Les œuvres des maîtres portent avec elles une empreinte qui ne vieillit pas. Elles sont remplies de ces germes d'idées qui ne demandent qu'un sol fertile pour croître et porter leurs fruits, de ces filons inexplorés qui conduiront peut-être à des richesses imprévues. Depuis vingt ans l'agriculture n'a guère changé : quelques questions nouvelles ont surgi, questions secondaires ou de pratique locale; la science est toujours la même, et les diverses théories qui ont pu s'élever ont été pour la plupart renversées par d'autres aussi peu stables. Il est du reste dans l'agriculture bien des parties immuables, celles qu'ont traitées Pline et les auteurs anciens, et qu'Olivier de Serres, Viger, Vanière, ont développées. La ferme de Roville, telle que l'exploitait M. de Dombasle, n'était-elle pas aussi avancée que la plupart des fermes actuelles, et ses *Annales* ne servent-elles pas de guide, dans le plus grand nombre de leurs sections, aux agriculteurs amis du progrès?

Chaque année, des travaux importants viendront apporter des modifications et des additions au Traité d'Agriculture. Je n'ai pas la présomption de l'achever un jour, mais j'espère qu'après de sérieuses études je pourrai y ajouter l'histoire de la technologie agricole, et montrer comment, en suivant le progrès incessant des arts mécaniques, j'ai conservé pour base les savants préceptes de mon aïeul.

Je serai heureux si on me rend le témoignage que j'ai marché dans cette voie si belle, et que j'ai rendu à mon tour quelques services à une science qui est la source première de la richesse et de la grandeur de la patrie.

CH. DE MEIXMORON DE DOMBASLE.

TABLE GÉNÉRALE DES MATIÈRES

CONTENUES

DANS LE TRAITÉ D'AGRICULTURE

PREMIÈRE DIVISION.

ÉCONOMIE GÉNÉRALE.

(1ᵉʳ volume.)

INTRODUCTION.

PREMIÈRE PARTIE.

INTERVENTION DES POUVOIRS PUBLICS.

DEUXIÈME PARTIE.

ÉCONOMIE GÉNÉRALE.

TROISIÈME PARTIE.

DU PERSONNEL.

QUATRIÈME PARTIE.

DES BATIMENTS RURAUX.

DEUXIÈME DIVISION.

PRATIQUE AGRICOLE.

I.

(2ᵉ volume.)

PREMIÈRE PARTIE.

AMÉLIORATIONS IMMOBILIÈRES DU SOL.

TROISIÈME PARTIE.

DES ASSOLEMENTS.

QUATRIÈME PARTIE.

DES INSTRUMENTS.

SECONDE DIVISION.

PRATIQUE AGRICOLE.

(3ᵉ volume.)

—

PREMIÈRE PARTIE.

CULTURE.

TROISIÈME PARTIE.

DES PRAIRIES.

QUATRIÈME PARTIE.

DE LA CULTURE DES PLANTES. — DES CÉRÉALES.

TROISIÈME PARTIE.

QUATRIÈME PARTIE.

DES BÊTES A LAINE.

CINQUIÈME PARTIE.

DES PORCS.

SIXIÈME PARTIE.

DE LA PRODUCTION DE LA GRAINE.

SEPTIÈME PARTIE.

ALIMENTATION ET ENGRAISSEMENT DES ANIMAUX.

—

QUATRIÈME DIVISION.

(5ᵉ volume.)

—

PREMIÈRE PARTIE.

COMPTABILITÉ APPLIQUÉE AUX OPÉRATIONS AGRICOLES.

TROISIÈME PARTIE.

COMPTABILITÉ APPLIQUÉE AUX AFFAIRES DE TOUS LES PARTICULIERS, NON COMMERÇANTS.

INTRODUCTION

Des mœurs et des habitudes sociales en France, dans leurs rapports avec l'état
de l'agriculture et de la propriété foncière.

Depuis que le retour de la paix, en 1815, a permis à la France de s'occuper de recherches sur l'état de l'industrie chez les autres peuples de l'Europe, on a pu reconnaître que la plupart des nations qui nous entourent étaient plus avancées que nous dans l'art agricole. Dans l'empire britannique en particulier, dans la Belgique et dans presque tous les états qui composent l'Allemagne, les procédés de l'agriculture avaient fait de tels progrès depuis le milieu du siècle dernier, que l'infériorité de l'agriculture française était manifeste, si l'on en excepte un très-petit nombre de nos départements. La France, cependant, avait fait d'immenses progrès dans presque toutes les carrières industrielles, au milieu même de la tourmente révolutionnaire et sous le régime impérial. Pourquoi l'agriculture était-elle restée étrangère à ce mouvement progressif de l'industrie? C'est là le sujet d'une recherche fort importante; car l'étude des causes qui ont retenu chez nous l'industrie agricole dans l'état arriéré où nous la voyons, peut, je crois, répandre beaucoup de lumières sur la marche que cette industrie est appelée à suivre dans l'avenir. Il faut remonter assez haut dans l'histoire de la société française pour y trouver les causes de l'état stationnaire dans lequel l'agriculture y est restée, au milieu du mouvement progressif des nations voisines, et c'est là un fait qui se lie essentiellement à d'autres circonstances sociales, sur lesquelles je vais jeter un coup-d'œil rapide.

Sur les débris du régime féodal qui avait concentré la possession du territoire entre les mains d'un certain nombre de grands propriétaires, il n'était guère possible que la culture des terres s'améliorât autrement que par le concours des propriétaires eux-mêmes; car les procédés de la culture ne peuvent se perfectionner qu'à l'aide de beaucoup d'améliorations foncières, dont le propriétaire peut seul faire les frais. C'est en vain que l'on espérerait que l'art agricole pût progresser dans un pays arriéré, si les propriétaires ne font pas construire des bâtiments d'exploitation et d'habitation convenables pour les cultivateurs; s'ils ne concourent, du moins pour une grande part, aux dépenses de défrichement, d'assainissement, de clôtures, de chemins d'exploitation, etc.; et tout cela ne se fait jamais que par des propriétaires résidant sur leurs domaines, parce qu'eux seuls peuvent le faire économiquement et avec intelligence.

C'est ainsi que nous voyons qu'en Angleterre et en Allemagne la noblesse, résidant dans ses châteaux, au milieu d'une population devenue libre par l'abolition successive du servage féodal, dirigea ses principaux soins vers les travaux qui avaient pour but de mettre en valeur des propriétés territoriales. Chaque seigneur, dirigeant personnellement une exploitation qui pouvait servir de modèle, faisant passer successivement à l'état de fermier les métayers que les progrès de la civilisation avaient substitués aux serfs, devint ainsi un centre d'améliorations agricoles. Des capitaux se formèrent au sein de cette population industrieuse, par les bénéfices que put procurer le fermage, et un grand nombre d'hommes de la classe du peuple purent devenir eux-mêmes propriétaires, dans les pays où les institutions n'interdisaient pas à la noblesse l'aliénation de ses propriétés. Dans les autres, il se forma une classe de fermiers qui put consacrer à l'exploitation des terres des capitaux suffisants pour permettre d'améliorer sans cesse les procédés de la culture. Mais partout, dans ces pays, les grands propriétaires continuèrent à résider dans leurs domaines et à s'occuper activement des travaux agricoles. Ils furent ainsi à même de donner aux améliorations foncières tous les développements que réclamait chaque période des progrès de l'industrie rurale, soit dans les exploitations qu'ils dirigeaient eux-mêmes, soit dans les domaines dont ils confiaient la culture à des fermiers. Observant chaque jour les opérations de ces derniers, et capables de les apprécier par leurs propres connaissances en agriculture, ils ont pu leur accorder, soit par les stipulations des baux, soit par des dépenses faites à propos par le propriétaire, tous les encouragements dont ils avaient besoin pour améliorer leur culture. Là, l'agriculture a toujours été considérée comme une occupation honorable pour les hommes d'un rang élevé, et la profession de fermier a constamment été regardée comme élevant dans l'ordre social les hommes qui s'y livrent. Ainsi, tout était préparé pour que l'agriculture prît chez ces nations une part active au développement industriel que les progrès de la civilisation ont généralement amené dans le cours du siècle dernier.

Voyons maintenant ce qui se passait en France dans le même temps. Au XVIe siècle, les gentilshommes habitaient presque tous leurs terres; un grand nombre d'entre eux s'occupaient à les faire valoir, et l'agriculture française était parvenue par leurs soins à un degré de perfection qui la plaçait vraisemblablement alors au niveau de la situation de cet art chez les nations voisines. On écrivait peu; cependant nous possédons un monument fort curieux de la culture à cette époque. C'est l'ouvrage dans lequel Olivier de Serres a si bien décrit les pratiques agricoles de son temps. C'est en 1600 que le seigneur du Pradel, âgé de près de soixante ans, fit paraître le *Théâtre de l'agriculture et ménage des champs*. Cet ouvrage n'est pas seulement encore aujourd'hui un des meilleurs traités d'économie rurale qui aient été écrits en France, mais il est remarquable comme tableau de la vie et des-occupations des gentilshommes de ce temps. On voit que la pratique de l'agriculture, déjà portée à un assez haut degré de perfection, n'était pas séparée, dans l'esprit des propriétaires qui s'y adonnaient, de la connaissance de tous les détails qui composent la vie rurale. C'est donc ainsi qu'Olivier de Serres trace le sommaire de son *premier lieu,* c'est-à-dire, de la première partie de son ouvrage..... « auquel le père » de famille est instruit à : *1° s'acquérir et bien accommo-* » *der la terre qui le doit nourrir : et par conséquent d'en* » *bien cognoistre le naturel, etc.; 2° dresser ou appro-* » *prier son logis, pour y habiter commodément avec les* » *siens; 3° bien conduire sa famille, et par ainsi se com-* » *porter sagement et dedans et dehors sa maison; sçavoir* » *les saisons, et façons du mesnage.* » Et, vers la fin de l'ouvrage, le *huitième lieu* traite : « de l'usage des ali- » ments et de l'honnête comportement en la solitude de la » *campagne.* » Tous ces sujets sont traités, non-seulement avec une grande supériorité, mais avec le sentiment intime de l'amour de la vie des champs, amour alors partagé par un grand nombre de propriétaires de la classe noble.

Il est remarquable que c'est seulement dans les traités agricoles qui datent de cette époque, que l'on trouve ainsi les détails de la vie champêtre unis aux préceptes de la culture des terres, comme on le voit dans la *Maison rustique*, dont la première publication, en latin, par Charles Estienne, avait précédé de près d'un demi siècle l'ouvrage d'Olivier de Serres. Nous trouvons cependant encore, dans les premières années du xviiie siècle, une publication faite dans le même esprit : c'est le *Prædium rusticum* du père Vanière. Cet ouvrage, si remarquable sous le rapport littéraire et qui fit donner à son auteur le titre de *Virgile français*, était, dans le siècle où il fut écrit, ce qu'on pouvait appeler alors un reste des mœurs du bon vieux temps. En effet Vanière, né dans une famille noble qui avait continué de trouver dans la vie de la campagne le repos et le bonheur, peint, dans ses vers élégants, les sentiments et les impressions de son jeune âge.

C'est vers la fin du xvie siècle que commença à se manifester, parmi la noblesse française, cette tendance qui éloignait les grands propriétaires de leurs manoirs féodaux, pour les concentrer à la cour ou dans les emplois que donnait la faveur royale. Les simples gentilshommes suivirent cet exemple ; et les villes des provinces commencèrent de former, à dater du xviie siècle, la résidence de ceux à qui la modicité de leur fortune ne permettait pas d'habiter la capitale. Il fut bientôt admis qu'il n'y avait pour la noblesse que deux carrières honorables : la robe et l'épée. Soit que cette tendance fût favorisée par la politique des rois, soit qu'elle fût le résultat de toute autre cause, il est certain que sous le règne de Henri IV, et plus encore sous celui de ses successeurs, la noblesse française commença à se distinguer essentiellement, par ses habitudes, de la noblesse de tous les autres états de l'Europe. La cour et les villes devinrent la résidence de la plus grande partie des gentilshommes, dont les faveurs royales et les emplois salariés semblaient former le patrimoine. C'était pour eux un droit bien acquis, et comme une juste indemnité des dépenses par lesquelles ils absorbaient, dans le luxe de la cour et des villes, ou dans le service militaire, leur véritable patrimoine, le patrimoine foncier que leur avaient transmis leurs aïeux. Je dirai plus loin quelques mots des conséquences qui ont été pour la noblesse française et pour nos institutions sociales les résultats d'un tel échange ; mais rien n'est plus frappant que l'influence qu'il a exercée sur l'état de l'art agricole de notre pays.

Les châteaux furent abandonnés, ou ne furent plus regardés que comme une position d'où les seigneurs pouvaient plus facilement, pendant quelques mois de l'année, venir pressurer les hommes qui exploitaient le sol : ces revenus, loin d'être répartis sur la propriété qu'ils auraient vivifiée, étaient consommés au sein des villes ou servaient à soutenir l'éclat du nom de leur possesseur à la tête d'un régiment ou d'une compagnie de cavalerie. Des bâtiments d'exploitation délabrés, la négligence dans toute dépense d'amélioration, des cultivateurs pauvres et insouciants de leur avenir, parce qu'il n'y avait pas d'avenir pour eux, voilà le spectacle que présentèrent bientôt, presque partout, les domaines appartenant à la noblesse, domaines qui formaient encore alors la partie la plus considérable du territoire français. La profession de cultivateur s'était tellement avilie dans l'opinion, par l'effet de l'éloignement et du dédain de la classe la plus élevée de la société, que ceux même des gentilshommes qui continuèrent d'habiter leurs terres auraient cru s'abaisser en s'occupant de travaux agricoles.

Au XVIIe siècle, rien n'est plus frappant que les indices de cet abandon : à cette époque si féconde en productions littéraires, nous trouvons nullité à peu près complète de publications sur l'agriculture. Il ne pouvait guère en être autrement dans un temps où les grands propriétaires, ayant abandonné leurs manoirs champêtres pour se concentrer à la cour et dans les villes, avaient laissé la culture du sol à une classe d'hommes pauvres et ignorants. Cette époque, appelée en France le grand siècle, est celle où la littérature et les arts ont brillé chez nous du plus vif éclat ; et c'était là un effet assez naturel de la réunion dans les grandes cités d'hommes opulents, avides des jouissances de l'esprit comme de celles du luxe, et qui n'avaient guère d'autre occupation que celle de dépenser les revenus qu'ils tiraient encore de leurs terres. C'est à dater de cette époque qu'on a commencé à bafouer, dans les sociétés les plus polies et sur nos théâtres, le gentilhomme campagnard, comme le type de tous les ridicules. La noblesse citadine applaudissait : après avoir déserté la vie champêtre, elle regardait, semble-t-il, comme une défection digne de flétrissure, la conduite de ceux de ses membres qui n'obéissaient pas à l'impulsion qu'elle avait donnée.

Le xviiie siècle se présente à nous, sous le rapport agricole, avec un caractère tout particulier : c'est l'époque où se préparait une régénération sociale devenue inévitable par le déplacement des classes qui composaient la société. Dans les siècles précédents, la noblesse française, en abandonnant ses manoirs ruraux et en désertant le sol d'où elle tirait sa **prépondérance** dans l'Etat, la noblesse française **avait** donné sa démission. C'est au xviiie siècle que cette démission fut acceptée, et c'est alors que s'opéra un grand déclassement de la propriété foncière. Beaucoup d'hommes, enrichis par le commerce ou l'industrie, acquirent des propriétés que la noblesse ne pouvait plus conserver. Mais, ce qui est plus important sous le rapport de l'art agricole, ce sont les progrès que ne cessa de faire la petite culture à dater de cette époque : timide d'abord, puis envahissante, parce qu'elle était exercée par des hommes pauvres, elle sentit bientôt la force que lui donnait la résidence sur le sol, et à l'époque où la révolution française éclata, elle avait acquis déjà assez de développement pour être en mesure de profiter avec activité de l'occasion qui se présentait d'entrer en partage d'une multitude de grands domaines.

La grande culture n'était cependant pas restée inactive pendant le xviiie siècle, mais elle s'y montra avec des caractères particuliers à l'époque. Au nombre de ceux qui, dans ce siècle, s'occupèrent de grands travaux agricoles, se placent en première ligne deux hommes éminents, Turbilly et Duhamel, tous deux appartenant encore à la classe des anciens propriétaires de presque tout le sol français. Tur-billy, homme du monde et colonel d'un régiment, occupa ses loisirs à de très-beaux travaux d'amélioration agricole, et nous a laissé, sur la pratique des défrichements, un traité dont les hommes spéciaux de nos jours apprécient encore le mérite. Mais la tendance de l'époque dirigeait la marche de la société vers l'industrie manufacturière, encore plus que vers la pratique de l'agriculture. On avait vu déjà beaucoup s'affaiblir l'opinion qui interdisait à la noblesse les occupations du négoce. Turbilly forma de grandes entre-prises de manufactures et y consomma tout son patrimoine. Il put, un des premiers, reconnaître ce qu'avait de sage, dans l'intérêt de la noblesse elle-même, le préjugé qui la forçait à circonscrire ses occupations dans le cercle des soins qu'elle eût dû donner à accroître la valeur de ses propriétés foncières: Dans la carrière de l'industrie, des fortunes nouvelles surgissent chaque jour, d'autres s'écli-psent. La richesse générale s'accroît en définitive, mais de telles vicissitudes sont fatales à une noblesse héréditaire, et la stabilité qui caractérise la propriété foncière peut seule assurer sa conservation.

Duhamel-Dumonceau, de même que le marquis de Turbilly, partagea son attention et ses richesses entre les améliorations de l'agriculture et les progrès de l'industrie. Il fut en outre inspecteur général de la marine et publia de nombreux ouvrages sur les constructions maritimes et sur les pêches maritimes et fluviales. On lui doit d'immenses travaux sur plusieurs arts industriels, et tous ces ouvrages ont été évidemment écrits, non-seulement par un savant judicieux et éclairé, mais par un homme qui avait étudié et observé à fond tous les détails des procédés qu'il décrivait. On conçoit à peine comment Duhamel, au milieu de tant de recherches et de travaux divers, a pu trouver du loisir pour se livrer à des occupations agricoles ; et cependant les ouvrages qu'il nous a laissés sur ce sujet sont nombreux et d'un haut intérêt.

Au reste, les travaux agricoles de Duhamel et de Turbilly ont été en quelque sorte des faits isolés dans ce siècle ; ils ne pouvaient exercer aucune influence sur l'agriculture générale du pays, à une époque où la masse des grands propriétaires s'occupait si peu de la culture de ses domaines, et ces deux hommes eux-mêmes n'ont pas compris que le meilleur exemple agricole à donner à la noblesse française eût été de résider sur les propriétés qu'ils faisaient valoir. Aussi Patullo, l'un des agronomes les plus distingués de ce temps en Angleterre, disait avec étonnement, vers le milieu du xviiiᵉ siècle, que l'agriculture française avait été plus florissante sous le règne de Henri IV qu'elle ne l'était sous le règne de Louis XV.

Duhamel possédait de hautes connaissances scientifiques, et il a formé en quelque sorte la transition à la période qui a remis l'art agricole entre les mains de *l'Ecole théorique*, en pleine vigueur dans la seconde moitié du xviiiᵉ siècle. Depuis longtemps il n'était plus question, pour les propriétaires français, de la vie rurale et du ménage des champs qui occupaient les propriétaires du temps d'Olivier de Serres. Mais, dans la période dont je parle, ce ne fut plus même de la plume de propriétaires s'occupant de leurs domaines au milieu des nombreuses distractions de la vie du monde, comme l'avaient fait Turbilly et Duhamel, que sortirent les publications agricoles : des savants, citadins et souvent ne possédant pas un champ, se mirent à disserter sur l'agriculture et à donner des leçons de cet art, sinon aux cultivateurs qui ne les écoutaient guère, du moins aux habitants des villes qui ne cultivaient pas, et à qui l'on finit par persuader que l'art agricole ne consiste que dans l'application des sciences physiques et naturelles, en sorte qu'il suffisait de posséder quelques connaissances scientifiques pour pouvoir se dire agriculteur dans les cercles des cités. Cette école, qui s'est propagée jusqu'au commencement de ce siècle, renfermait dans son sein beaucoup d'hommes éminents par leurs connaissances, et animés des intentions les plus pures. On rencontrait dans la société

quelques hommes à qui l'art agricole, dans lequel ils avaient fait légèrement et sans suite quelques tentatives presque toujours malheureuses, n'était pas étranger, et qui communément se laissaient entraîner aux plus singulières méprises sur les applications des sciences, dans lesquelles ils n'étaient pas versés. Ceux-là étaient les oracles de l'agriculture dans les sociétés des villes. C'est ainsi qu'en appliquant à l'agriculture, dans la retraite du cabinet, les idées qu'on se formait d'après quelques principes de physiologie végétale ou de chimie, on donna naissance aux doctrines alors désignées sous le nom de *Théorie de l'art agricole*. C'est à cette époque qu'Arthur Yung, voyageant en France, témoignait son admiration sur les travaux entrepris par Turbilly un demi-siècle auparavant, et visitait avec vénération l'ancien manoir d'Olivier de Serres ; mais en parlant des hommes qui écrivaient de son temps sur l'agriculture en France, il demandait « si ce bon abbé Ro-
» zier savait seulement comment est faite une charrue. »

Cette école agronomique était, au reste, la seule possible à une époque où les propriétaires du sol, réunis dans les villes, avaient cessé de s'occuper de l'exploitation de leurs domaines ; et si les travaux de cette école ont peu avancé l'art de cultiver la terre, ils ont du moins puissamment contribué à inspirer aux habitants des villes, et même à des propriétaires qui avaient continué d'habiter leurs domaines, le goût des occupations agricoles.

C'est aussi dans le xviiie siècle qu'un grand changement s'introduisit dans l'opinion, relativement à l'importance sociale de l'agriculture et à la considération que méritent les hommes qui s'y livrent. A cette époque en effet, commencèrent les recherches sur l'économie politique. Les hommes qui s'efforcèrent chez nous de poser les premiers principes de cette branche de connaissances se divisèrent en deux opinions souvent appelées sectes : les uns regardaient la terre comme l'unique source de tous les produits et par conséquent de toutes les richesses ; les autres, ne considérant que le travail, voyaient en lui l'origine de tout ce qui constitue la richesse des peuples. Mais, comme la terre est en réalité le plus grand des ateliers de travail, ces deux opinions concouraient dans leurs conséquences à attribuer à l'agriculture une immense prééminence parmi les sources d'où les nations pouvaient tirer *leur bien-être* et *leurs richesses.*

Il fut admis dès ce moment que l'agriculture est le premier des arts, et l'on comprit que si les cultivateurs avaient occupé jusque là un rang peu élevé en France, c'était uniquement parce que la désertion des propriétaires fonciers avait laissé la pratique de cet art entre les mains d'une classe pauvre et ignorante. Ce fut alors qu'on exhuma ce mot de Cicéron qui, depuis une cinquantaine d'années a trouvé si souvent place dans les écrits sur cette matière : *Nil agriculturâ meliùs ; nil homine-libero dignius, etc.* En effet, comme c'était dans les cercles des villes que se concentrait alors la science de l'agriculture, la littérature lui vint en aide et l'on remit au jour une multitude de passages des écrivains de l'antiquité, citations qui témoignaient du rang honorable que l'opinion assignait alors aux occupations agricoles.

A n'en juger que par l'extérieur, c'est-à-dire par les paroles et les écrits, c'était là le beau temps de l'agriculture ; mais ici l'opinion était en complète discordance avec les mœurs et les habitudes des classes éclairées de la société, qui, livrées presque exclusivement à des occupations incompatibles avec la pratique de l'agriculture, étaient restées entièrement étrangères aux procédés de cet art. C'est en considérant les choses de ce point de vue que l'on pourra débrouiller cette espèce d'énigme agricole qu'a présenté longtemps chez nous le désaccord entre les opinions et les mœurs des classes élevées. Ces classes étaient vraiment agricoles par leurs opinions ; c'est-à-dire qu'on s'occupait volontiers d'agriculture et qu'il était de bon ton d'en parler. Il paraissait sur ces matières des ouvrages qui trouvaient des lecteurs. Des sociétés d'agriculture se formèrent, et l'on entendait sans cesse répéter que le gouvernement devait à cet art sa protection et ses faveurs. Mais cette société, où l'on vantait si souvent les charmes de la vie rurale, conservait ses mœurs et ses habitudes citadines. On n'y savait en aucune façon ce que c'est que la vie de la campagne, et l'on ne parlait d'agriculture que d'après les idées prises dans les écrits publiés par des hommes qui, pour la plupart, ne l'avaient pas pratiqué. Dans l'adminis-

tration, les intérêts agricoles étaient presque toujours sa
crifiés, parce qu'on ne les comprenait pas.

Nous trouvons partout, à cette époque, les résultats de
ce désaccord : toujours faveur très-marquée pour les progrès de l'art de la culture, et toujours impuissance à reconnaitre les moyens d'avancer dans cette voie, parce que
la société était étrangère aux mœurs agricoles. Des notions
erronées répandues sur ce sujet dans les classes élevées,
il résulta de graves mécomptes pour un grand nombre de
ceux qui voulurent obéir à la direction générale des idées
en se livrant à des opérations rurales. C'est par suite de
ces revers que l'on vit s'établir chez tous les habitants des
campagnes et parmi un grand nombre d'hommes fort sages
de la société, cette opinion qu'on ne peut obtenir de succès en agriculture si l'on n'est pas né dans la classe des
cultivateurs de profession.

Mais enfin, parmi les hommes qu'entrainaient vers la
vie rurale les publications de l'école en pleine vigueur en
ce temps, il s'en trouva quelques-uns qui, plus patients
que les autres ou plus favorisés par leurs dispositions naturelles, obtinrent de véritables succès, en rectifiant par
la pratique et l'observation des faits les doctrines systéma-
tiques qui dominaient alors. Bientôt les matières agricoles
purent être traitées par des hommes résidant près de leurs
champs, et formulant leur opinion d'après leurs propres
travaux. On vit alors s'élever une école agronomique nouvelle, composée d'hommes qui avaient établi sur le terrain

de la pratique le théâtre de leurs recherches et de leurs observations. On peut l'appeler l'école d'application : elle marcha droit au but qu'il s'agissait d'atteindre, car les difficultés de l'art agricole consistent précisément dans les applications des principes et des théories, et cette école aborda franchement ces difficultés, tandis que les écrivains de l'école théorique n'en avaient tenu aucun compte.

Depuis le commencement de ce siècle, la France a déjà fait de grands pas dans la carrière tracée par cette école nouvelle, et la grande culture fait tous les jours des progrès réels. C'est dans les champs que cette école a établi ses recherches et la base de ses enseignements ; c'est là que ses travaux prennent de plus en plus d'extension, et qu'ils se manifestent par des succès multiples. Le goût de l'agriculture se répand chaque jour davantage en France, et ce goût appelle une multitude d'hommes des classes éclairées à fixer leur résidence sur leurs propriétés et à se livrer à leur amélioration. Mais il faut bien dire que dans l'esprit d'un grand nombre d'habitants des villes, les doctrines de l'école théorique conservent et conserveront vraisemblablement encore pendant longtemps leur empire.

Cependant, lorsque les classes élevées de la société se sont retournées vers la terre pour s'occuper de son exploitation, après deux siècles, sinon d'absence, du moins de négligence et d'inattention, elles ont trouvé qu'il s'était opéré un immense changement dans la distribution de la culture et de la propriété foncière : partout la petite culture avait fait d'immenses progrès, par suite du déclassement qui, comme je l'ai déjà dit, s'était opéré dans la propriété. La classe d'hommes qui déserte la propriété foncière doit la perdre : la terre aime la présence du maître, parce que lui seul peut y apporter les améliorations foncières sans lesquelles l'amendement de la culture est impossible, et parce que ces améliorations ne peuvent être exécutées avec intelligence et économie que par celui qui est à portée d'observer et de suivre dans leurs progrès les divers besoins de la culture. Aussi, dans tous pays, la culture cherche-t-elle une autre classe de propriétaires, lorsque celle qui la possède abandonne l'immense avantage que lui donne la résidence. Ce mouvement de déclassement dure encore, et tous les jours on voit dépecer les grands domaines pour les vendre en détail aux habitants des campagnes. Il serait impossible qu'il en fût autrement, dans l'état d'infériorité relative où sont encore généralement les procédés de la grande culture.

Tel grand propriétaire habitant la capitale possède encore dans un département éloigné vingt domaines affermés dont il tire, je suppose, un produit de trente mille francs par an, tous frais d'administration et de réparations prélevés. En prenant pour base le prix que l'on pourrait trouver de ces domaines s'ils étaient en vente, le propriétaire en tire un revenu de *deux pour cent*, souvent moins. Mais si vingt propriétaires résidant sur les lieux en faisaient l'acquisition à ce prix, il ne faut pas croire qu'ils entendraient placer

leurs fonds à ce taux. Ils savent bien qu'en peu de temps
ils augmenteront et doubleront peut-être le produit net, en
supposant même qu'ils continuent de faire exploiter les
terres par des cultivateurs de la classe ordinaire. Un tel
accroissement de revenu semblera chose naturelle à tout
homme habitué à apprécier les résultats d'une administration active et vigilante, et de la surveillance personnelle et constante des propriétaires dans la direction
des biens ruraux. Ce sont là des faits qu'on voit se répéter
tous les jours. Mais si, au lieu d'être laissés en corps de
domaines, ces biens ou une partie seulement sont vendus
par parcelles à de petits propriétaires qui les exploiteront
eux-mêmes, l'accroissement du produit brut et du produit
net sera bien plus considérable encore.

Maintenant, que l'on se demande si, dans une telle situation des choses, il est vraisemblable que les domaines
dont je viens de parler resteront, pendant plusieurs générations encore, dans la possession de la famille du grand
propriétaire? La propriété foncière, de même que toutes
les autres, ressemble aux liquides qui cherchent constamment leur niveau : c'est-à-dire que les propriétés tendent
sans cesse à tomber entre les mains de ceux qui savent en
tirer le meilleur parti dans leur intérêt, ainsi que dans
l'intérêt général. Le niveau s'établit, parce que les propriétés ayant réellement plus de valeur pour ces derniers,
ils peuvent les acquérir à un prix qui dépasse la valeur
qu'elles ont pour les autres. Ce niveau, c'est la concur-

rence, qui exerce son empire sur toutes les branches de l'industrie et de la richesse d'une nation. Voilà l'histoire du déclassement d'une multitude de propriétés foncières depuis un siècle en France, et bien d'autres se déclasseraient encore si les choses restaient dans la même situation, relativement aux circonstances sociales qui se rapportent à l'exploitation du sol.

Dans les circonstances qui exercent leur influence sur le déclassement des terres dont je viens de rapporter un exemple, il faut distinguer soigneusement deux choses : les effets de la résidence du propriétaire, dont je parlerai plus amplement dans quelques instants, et les avantages relatifs de la grande et de la petite culture. Quant à ce dernier point, il faut bien se garder de croire que ce déclassement de la propriété foncière tienne à un avantage réel qu'aurait en général la petite culture sur l'exploitation des domaines de grande et de moyenne étendue. Au contraire, partout où la grande culture est établie sur des bases convenables, et lorsqu'elle est favorisée par l'état social, elle possède de très-grands avantages sur la [culture des petites parcelles. L'emploi de meilleurs instruments, l'application du principe de la division du travail, et beaucoup d'autres causes, donnent à la grande culture une supériorité manifeste, en sorte que les petits fragments de terre tendront à se réunir en grands domaines, au moins autant que ces derniers tendront à se diviser, toutes les fois que la grande et la petite culture pourront lutter à armes égales, c'est-à-dire, lorsqu'elles seront également favorisées par les circonstances sociales.

Mais pour que la grande culture puisse jouir des avantages qui lui sont propres, plusieurs circonstances sont nécessaires : d'abord il faut que l'on consacre à l'exploitation des terres des capitaux suffisants ; ensuite ces capitaux doivent être administrés par des cultivateurs pourvus de plus de lumières et de plus d'instruction qu'il n'en faut aux propriétaires de petites parcelles. Une grande ferme, en effet, dans laquelle on emploie des agents de diverses espèces, et à laquelle on applique un capital de quelque importance, exige, pour la culture et l'administration, des combinaisons beaucoup plus variées et plus compliquées que la culture d'une petite propriété, où tout se fait par les bras de la famille. Mais ces circonstances ne peuvent guère se rencontrer, même pour les domaines affermés, que là où les propriétaires ont fait une longue résidence sur les lieux, car la culture, comme je l'ai déjà dit, ne peut faire de progrès sur les terres abandonnées ou négligées par les propriétaires, et les cultivateurs y restent nécessairement pauvres et par conséquent ignorants. Il n'y a pas effectivement de culture profitable sans les améliorations foncières auxquelles le propriétaire peut seul se livrer, et en particulier sans l'existence de bâtiments d'habitation et d'exploitation, bâtiments qui conviennent au fermier jouissant d'une certaine aisance.

C'est pour cela qu'en France tous les avantages sont

restés du côté de la petite culture : des capitaux relativement plus considérables lui sont consacrés, car le travail seul d'une famille, appliqué à un ou deux arpents de terre, représente un capital bien supérieur à celui qu'on consacre généralement aux grandes et aux moyennes exploitations. Le fumier d'une ou deux vaches, recueilli avec des soins minutieux, présente aussi un engrais proportionnellement plus abondant que celui qu'emploient la plupart des fermiers des grands domaines. Ensuite le maitre est là, dans la petite culture, pour veiller aux soins d'améliorations foncières, de même qu'à ceux qu'exige la culture, et le revenu de la terre, dépensé sur place, s'accumule pour une bonne partie en améliorations du sol. Aussi, presque partout en France, on distingue le champ du petit propriétaire à la beauté des récoltes et au soin avec lequel il est enclos, assaini et amélioré. C'est par la petite culture que se sont introduites chez nous les améliorations les plus utiles et les plus importantes ; c'est là que la jachère a été supprimée dans les cas où cette suppression est possible, et remplacée par la culture des récoltes sarclées. C'est donc uniquement à des causes particulières à l'état social en France qu'est dû l'envahissement de la petite culture sur la grande.

Il est certain que c'est par l'agriculture que la démocratie s'est d'abord introduite dans notre pays, car c'est la situation de l'art agricole qui a amené forcément la démocratie dans la propriété foncière. Les événements qui ont accompagné notre Révolution ont accéléré le mouvement, mais il avait déjà pris une grande extension avant cette époque et il ne s'est nullement arrêté depuis. La démocratie s'est introduite ainsi chez nous avec cette circonstance particulière, que la démocratie nouvelle ne pouvant exercer presque aucune influence sociale à cause des habitudes et du défaut d'instruction de la plupart des hommes qui la composaient, cette influence a été exercée en leur nom par une autre classe plus éclairée, résidant dans les villes, et qui a apporté à la défense des intérêts démocratiques des préoccupations entièrement étrangères aux intérêts de la propriété foncière. C'était une démocratie par procuration qui s'établissait, en même temps que les naturalistes et les chimistes faisaient de l'agriculture par procuration. Les mandataires de la démocratie, étrangers à la masse immense d'intérêts nouveaux qui s'étaient formés, invoquant sans cesse le bien-être des classes les plus nombreuses, se sont principalement occupés d'arracher à la grande et à la moyenne propriété les lambeaux d'influence qui leur restaient encore. Et c'est par l'effet de cette combinaison bizarre dans la situation de la société que l'on a vu pendant plus d'un demi-siècle la propriété foncière, dans tous ses degrés, à peu près privée de toute influence sur la société française. Toutes les fois qu'on veut introduire dans nos institutions quelque chose qui tend à rétablir cette influence, toutes les fois que l'on propose d'accorder quelque faveur à la propriété foncière, on entend dire par beaucoup de personnes qu'on s'engage dans une voie rétrograde : ces personnes ne se trompent en aucune façon, car la tendance sociale était dirigée depuis fort longtemps vers la démolition de l'influence de la propriété foncière, et ce n'est que par une marche rétrograde qu'il est possible de lui rendre cette influence sans laquelle les institutions manquent toujours de stabilité.

L'établissement du cens électoral a été le premier pas qu'ont fait, dans une autre direction, les législateurs qui ont compris l'impossibilité de fonder des institutions stables et permanentes sur une autre base que sur la prédominence des intérêts de la propriété foncière. Mais le cens, comme institution gouvernementale, suppose l'influence de la propriété foncière, et il ne faut pas se dissimuler qu'à l'époque où le cens a été établi cette influence n'était encore qu'une fiction. Aussi l'on a pu voir à combien d'attaques cette institution a donné lieu : l'accusation d'aristocratie s'est fait entendre, et cette accusation est toute puissante chez un peuple qui sort à peine de la lutte qu'il lui a fallu soutenir pour abattre une aristocratie territoriale, qui avait perdu par sa faute le rang qu'elle occupait dans la société, mais que soutenaient encore d'anciens souvenirs. Dans de telles circonstances, on peut bien dire que les préoccupations qui survivent à la lutte sont déraisonnables, mais on ne peut s'étonner qu'elles existent, car l'opinion des peuples ne se modifie que lentement.

Une seule chose peut restituer chez nous à la propriété

foncière le rôle qu'elle doit jouer dans toute société bien organisée : c'est la formation d'une classe de propriétaires éclairés résidant sur leurs terres. En effet, ce n'est pas dans les villes que la propriété foncière peut prendre le rang qui lui convient, c'est sur toute la surface du territoire, où chaque propriétaire exerce autour de lui une influence proportionnée à l'action vivifiante qu'il développe sur la population qui l'entoure. Que l'on ne s'y trompe pas : l'influence personnelle de tous les individus d'une classe dans toutes les localités d'un pays, c'est l'influence de la classe elle-même sur le pays tout entier. Si l'on est disposé à en juger autrement aujourd'hui, si c'est dans le sein des villes qu'on cherche les influences sociales, c'est uniquement parce que les influences de localité ont disparu avec celles de la propriété foncière. C'est cette influence que les gentilshommes ont perdue en abandonnant le séjour de leurs terres et les travaux des champs, et elle ne peut être reconquise que par des propriétaires résidant sur leurs domaines et jouissant d'ailleurs de l'aisance et des lumières qui peuvent seules assurer l'exercice de l'influence sociale. Il faut que les hommes les plus distingués de cette classe ne croient plus avoir besoin, pour prendre leur rang dans la société, d'aller s'absorber dans la population de la capitale. C'est ainsi que les forces sociales se distribueront sur toute la surface du territoire, au lieu de créer cette centralisation parisienne dont on se plaint tant sans en reconnaître la cause. Voulez-vous la combattre efficacement, cette centralisation, vous qui avez fixé votre résidence dans les villes de province? Au lieu d'exposer vos plaintes contre elle dans de médiocres recueils de localité, allez faire valoir vos terres et jetez ainsi la base d'une influence solide sur de nombreuses populations.

Cette nouvelle classe de propriétaires éclairés du sol ne peut être de notre temps une noblesse héréditaire, mais elle n'en forme pas moins la base de l'édifice social, en imprimant aux institutions ce caractère de fixité et de conservation qui forme l'attribut particulier de la propriété foncière. Recrutée dans tous les rangs de l'ancien ordre de choses, cette classe se forme et s'accroit sensiblement sous nos yeux, par l'effet des progrès que font chaque jour chez nous les procédés de la grande culture, et c'est du développement complet de cette classe parmi les propriétaires du sol français qu'on peut seulement attendre la disparition des symptômes qui nous menacent encore si souvent d'une nouvelle péripétie de nos tourmentes politiques. C'est alors seulement que la France entière n'attendra plus ses destinées des résultats de la tentative d'un chef militaire ou de ceux d'une émotion populaire dans la capitale. Je demande pardon de m'être un peu écarté ici du cercle dans lequel je voulais me renfermer, mais la situation agricole se lie si intimement aux principales circonstances de l'état social, qu'il est en vérité impossible de les considérer isolément, dans l'ordre d'idées où je me suis placé dans cet écrit.

Quelques personnes ont attribué à l'égalité de partage dans les successions le morcellement de la propriété en France et, par conséquent, l'invasion de la démocratie. Mais c'est là une erreur complète : lorsqu'on examine avec attention comment les choses se passent, on reconnaît bientôt que c'est par une toute autre voie que par le partage entre les cohéritiers que les grands domaines se dépècent. Il est d'ailleurs facile de comprendre qu'abstraction faite des accroissements de la population, les biens du père et de la mère seront distribués par héritage, en moyenne, entre deux individus seulement : ces deux individus venant à contracter mariage avec un conjoint qui apportera de son côté un héritage, il y a autant de chances pour que les patrimoines s'accroissent que pour qu'ils diminuent, par rapport à chacun des héritiers. Mais le nombre des enfants étant inégal dans les familles, il y aurait inégalité dans les lots, quand même la propriété serait une fois répartie uniformément. D'ailleurs, l'observation des faits nous montre que parmi plusieurs individus auxquels il a été dévolu par succession un héritage égal, quelques-uns accroîtront considérablement leur patrimoine, dans le cours d'une seule génération, pendant que d'autres le diminueront ou le perdront, ce qui tend ainsi sans cesse à réunir les propriétés foncières en un moindre nombre de mains.

Il faut donc qu'il existe en France une cause bien puissante qui fasse équilibre à ces dernières, et qui tende, comme nous le voyons, à diviser toujours davantage les propriétés rurales. Cette cause, elle est manifeste pour l'observateur attentif : c'est, ainsi que je l'ai dit, la supériorité qu'ont pris chez nous les procédés de la petite culture sur ceux de la grande ; c'est qu'un domaine étendu a acquis jusqu'ici une plus haute valeur, par cela seul qu'il se divisait entre un grand nombre de propriétaires. Si les propriétés foncières tendent à se morceler dans les héritages, ou, en d'autres termes, si les cohéritiers sont disposés à les diviser plutôt qu'à les liciter ou à s'accommoder pour que la totalité appartienne à un seul d'entre eux, c'est précisément par la même raison que celle qui tend à diviser les propriétés foncières dans les autres espèces de mutations ; c'est-à-dire parce que la terre acquiert d'autant plus de valeur qu'elle se divise davantage, du moins jusqu'à un certain point, là où la petite culture est plus parfaite que la grande.

Chez toutes les nations, il se rencontre, dans les circonstances sociales et industrielles du pays, une cause qui tend à établir un certain rapport entre la grande et la petite culture. En Angleterre, par exemple, où l'industrie manufacturière a pris un développement en complète disproportion avec le chiffre de la population, tellement que les trois quarts de cette population sont employés aux travaux des fabriques qui alimentent le monde entier, la grande culture est la seule qui puisse répondre aux besoins sociaux. La petite culture peut bien créer des produits aussi abondants que pourrait le faire la grande dans son état le plus perfectionné; mais la première, employant un plus grand nombre de bras, consomme elle-même une grande partie de ses produits, et n'en laisse qu'une petite portion disponible pour le marché, c'est-à-dire, pour la consommation des villes et des classes manufacturières.

La nation britannique ne pouvait donc atteindre au rang qu'elle occupe parmi les nations commerçantes et industrieuses, qu'en donnant beaucoup d'extension à la grande culture sur la surface de son territoire. Le séjour des grands propriétaires sur leurs domaines, et les soins éclairés avec lesquels ils se sont préoccupés d'en perfectionner l'exploitation, ont merveilleusement favorisé ce mouvement. Mais, si nous voulons considérer un instant les probabilités de l'avenir, il est facile de prévoir que cet état de choses n'aura plus une longue durée. Le monopole du commerce du monde par l'empire britannique éprouve chaque jour de nouveaux échecs, et il est destiné à lui échapper dans un avenir peut-être peu éloigné. Lorsque cet événement s'accomplira, que fera l'Angleterre de cette portion si considérable de sa population qui ne possède pas de terre, et qui ne peut trouver d'emploi dans les procédés actuels de la culture? Que fera-t-elle des produits de la grande culture, lorsque les consommateurs seront privés des moyens de les acheter?... L'avenir dira s'il sera possible à cette nation, aujourd'hui si puissante, de mettre en rapport la division de la propriété avec ses nouvelles destinées, sans le secours d'une de ces catastrophes qui bouleversent les empires.

Dans tous les États qui composent l'Allemagne, la grande culture est prospère, et la petite l'est aussi. Les petits propriétaires, comme ceux des grands domaines, qui résident en général sur leurs terres, donnent à l'envi aux améliorations foncières et à la culture les soins que réclame l'avancement de l'art agricole. Là, la grande et la petite culture marchent de front, et ont pu se classer sans obstacle dans les conditions des besoins sociaux du pays. Les classes agricoles consomment la presque totalité des produits de l'industrie manufacturière, dont une faible partie est exportée au-dehors. L'Allemagne a pu fonder par cette combinaison les éléments d'une prospérité toujours croissante, qui dépasse, dans plusieurs de ses parties, celle de l'empire britannique, quoiqu'elle ait moins d'éclat extérieur. On ne peut assigner de limite à cet accroissement de richesses et à cette prospérité tout intérieure des peuples germaniques. La division de la propriété s'y maintiendra par le seul fait de la concurrence, dans les rapports que pourront exiger les besoins de la société. Là, le bien-être de toutes les classes de la société se trouve établi sur les bases les plus solides peut-être que l'on puisse imaginer dans l'ordre social. La France peut aspirer, de même que l'Allemagne, à ce genre de prospérité, mais c'est à condition que les grands domaines tomberont dans la possession d'une classe de propriétaires qui y résident, car c'est là une des bases de l'harmonie sur laquelle repose la prospérité industrielle de l'Allemagne.

Ainsi, c'est par la petite culture qu'a commencé en France, comme je l'ai fait voir tout à l'heure, l'amélioration des procédés de l'art, et c'est après deux siècles environ d'intervalle que commence la période d'amélioration de la grande culture, par le retour des classes élevées vers la vie rurale et les occupations agricoles. Pour que ce tableau fût complet, il eût fallu tenir compte de l'influence des institutions sociales et des habitudes des propriétaires du sol dans plusieurs provinces réunies à la France à une époque encore récente, ainsi que des résultats obtenus dans quelques situations particulièrement favorables, par exemple dans les départemonts qui avoisinent la capitale. Mais j'ai dû me borner à tracer l'esquisse de la situation agricole d'une masse qui compose au moins les neuf dixièmes de la surface du territoire français.

Je ne voudrais pas que l'on crût que, dans mon opinion, la division des terres a déjà dépassé en France les limites que lui assignent les besoins de la société. Personne ne comprend mieux que moi les avantages de cette division de la terre entre un grand nombre de petits propriétaires qui, attachés au sol, forment une population amie de l'ordre, la plus ferme garantie du repos social. Mais, dans un état riche et industrieux, la grande et la moyenne culture doivent aussi occuper une certaine place. Les grandes exploitations peuvent seules fournir à la consommation des grandes cités et des provinces manufacturières, et c'est là seulement qu'on peut s'occuper de l'élève des animaux, et surtout des bêtes à laine. Si l'exploitation des grandes fermes continuait à rester chez nous, relativement à la culture des petites propriétés, dans son état d'infériorité sous le rapport de la perfection des procédés, il est certain que cette dernière envahirait le sol tout entier, et placerait la propriété territoriale en France dans une position extrême, diamétralement opposée à celle de l'Angleterre : cette position, sans présenter les mêmes dangers sociaux pour l'avenir, serait très-peu favorable au développement de la richesse industrielle du pays.

C'est donc, on le voit, vers l'amélioration des procédés de la grande culture qu'il est à désirer qu'on voie se diriger en France les efforts de l'industrie agricole, et, je ne puis trop le répéter, ce résultat n'est possible qu'autant qu'il se formera une classe de propriétaires aisés qui se détermineront à résider dans leurs domaines et à consacrer leurs soins à leur exploitation, soit en favorisant et en facilitant les opérations de leurs fermiers, soit en exploitant eux-mêmes leurs propriétés, ce qui est bien préférable dans leur intérêt comme dans celui du progrès de l'art. C'est seulement ainsi que, la grande et la petite culture se trouvant placées dans des conditions égales, la concurrence pourra s'établir et conserver entre elles des rapports conformes aux besoins de la société.

Évidemment nous sommes déjà entrés dans cette pé-

riode de notre régénération agricole, et rien n'est plus
remarquable que la disposition que montrent de nos jours
un grand nombre de propriétaires de domaines plus ou
moins étendus à s'occuper sérieusement de leur exploitation et de leur amélioration. Beaucoup d'entre eux ont
déjà obtenu dans cette carrière des succès qui leur font
chaque jour trouver des imitateurs. Ce mouvement de
retour des classes élevées de la société vers la vie agricole
sera toutefois entravé pendant quelque temps encore par
quelques restes des mœurs que nous ont faites les habitudes des deux siècles derniers. On peut dire que la réhabilitation de l'agriculture est déjà opérée en France dans
l'opinion des classes supérieures, mais la réhabilitation de
la vie rurale éprouvera plus de difficultés. Et cependant
les progrès ultérieurs de la grande culture exigent qu'elle
s'opère complétement, car ce n'est qu'à l'aide des mœurs
rurales que les propriétaires pourront trouver dans le séjour de la campagne cette vie douce et heureuse qui peut
seule les déterminer à y fixer leur résidence. Il me semble
utile d'indiquer ici les principaux obstacles qui s'opposent
encore chez nous à l'introduction des mœurs rurales dans
la société élevée. Il résultera, je crois, de cet examen,
pour beaucoup de personnes, des notions plus exactes sur
ce point.

La concentration dans la capitale et dans les grandes
villes d'un grand nombre d'hommes des hautes régions
sociales a fait naître en France, comme résultat bien natu-

rel, des mœurs et des habitudes qui ont élévé notre nation au rang du peuple le plus poli et le plus élégant de la terre. Je ne veux pas considérer nos défauts, qui sont nés tout aussi naturellement de la même cause. Mais le caractère de la nation a reçu des impressions profondes de ces habitudes, et les mœurs qui en sont le résultat tendent à fixer la population aisée dans les villes, et lui donnent peu d'aptitude à la vie rurale. D'abord la vie intérieure, la vie de famille, a presque disparu devant la vie de société : mais cette vie de famille est la seule sur laquelle, dans les mœurs rurales, on puisse fonder le bonheur. A la ville, on ne comprend pas qu'on puisse, au sein de sa famille, goûter à la campagne une existence calme et heureuse. Si l'on y forme quelquefois des projets de vie rurale, on veut s'y entourer d'une société nombreuse et choisie, parce qu'on ne s'y fait aucune idée du bonheur et des jouissances de la vie de famille, dont la réhabilitation seule entrainera la réhabilitation de la vie rustique. L'introduction des habitudes agricoles opérera sans doute ce changement, mais il ne peut être que lent et graduel.

Un des effets les plus remarquables de la concentration des classes élevées dans les villes, c'est la puissance qu'a acquis en France l'esprit d'imitation sur lequel se fonde l'empire de la mode. Dans les populations urbaines, dont une partie était composée d'hommes occupant un rang distingué dans la société, et où chacun s'efforçait de soutenir ce rang par l'élégance de sa tenue, il s'établit bientôt, dans tous les actes de la vie, une certaine *manière* qu'on désigne sous le nom de *bon ton,* et qui fut imitée par tous ceux qui prétendaient à quelque supériorité. La cour, formée des hommes les plus éminents, prit l'initiative pour tout ce qui se rattachait à l'élégance des manières, et, dans les villes de province, nul n'aurait cru pouvoir s'affranchir de l'imitation sans déroger à son rang, c'est-à-dire sans cesser de faire partie de ce qu'on nommait la bonne société. La manière de se vêtir, de se loger, la forme des ameublements, les heures des repas, tout fut soumis à l'impérieuse exigence de l'imitation. Les propriétaires des classes élevées qui avaient continué d'habiter la campagne se laissèrent presque tous entraîner par ce torrent; car dans un temps où la vie des cités était honorée beaucoup plus que celle des campagnes, il semblait qu'on s'élevait d'un degré dans la société en imitant, du moins autant qu'on le pouvait, les habitudes de la cour et des villes.

Chez les nations voisines, par exemple en Angleterre, on ne rencontre rien qui ressemble à l'exigeante domination exercée en France par ce qu'on nomme la mode ou le bon ton : là, les propriétaires des grands domaines ont continué d'habiter leurs terres, et c'est là seulement qu'ils sont chez eux. Ils y vivent avec magnificence, mais sans s'astreindre aucunement à copier ce qui se fait chez les autres. Lorsqu'ils viennent momentanément passer quelque temps dans la capitale, ils ne songent nullement à changer leurs habitudes, et chacun ne consulte que ses convenances pour tous les détails de la vie privée. Lorsque les classes les plus élevées de la société ont contracté de telles habitudes, c'est dans la vie rurale qu'est fixé le bon ton : il consiste pour chacun à vivre à sa guise. Un lord opulent fait atteler à son carrosse une paire de chevaux de poil différent, uniquement parce qu'ils sont bien appareillés de vigueur et d'allure. Il sait qu'il est fort difficile de trouver à appareiller ainsi deux excellents chevaux, et que cela devient impossible si l'on exige en même temps une exacte similitude de robe ; avant tout, il veut être bien mené. Ce but est beaucoup plus important pour lui qu'une beauté de convention dans l'appareillage de ses chevaux, et personne n'y fait attention, dans un pays où il est admis que chacun vit selon ses convenances. Il en est de même pour tous les détails de la vie privée ; tous les Français qui ont visité l'Angleterre ont remarqué avec étonnement cette simplicité de la vie domestique au sein de l'opulence, cet affranchissement de la mode ou de l'usage, cette disposition d'après laquelle chacun consulte pour tous les détails de la vie privée ses propres convenances, sans s'inquiéter en aucune façon de ce que font les autres : c'est là la vraie liberté individuelle.

Dans le bon ton des cités, on vit et l'on agit pour les autres. Mais que l'on ne s'y trompe pas : ce n'est pas pour le bonheur ou le bien-être des autres, c'est uniquement pour ce qu'ils penseront de nous ; chacun se contraint et s'asservit à certains usages, sans qu'il en résulte de bien-être pour personne. L'égoïsme de la vie rurale, au contraire, assure le bien-être de tous, parce que chacun obéit à ses propres inclinations, sans faire dommage à qui que ce soit. Ainsi nous n'avons pas même de mot dans notre langue pour exprimer ce que les Anglais appellent *comfort* et *comfortable :* nous avons été obligés de prendre chez nos voisins ces expressions toutes faites. Le confortable se rapporte à tous les détails et à toutes les habitudes de la vie, et l'on désigne ainsi ce qui est agréable et commode, ce qui sert au bien-être matériel, sans aucune considération des usages consacrés par la mode ou le bon ton. Toutes les classes, en France, recherchent en toute chose l'élégance et la grâce, parce qu'on songe toujours à l'effet que chaque chose produira sur le public. L'Anglais opulent veut avant tout avoir une habitation confortable. En France, on s'occupe au moins autant de l'effet pittoresque d'un édifice au dehors et de l'élégance ou du grandiose au dedans, que des dispositions qui en rendront le séjour agréable et commode pour la vie intérieure. Cette tournure d'esprit, on l'apporte aussi dans les habitations de la campagne, parce qu'on veut copier autant que possible les habitudes des villes, et l'on étend cette imitation à tous les détails de la vie.

Cependant les convenances de la vie rurale sont tout autres que celles de l'existence des cités, du moins si l'on veut jouir à la campagne des commodités et du bien-être qu'on peut y trouver. Dans les modifications que l'on avait fait subir à tous les usages de la vie, tout était calculé en France pour la manière d'être des sociétés urbaines, tandis que chez nos voisins tout est disposé pour la vie de la campagne. De là il est résulté en France, pour les propriétaires qui habitaient leurs domaines, et pour ceux qui s'y retiraient en quittant les villes, un désaccord de tous les jours et de toutes les heures, entre les habitudes de leur vie et toutes les circonstances qui les entouraient. Ce désaccord a été propagé surtout par les habitudes des personnes qui passaient une partie de l'année à la ville et l'autre à la campagne. Pour quelques mois de séjour dans ses terres, ce n'est pas la peine de changer les coutumes qu'on a contractées à la ville, même dans ce qu'elles ont de plus discordant avec la vie rurale. Aussi est-on impatient de revenir se placer dans les conditions hors desquelles on se sent gêné dans tous les détails de la vie intérieure.

La vie rurale est bien plus douce de nos jours qu'elle ne l'était du temps de nos pères. Sous le rapport des jouissances intellectuelles, ce n'est plus une existence d'isolement et d'ignorance, grâce aux perfectionnements des moyens de communication et de publicité : on peut, à la campagne, se tenir au courant de tout ce qui se fait, se dit ou s'écrit dans le monde entier, aussi bien que si l'on habitait la ville voisine ou la capitale. Quant aux jouissances de la vie matérielle, les progrès de la civilisation et de l'industrie ont beaucoup amélioré la vie intérieure dans tous ses détails, et nous offrent chaque jour des moyens de la rendre plus agréable. Sachons jouir des bienfaits de notre siècle, et gardons-nous de repousser ces perfectionnements, pourvu qu'ils s'accordent avec les convenances de la vie rurale et qu'ils tendent à la rendre plus confortable, mais gardons-nous aussi de croire qu'il n'y a de civilisation que dans les cités et de gâter le séjour de la campagne par de maladroites imitations des habitudes de la société des villes.

Le beau, le gracieux, l'élégant, tiennent aussi leur place dans le confortable, car ce dernier comprend tout ce qui accroît les agréments de la vie. La simplicité de la vie rurale ne repousse pas même la magnificence pour les hommes opulents. Mais avec la solidité de goût que l'on contracte dans la vie champêtre, on apprécie bientôt le mérite réel de chaque chose, c'est-à-dire la part pour laquelle elle contribue à rendre la vie plus agréable, et l'on perd toute disposition à sacrifier l'utilité réelle à une vaine apparence. Pour ceux qui comprennent bien la vie de la campagne, l'élégance est toute spéciale, et porte un caractère plus stable et plus grave que l'élégance capricieuse et bizarre de nos sociétés citadines. La mode ne prend en aucune façon pour guide le goût, car le bon goût recherche le beau, et ce qui n'était pas beau en soi-même hier ne peut l'être aujourd'hui au gré des caprices de la mode. La vie n'y perd rien de ses agréments, seulement elle a plus de noblesse et de dignité.

Je prendrai quelques exemples pour faire mieux comprendre la discordance de certains usages des villes avec l'existence de la campagne : on excusera, je pense, dans les détails qui vont suivre, une espèce d'abandon et de laisser-aller que je ne chercherai pas à éviter, parce qu'ils me mettent en harmonie avec la simplicité de la vie rurale dont je me constitue ici l'organe.

Chez nos aïeux habitués à la vie des champs, on avait partout fixé au milieu du jour l'heure du principal repas. Ce n'était pas là l'effet du hasard, ni le résultat du peu d'avancement de la civilisation; c'était tout simplement parce que les choses doivent être ainsi dans la vie rurale. En effet, pour peu qu'on ait l'habitude des mœurs de la campagne, on comprend qu'il faut s'y coucher et s'y lever de bonne heure. Après un lever matinal et une existence active et occupée, comme elle doit l'être à la campagne si l'on veut s'y trouver heureux, l'heure du déjeuner et du dîner est fixée en quelque sorte par la force des choses, et par les besoins physiques de la plupart des individus. La soirée doit être courte, parce que ce n'est pas le moment de jouir de la campagne : en conséquence on soupe de bonne heure, et le repos de la nuit vient immédiatement après. En quittant la vie rurale dans les siècles derniers, les propriétaires français ont d'abord conservé cette division de la journée, et elle subsistait encore, dans la plupart des familles aisées des villes de province, à l'époque de notre première Révolution : mais la capitale avait pris alors les devants pour montrer qu'on peut tirer un meilleur parti de la division du temps, dans l'intérêt des plaisirs de la société, et son exemple a été bientôt imité, presque généralement, par les classes aisées des villes de province. On a successivement allongé les soirées, périodes de toutes les réunions de plaisir, et, afin de se débarrasser de toute distraction d'affaires après le dîner, on a progressivement reculé l'heure de ce dernier jusqu'au point où on le voit aujourd'hui. Une grande partie de la nuit est consacrée au plaisir, et on se lève à peine à temps pour déjeuner à dix ou onze heures. Vouloir appliquer à la campagne une telle division du temps, c'est méconnaître entièrement la vie rurale : telle est cependant la puissance de nos mœurs d'imitation, qu'il est certain qu'un grand nombre de propriétaires, habitant la campagne, ont consenti à reculer l'heure de leur repas, malgré la gêne qu'ils en éprouvaient, uniquement parce qu'ils auraient eu honte d'avouer qu'ils dînaient à midi.

Rien n'est plus convenable et plus commode dans la vie rurale que de consacrer une pièce spéciale ou salle, dans chaque maison, à servir de lieu de réunion, toutes les fois qu'il leur convient, pour tous les membres de la famille. Là, les femmes se livrent aux ouvrages de leur sexe, et les hommes s'y rendent au retour des occupations de la campagne. On y cause, on y lit, et l'on s'y réunit avec cet oubli de toute contrainte que comportent les mœurs rurales : c'est le sanctuaire de la vie de famille. C'est là qu'on trouve communément le maître de la maison, et c'est une pièce de réception pour les étrangers, dans la plupart des cas. C'est le parloir (*parlour*) des Anglais. En France, on trouve bien quelque chose de ce genre, dans les maisons où la mère de famille a su s'affranchir de la gêne qui résulte pour elle de la nécessité de consacrer sa propre chambre à un lieu de réunion, mais on a tout gâté dans beaucoup de familles en appelant cette pièce salon, car, à l'imitation des salons des villes, il a bien fallu y introduire les ameublements du luxe et de l'étiquette, ainsi que le parquet ciré, et il y a là de quoi démoraliser toute la vie rurale. Le parquet ciré, en particulier, a pris naissance dans les salons opulents des cités, où personne n'entre guère qu'en descendant de voiture. Il est bientôt devenu un attribut du bon ton et des belles manières, et l'imitation l'a successivement introduit, dans les villes, dans beaucoup de lieux où il est certainement fort déplacé. Mais, à la campagne, il en résulte une gêne de tous les instants, là où tout le monde arrive du dehors, les pieds couverts de boue, de neige ou de poussière. Si vous voulez fréquenter les terres labourées, les chemins rocailleux ou boueux des campagnes, il faudra bien que vous en veniez à adopter les gros souliers ferrés, la plus commode de toutes les chaussures dès que les pieds s'y sont accoutumés, et vous verrez quelle contenance on fait sur un parquet ciré avec des souliers ferrés. Il faudra ensuite qu'afin de ménager le parquet, vous sortiez à chaque instant du salon pour aller

trouver au dehors un de vos gens ou un habitant de la
campagne, qui arrivera tout crotté, pour vous demander
un ordre ou vous dire quelques mots. Il en résulte qu'on
a bientôt secoué le joug de cette contrainte de tous les
instants, et que chacun demeure dans ses appartements. Le
salon reste salon, c'est-à-dire une pièce d'apparat dans
laquelle on se rend lorsqu'il y a des étrangers à y recevoir.
Le parloir est perdu pour la vie de famille, et tout cela
parce qu'à la ville il est de bon ton de cirer les parquets.
Ces exemples suffiront, je crois, pour montrer comment
la vie rurale est gâtée en France par l'imitation des habitudes des villes : des observations analogues pourraient
être tirées d'une multitude de détails de la vie.

Si l'on pénètre plus profondément encore dans les
mœurs que nous ont léguées les derniers siècles écoulés,
on sera disposé à comprendre qu'un des principaux obstacles qui retarderont encore pendant quelque temps le
retour des classes élevées vers la vie rurale, se trouve
dans la position qu'assignent aux femmes dans la société
les mœurs françaises de l'époque précédente. Chez tous
les peuples du monde, les femmes sont essentiellement
destinées à devenir épouses et mères, et à partager au
sein de la famille le bonheur qu'elles répandent autour
d'elles. En France, dans l'état social que les deux derniers
siècles ont créé au sein des villes, parmi les classes supérieures, on a trouvé aux femmes une autre destination :
elles devaient former l'ornement et le charme des sociétés,

et l'on ne dissimulait pas que c'était vers ce but qu'on dirigeait leur éducation. Les qualités et les vertus de la mère de famille étaient placées, relativement à leur importance, dans les enseignements qu'elles recevaient, bien au-dessous des qualités qui font distinguer une femme dans les cercles et dans les réunions. Entrées dans le monde, c'était à la société que les femmes appartenaient, bien plus qu'à la famille, et s'il arrivait qu'un homme voulût conduire à la campagne sa femme ou sa fille, la société prenait à partie le tyran qui tentait de lui ravir son bien. Chez toutes les autres nations, les femmes jouent un rôle aussi grave qu'important dans l'ordre social. Dans les mœurs de la haute société en France, elles étaient seulement la plus séduisante des frivolités. Ces mœurs n'ont existé que dans notre pays ; elles étaient le résultat de l'abandon de la vie rurale, et par conséquent de la vie de famille, par les classes distinguées. L'habitude cependant nous a tellement familiarisés avec cet état de choses, qu'il semble encore à beaucoup de gens que c'est là de la civilisation : pendant longtemps encore, ces mœurs lutteront contre la tendance de la société à un retour vers la vie de famille, et par suite vers la vie rurale.

Une des circonstances qui tendent le plus puissamment à perpétuer la position sociale des femmes en France, c'est, sans aucun doute, l'habitude où l'on est de notre temps de placer les jeunes filles dans des pensionnats, ou institutions publiques. Lorsqu'une famille aisée habite la

campagne, on croirait manquer à un devoir, si l'on ne se
séparait de sa fille, du moins pendant un ou deux ans, afin
de perfectionner son éducation, c'est-à-dire de la façonner
aux manières du beau monde ; car on cherche vainement
à cacher que c'est là le principal but que l'on a en vue.
Or, ces pensionnats réunissent des jeunes personnes de
famille et d'antécédents fort divers : il arrive presque toujours que quelques-unes d'entre elles sont déjà imbues de
ces habitudes de frivolité que l'on rencontre si fréquemment dans le monde. On sait même fort bien que si une
jeune fille de quinze ou seize ans donne quelques inquié-
tudes à sa famille par la légéreté de sa conduite, on s'em-
presse de la placer pour quelques années dans un pensionnat. Voilà en réalité les institutrices que vous donnez à
votre fille. C'est là que, dans les épanchements mutuels,
elle apprendra à faire la comparaison, au point de vue où
l'on est placé à son âge, entre la vie intérieure et de famille, et les plaisirs que l'on rencontre dans les cercles du
monde. Heureuse encore si l'enseignement ne se porte pas
plus loin ! Quelques respectables que soient les personnes
qui dirigent ces pensionnats, et quelques soins qu'elles
apportent à leur surveillance, il est entièrement impossible
qu'elles s'opposent aux effets de cette influence pernicieuse,
et qu'elles empêchent que des livres, introduits furtivement,
circulent parmi ces jeunes élèves, et leur inspirent le goût
des plaisirs frivoles, peut-être le dégoût des devoirs les
plus sacrés. Je n'exagère rien ici : tous ceux qui ont

observé les faits sauront bien que je dépeins les choses comme elles sont en réalité.

Chez les propriétaires anglais, que l'on ne peut trop citer lorsqu'il est question de la vie rurale et des mœurs de famille, l'éducation des jeunes personnes est toujours faite dans la maison paternelle. C'est là que, sous l'influence de l'air pur de la campagne et de la gymnastique naturelle de la vie, se forment ces Miss si blondes et si fraîches, dont nos citadines ne peuvent se lasser d'admirer l'ingénuité et le robuste appétit, lorsqu'elles accomplissent, en compagnie de leur mère, un voyage sur le continent. Il n'est pas question de mettre ici en balance les grâces originales et naturelles avec des grâces apprises et une élégance de convention, mais rappelez-vous que l'éducation de ces jeunes filles n'a pas eu pour but d'en faire les ornements et les charmes de la société. Elles sont destinées à devenir mères de famille, heureuses du bonheur de leurs maris et de leurs enfants, et presque toutes les femmes de ce pays s'acquittent parfaitement de ce rôle. Si l'occasion s'en présente, vous pourrez remarquer que les jeunes Anglaises possèdent presque toutes une instruction solide et variée : plusieurs d'entre elles vous étonneront par l'étendue de leurs connaissances. Il n'a pas fallu de pensionnat pour cela ; dans la réalité, une instruction solide s'acquiert très-facilement dans la vie de famille, lorsqu'elle est dirigée par une tendre mère. On trouve partout des maîtres pour les premiers degrés de l'enseignement, si la mère elle-même ne s'en charge pas : quant à une instruction plus avancée, la lecture des bons livres y suffit. Ce que les jeunes filles peuvent apprendre dans un pensionnat forme toujours un bagage d'instruction fort léger : pour les hommes eux-mêmes, croit-on que l'instruction de celui qui en possède beaucoup consiste en celle qu'il a acquise durant les dix années qu'il a passées sur les bancs des écoles? Pour un sexe comme pour l'autre, la véritable instruction s'acquiert autrement qu'en assistant à des leçons et à des cours.

Il faut bien dire même que le plus grand obstacle qui empêche, dans le monde, les jeunes personnes d'acquérir les connaissances utiles, c'est le goût exclusif qu'elles contractent bientôt dans les pensionnats pour la lecture des ouvrages qui frappent vivement l'imagination par la peinture de mœurs fantastiques, et qui donnent à de jeunes esprits les idées les plus fausses sur tout ce qui les entoure. Dans la vie de famille, surtout à la campagne, il est facile d'écarter des jeunes personnes les écrits de ce genre, et l'on s'y prendrait bien maladroitement si on ne leur inspirait pas le goût des lectures vraiment instructives. En France, aussi, combien ne rencontre-t-on pas de jeunes filles qui ont acquis une instruction fort solide, sans sortir de la maison paternelle? Il ne faut pour cela qu'une chose, c'est qu'elles aient une mère instruite elle-même, et capable de faire choix des ouvrages qu'elle met entre les mains de ses filles. La mère qui comprend bien ses devoirs sous ce rapport sait bien compléter, si cela est nécessaire, sa propre instruction, pour accomplir une tâche qui lui offre tant d'attraits.

Dans les avantages de l'éducation publique, il faut voir autre chose que l'instruction. L'éducation publique convient aux hommes, malgré le danger très-réel qu'elle présente pour les mœurs des jeunes gens : et elle leur convient, parce que la vie extérieure occupe une très-grande place dans toute leur carrière. Ils seront hommes publics dans beaucoup de circonstances, et citoyens toujours. Ils ne peuvent donc prendre trop tôt les habitudes qui conviennent à leur existence ultérieure. Dans les mœurs qui sont celles de tous les peuples civilisés, à l'exception des classes élevées en France, les femmes appartiennent exclusivement à la famille, et l'éducation de famille peut seule rendre les femmes propres à cette destination.

Pour que les mœurs de famille se généralisent chez nous, il est donc entièrement indispensable qu'un changement complet s'introduise dans le mode ordinaire de l'éducation des jeunes filles : ce changement surviendra, sans aucun doute, lorsque le plus grand nombre des hommes sera disposé à placer au premier rang, dans le choix d'une épouse, les qualités qui peuvent fixer le bonheur dans l'intérieur du ménage ; lorsqu'une union aussi grave sera déterminée, non plus par les séductions passagères qui éblouissent dans une brillante réunion, mais par les qualités qui peuvent nous promettre une épouse vertueuse et une bonne mère de famille. Ainsi, c'est des hommes eux-mêmes qu'on doit attendre cette réforme dans l'éducation des femmes. Ce changement sera nécessairement lent, parce que ce n'est pas par des transitions brusques que se modifient les mœurs d'une partie considérable d'une nation, et les habitudes des derniers siècles seront encore pendant longtemps un obstacle à cette modification. Mais elle s'opérera, car c'est là évidemment la tendance de l'époque actuelle.

Dès ce moment, on peut remarquer déjà de nombreuses exceptions à la règle commune : un grand nombre de femmes d'un esprit solide et éclairé ont quitté les cités, et trouvent dans la vie de famille une existence douce et des jouissances qu'elles placent bien au-dessus des plaisirs bruyants de la ville. Le nombre s'en accroît tous les jours ; mais, avec l'éducation que reçoivent les jeunes personnes, et avec les illusions dont on les entoure dans le monde, combien d'entre elles croiraient encore se vouer à la vie la plus insipide et la plus monotone, si elles se consacraient à la vie de famille au sein d'une habitation champêtre ! Combien d'entre elles, même parmi celles dont le cœur n'a pas été encore corrompu par le vice, ne savent réellement pas trouver le bonheur dans cette position, lorsqu'elles y ont été conduites par quelques circonstances, parce qu'elles ne peuvent modifier instantanément les idées et les habitudes qu'elles ont puisées dans le contact du monde des cités ! La vanité détermine aujourd'hui beaucoup de familles, dans les classes moyennes, à faire donner à leurs filles une éducation analogue à celle que reçoivent les jeunes personnes d'un rang plus élevé. C'est par le haut cependant que la réforme doit commencer, et c'est aux grands propriétaires qui se distinguent par leurs lumières et l'étendue de leurs vues, à donner un exemple qui sera bientôt suivi, en adoptant pour leurs filles l'éducation de la famille.

J'ai foi complète en la régénération des mœurs et des habitudes rurales dans les classes aisées en France, parce que j'ai pu observer de très-près les faits qui se rattachent au mouvement des esprits sur cette matière. Chaque jour la vie rurale fait des progrès parmi les propriétaires, sur tous les points du royaume. On ne voit plus guère de propriétaires quitter la campagne pour aller s'établir dans les villes : ceux qui n'ont pas cessé d'habiter leurs domaines manifestent de toutes parts l'intention d'y fixer la résidence de leurs familles, en y entreprenant des travaux d'amélioration ou d'exploitation. Détournés pendant longtemps par la réprobation dont l'opinion publique frappait les occupations agricoles, retenus plus tard par les dangers qui s'attachaient à la mise en pratique des doctrines hasardées de l'école théorique, ils n'hésitent plus aujourd'hui à se livrer à des opérations dans lesquelles ils ont pour guide des hommes de pratique et d'expérience. Des négociants, des manufacturiers, en quittant la carrière commerciale, se fixent à la campagne, et apportent dans les exploitations qu'ils entreprennent cet esprit d'ordre et de suite qui a manqué pendant si longtemps aux entreprises agricoles tentées en

France par des hommes des classes élevées, qui, par défaut de résidence habituelle, n'y consacraient qu'une partie de leur temps et de leur attention.

Dans les commotions politiques qui ont agité la France depuis près d'un demi-siècle, chaque revirement a reporté vers la vie rurale un certain nombre des régions élevées de la société. Ce retour n'a pas toujours été durable, et quelques-uns n'ont considéré la campagne que comme un exil, mais beaucoup d'autres y ont trouvé le germe d'une existence nouvelle. Dès qu'on a pris goût à la vie des champs, dès qu'on a su se placer dans les conditions qui lui conviennent, les occupations de tous les jours présentent un tel attrait, que les jouissances qu'on y trouve sont bientôt placées, par tout esprit solide qui a pu en faire la comparaison, bien au-dessus des plaisirs par lesquels on s'efforce de charmer l'oisiveté dans la vie des cités. Au retour de la paix, un grand nombre d'officiers de tout grade de nos armées de terre et de mer, ont aussi cherché à la campagne une existence qui s'accordât, mieux que l'existence citadine, avec les habitudes d'une vie active et occupée.

Mais c'est surtout parmi la jeunesse que cette tendance est manifeste, et rien n'est plus significatif que ce fait, pour caractériser l'avenir des mœurs agricoles en France. Une foule de jeunes gens, après avoir reçu une éducation distinguée, manifestent le désir de se livrer à la pratique de l'agriculture, et d'abandonner entièrement le séjour des villes. Il n'est pas donné à tous de satisfaire leur penchant à cet égard, parce que beaucoup de parents s'y opposent encore, mais on voit beaucoup de jeunes gens, malgré la répugnance de leur famille, quitter les hautes études de l'instruction publique pour endosser la blouse, et aller chercher dans les établissements spéciaux un enseignement qui puisse leur garantir du succès dans la carrière à laquelle ils veulent se vouer. Et ce n'est pas là, pour la plupart d'entre eux, une simple fantaisie ou un entraînement passager : on les voit travailler avec ardeur à leur instruction agricole pendant plusieurs années, et embrasser ensuite la vie rurale sans aucun regret pour les habitudes des cités. Un grand nombre de jeunes gens ainsi formés sont déjà disséminés sur tous les points de la France, et se font remarquer par les succès qu'ils obtiennent dans les exploitations qu'ils dirigent. Le nombre des jeunes gens qui embrassent cette carrière en sortant du collége s'accroit tous les jours. Ce fait est d'autant plus remarquable que l'éducation publique est encore aujourd'hui en France complétement en rapport avec la direction qui lui a été donnée par les habitudes de la société pendant les deux derniers siècles, c'est-à-dire que les jeunes gens n'y trouvent aucun enseignement qui puisse leur être de quelque utilité, soit dans la vie agricole, soit dans la pratique d'aucune autre branche d'industrie : lorsqu'ils veulent s'y livrer après avoir terminé leurs études, il faut qu'ils se résignent à perdre le fruit de plusieurs années d'application et de travaux. La tendance de la jeunesse vers la vie rurale a donc précédé la réforme devenue nécessaire dans notre système d'éducation publique. Mais, il faut bien le dire, le sentiment que manifestent le plus fréquemment les jeunes gens de cette classe, c'est l'inquiétude que leur fait éprouver la difficulté de trouver des compagnes, propres, par leur éducation, à partager leurs soins domestiques.

Tout favorise, au reste, en France, cette tendance de la jeunesse dans l'état actuel de la société. Les fonctions publiques ont formé pendant longtemps le but où aspiraient les jeunes gens qui avaient reçu une certaine instruction, mais cette instruction s'est tellement répandue qu'il reste à chacun d'eux peu de chances d'obtenir des places. Et puis, quoi de plus satisfaisant pour des hommes nés avec un caractère élevé, que la position d'indépendance dans laquelle se trouve placé celui qui fait valoir ses propriétés ! La carrière de l'avocat, de notaire ou de médecin est tout aussi encombrée que celle des fonctions publiques. Quant à l'agriculture, il y a matière partout, et partout les sujets manquent aux améliorations, qui promettent à ceux qui voudront s'y livrer avec sagesse et retenue une exis—tence tranquille et pleine des jouissances les plus douces qu'un homme puisse espérer dans la vie sociale.

Ainsi, le retour à la vie champêtre n'est pas chez nous un entraînement passager, comme les sociétés des villes en donnent si souvent des exemples : il est le résultat de la situation sociale du pays. C'est donc un goût qui ne peut

que s'étendre et s'accroître, et ses développements exer-
ceront sur les mœurs nationales et sur la situation politique
une influence qui a déjà commencé à se manifester. Le
retour des classes aisées de la société vers la vie rurale
ramène chaque jour vers la grande culture les capitaux
dont elle a besoin pour prospérer. C'est là que se trouve
le seul moyen possible de constituer la propriété foncière en France sur des bases raisonnables, c'est-à-dire,
d'empêcher que le démembrement des propriétés dépasse
les bornes-que lui assigne l'intérêt général. C'est aussi par
ce seul moyen que l'on peut voir se reconstituer en France
les supériorités sociales fondées sur des bases solides et
durables, c'est-à-dire, sur l'influence que donne la propriété
foncière, et sur la considération qui s'attache à des mœurs
graves et dignes du respect des populations. C'est donc sur
cette révolution dans les habitudes des classes supérieures
que se fondent à la fois la régénération agricole et la régénération sociale, dont le besoin pour la France est manifeste
aux yeux de tous les hommes élevés et observateurs.

PREMIÈRE PARTIE

PREMIÈRE PARTIE

INTERVENTION DES POUVOIRS PUBLICS

CHAPITRE I

CONCOURS ET PRIMES

PREMIÈRE SECTION

Des concours en général

Je placerai sous ce titre quelques observations qui se rapportent aux concours agricoles de tous genres, et qui n'ont pas d'ailleurs entre elles d'autre liaison.

Lorsqu'une société d'agriculture propose des prix ou primes pour diverses améliorations dans la culture, il se présente d'abord la question de savoir s'il convient d'exclure du concours ses propres membres. C'est là le parti qu'on a pris dans la plupart des cas, afin de donner au public une garantie d'impartialité dans le jugement des concours. Cependant il faut remarquer que cette disposition tend à écarter de la société les cultivateurs qui prévoient qu'ils pourront concourir dans la suite pour quelque

sujet de prix, c'est-à-dire, ceux qui se livrent à des améliorations dans leur pratique. Or, la présence dans les
sociétés d'agriculture des membres de cette classe est ce
qu'on doit le plus désirer dans l'intérêt de l'influence de
ces sociétés sur les progrès de l'art dans le pays. Une société d'agriculture bien composée devrait toujours compter
dans son sein au moins le plus grand nombre des propriétaires et des fermiers qui, dans la localité, se font
remarquer par leur zèle et leur succès dans la carrière
des améliorations agricoles, et il est peu rationnel d'exclure
des concours, qui ont pour but le perfectionnement de
l'art, toute cette masse d'agriculteurs.

Dans les comices, où le nombre des membres est illimité et où ce titre s'obtient à l'aide d'une cotisation, on a
voulu quelquefois au contraire réserver toutes les primes
aux membres, afin d'engager le plus grand nombre possible de cultivateurs à demander d'y être admis. Cette ex-
clusion des concours de tous ceux qui ne font pas partie
du comice présente cependant de graves inconvénients.
Il me semble que dans tous les concours il convient de
n'exclure personne, en récompensant le mérite et les succès partout où on les rencontre. Quant aux garanties
d'impartialité, on les trouvera toujours dans la publicité
donnée aux motifs d'après lesquels les primes ont été décernées. Toute société d'agriculture comprendra qu'elle se
perdrait infailliblement dans l'opinion publique, si dans les
jugements des concours elle laissait pencher la balance en
faveur de ses propres membres.

Il n'est pas rare, en France, de voir la personne à qui a

été donné un prix ou une prime, déclarer qu'elle y renonce en faveur de la personne qui l'avait le mieux mérité après elle ; et ce qui montre combien peu nous avons encore fait de progrès dans l'emploi des encouragements de cette nature, c'est qu'on voit presque toujours le public et la presse donner des éloges à une conduite aussi *désintéressée*. Cependant il y a la plus haute inconvenance à dire ainsi : à moi l'honneur, à vous l'argent..... Que l'on voie dans quelle position d'infériorité et d'humiliation on place celui à qui on daigne céder ainsi la prime ! Il importe beaucoup qu'ici l'honneur soit attaché à la somme qui forme le prix, car c'est l'honneur qui ennoblit l'argent.

Il peut d'ailleurs résulter de là un abus : c'est que le jugement du concours est une petite scène préparée à l'avance, et dans laquelle les juges se laissent aller à accorder, sans des motifs suffisants, à un homme haut placé et à qui l'on veut donner une satisfaction d'amour-propre, un prix qu'il n'acceptera pas et qui sera ensuite reporté sur celui qui peut-être l'aurait mérité mieux que lui. Il y a dans tout cela de quoi démoraliser les concours, et celui qui croirait sa dignité blessée en acceptant une prime en argent doit s'abstenir, non-seulement de concourir, mais même de faire aucune exhibition ou démonstration qui tende à faire juger qu'il aurait pu mériter le prix mieux que celui auquel tout le mérite et l'honneur doivent être réservés.

En France, de même qu'en Angleterre, les sociétés d'agriculture et les comices proposent ordinairement pour prix ou primes des sommes en argent, et c'est peut-être ce qui convient le mieux dans les cas où les primes s'adressent à une classe d'hommes peu aisée; mais il me semble que c'est une faute grave de diviser ces sommes en beaucoup de parcelles afin de multiplier les lots gagnants. Souvent même, après avoir offert plusieurs prix pour le même sujet, on partage encore chaque prix entre plusieurs concurrents. Je ne crois pas que l'on ait ici d'autre but que de faire beaucoup d'heureux. Mais c'est là détruire complétement l'effet moral qu'on peut attendre des concours. Les prix ont en effet d'autant plus de valeur dans l'opinion, qu'ils sont moins nombreux, et il est certain aussi que le public est disposé à mesurer, en quelque sorte, le mérite auquel une récompense a été accordée sur le montant de la somme qui forme la récompense.

On ne peut trop applaudir à cet égard à la marche adoptée par une société française qui s'est placée en première ligne parmi celles qui se proposent pour but de hâter les progrès de l'industrie : *la Société d'encouragement pour l'industrie nationale* propose des prix pour un grand nombre de sujets, mais elle n'en accorde pas beaucoup chaque année, parce qu'elle est fort exigeante sur l'accomplissement des conditions de ses programmes, qui sont calculés de manière à n'ouvrir la porte aux récompenses qu'en faveur d'un mérite éminent pour chaque objet des concours. Un seul prix, consistant généralement en une somme assez élevée, est proposé pour chaque objet, et l'on n'accorde pas de mention honorable. Seulement le texte du rapport désigne, avec les développements suffisants, les concurrents qui ont approché du but sans l'atteindre. Le même prix est souvent remis au concours plusieurs fois de suite avant

d'être adjugé, lorsqu'on estime qu'aucun concurrent ne
l'a complétement mérité. Il résulte de là que les prix
décernés par cette société ont une haute valeur dans
l'opinion publique, et que l'émulation qu'ils excitent atteint
parfaitement le but qu'on doit se proposer dans tous les
concours de ce genre.

En France, les sociétés offrent souvent aux concurrents
des médailles en or ou en argent, au lieu d'une somme en
numéraire. Cette substitution paraît mal calculée : si l'on ne
cherchait ici mieux que le genre de récompense qui satis-
fera le plus grand nombre des concurrents, une somme
d'argent serait certainement préférable, mais on doit aussi
prendre en considération l'effet moral que produira la
récompense, par l'émulation qu'elle excitera chez les autres
industriels. Or, pour une médaille, de même que pour une
somme en argent, cet effet est limité au moment même où
le prix est décerné, car dès qu'un homme a reçu une
médaille, à moins qu'il ne la porte à sa boutonnière, comme le font quelques valets de labours dans des cantons très-
arriérés, il l'enferme dans un tiroir et ne peut convenablement pas en faire parade en l'exhibant aux yeux de ceux
qui le visitent.

Quelques grands propriétaires anglais, en particulier le
duc de Bedford et M. Coke, avaient institué chez eux des
concours agricoles où ils donnaient en prix des vases en
argent ou en vermeil, dont chacun portait une inscription indiquant le nom de la personne à qui il avait été décerné, ainsi que le motif de cette distinction. Il est facile de
comprendre combien sont préférables les récompenses de

ce genre : celui qui a reçu un meuble de cette espèce en fait un ornement pour son appartement, ou le fait servir sur sa table dans les repas où il se trouve des étrangers. Un seau ou une soupière en argent, un porte-huilier ou même une douzaine de couverts, dont chaque pièce porterait une inscription, seraient pendant longtemps des souvenirs dont on tirerait honneur dans une famille, et qui exciteraient vivement l'émulation chez les autres cultivateurs. Toutes les fois qu'on ne donne pas en prix une somme d'argent, il me semble que des objets de ce genre sont infiniment préférables à des médailles.

DEUXIÈME SECTION

Des concours de charrues

C'est en Angleterre que les concours de charrues ont pris naissance. L'esprit positif qui distingue cette nation a donné une direction déterminée et une marche précise à cette institution, dont le but était le perfectionnement de l'instrument qui occupe le premier rang parmi les moyens mécaniques de la culture du sol. C'est à l'époque de l'apparition du *swing-plough*, charrue simple ou sans avant-train, que les constructeurs de cet instrument jugèrent convenable de présenter le défi à toutes les anciennes charrues : tous les concours de ce pays n'ont réellement été que des documents du procès qui s'instruisait entre l'antique charrue à avant-train et la charrue simple de nouvelle construction.

Pour bien apprécier le mérite des charrues de divers modèles, les Anglais, éminemment industriels, comprirent que l'économie dans la force du tirage était le point sur lequel il importait de diriger spécialement les recherches. On supposait donc, dans les règles établies pour les concours, que les charrues exécutaient un bon labour, et celles qui ne remplissaient pas cette condition étaient écartées de la distribution des prix. Il n'est pas difficile de déterminer ce qu'on entend par un bon labour : il faut qu'il soit exécuté au moins à la profondeur exigée par le programme, que le fond de la raie soit horizontal, que la bande de terre soit détachée dans toute sa largeur, un peu soulevée pour en favoriser l'ameublissement, puis convenablement renversée.

Ces préliminaires admis, on considérait comme le meilleur instrument celui qui exécutait le labour avec la moindre dépense de force motrice ; et comme l'appréciation, par des moyens mécaniques, de la résistance qu'offre une charrue dans le travail présente beaucoup de difficultés et d'incertitudes, on est parti de ce principe, que la marche de l'instrument s'accélère, à tirage égal, dans la même proportion que la diminution de résistance : la solution s'est ainsi trouvée réduite à une question de vitesse qu'il était toujours facile de résoudre sans hésitation. En fixant pour le labour une profondeur donnée comme minimum, il ne fut pas nécessaire de fixer la largeur de la bande, puisque chaque concurrent était naturellement disposé à prendre, afin d'accélérer le travail, autant de largeur qu'il le pourrait avec son instrument, sans sortir de la condition, rigoureusement exigée, que la bande fût détachée du sous-sol dans toute sa largeur et convenablement retournée. L'accroissement de résistance qui résultait de l'augmentation de la largeur de la bande formait pour les attelages une ligne suffisante, lorsqu'on exigeait un labour un peu profond en sol consistant.

C'est sur ces données qu'ont été fixées les règles de tous les concours de charrues qui ont eu lieu en Angleterre. Comme on avait compris combien il importait de réduire à deux le nombre de chevaux employés au labour, afin d'économiser un des deux hommes qui y étaient occupés avec les anciens instruments, on imposa toujours aux concurrents la loi de n'atteler à la charrue que deux chevaux conduits par un seul homme. Cette condition était d'ailleurs indispensable pour assurer, autant qu'il est possible dans des expériences de ce genre, l'égalité de la force motrice. On était bien assuré que les concurrents se présenteraient toujours avec des attelages de première force : s'il arrivait qu'une charrue fût favorisée sous ce rapport, il n'arriverait pas vraisemblablement que ce cas se présentât dans un concours pour toutes les charrues d'une même espèce; d'ailleurs, il y aurait naturellement compensation dans d'autres concours. Or, ce n'était pas d'une seule épreuve qu'on voulait faire dépendre la solution de la question, mais bien de l'ensemble des concours, qui furent très-nombreux, pendant quelque temps, dans les diverses parties de la Grande-Bretagne. Il résulta de ces épreuves que la charrue sans avant-train triompha d'une manière si générale, qu'il fut reconnu qu'elle diminuait beaucoup la résistance dans le travail, et c'est ainsi qu'a été amenée la réforme qui a substitué presque partout le *swing-plough* aux anciennes charrues dans la culture anglaise.

C'est à Roville, en 1823, que les concours de charrues eurent lieu pour la première fois en France, et ils y furent continués jusqu'en 1828, époque où des motifs de divers genres me déterminèrent à les supprimer. Mon principal motif fut celui-ci : comme fabricant d'instruments aussi bien que comme agriculteur, je m'efforçais de faire prévaloir la charrue simple d'une certaine construction, dont l'expérience m'avait démontré les avantages, et j'avais lieu de craindre que quelques personnes ne vissent pas, dans des concours placés sous mon influence, des garanties suffisantes d'impartialité entre les charrues de divers modèles. D'ailleurs, des concours de charrues étant établis alors sur plusieurs points du royaume, j'espérais qu'on y suivrait la même direction, et il me parut que l'établissement de Roville avait désormais accompli sa tâche en cette matière.

Tous les concours de Roville ont été calqués sur les concours anglais : les charrues de toute espèce y étaient admises, pourvu qu'elles fussent attelées de deux chevaux seulement et conduites par un seul homme; la profondeur d'au moins 19 centimètres (7 pouces) était rigoureusement exigée, ainsi que les conditions essentielles d'un bon labour. Des lots égaux, de quinze ares chacun, étaient préparés à l'avance, et le prix était décerné à la charrue qui avait exécuté le plus promptement le labour de son lot. Six charrues au moins se sont toujours présentées pour concourir, les attelages de l'établissement étant naturellement exclus. Non-seulement tous les prix ont été remportés par des charrues sans avant-train, mais toutes les fois que des cultivateurs ont voulu entrer en lice avec des charrues du pays, l'infériorité de leur marche a été si manifeste, qu'ils ont quitté la lutte sans terminer le lot qui leur était assigné.

J'ai pu remarquer dans ces épreuves qu'il est nécessaire de choisir, pour le lieu du concours, un terrain beaucoup plus résistant que celui que l'on donnerait à labourer à des attelages égaux en travail ordinaire : par la nature des choses, cette épreuve est pour les concurrents un tour de force; tous arrivent là avec des animaux reposés et préparés par de fortes rations de grains. Il faut donc, pour un travail d'une heure environ, donner à l'attelage un labour offrant une résistance un peu considérable. Sans cela, les différences dans la rapidité de l'exécution ne signifient absolument rien, relativement à la résistance qu'offre le labour selon la construction des charrues.

On a toujours choisi pour le lieu de concours, soit une terre blanche un peu consistante et tassée par un pâturage de quelques années, soit un chaume en sol argileux, dans lequel on aurait employé quatre chevaux pour un labour ordinaire : le travail des concours a constamment été exécuté sans difficulté à la profondeur prescrite, et avec beaucoup de promptitude, par les charrues d'une bonne construction, presque toujours attelées d'une paire de chevaux lorrains, dont la taille est peu élevée. Une telle épreuve

est sérieuse, et l'on peut être assuré que la charrue qui,
dans plusieurs concours de ce genre, remportera le prix
de vitesse, offre réellement dans sa construction quelque
chose qui diminue la résistance au tirage, condition de
première importance dans toute machine destinée à utiliser
une force motrice.

La marche de presque tous les concours qui ont eu lieu
en France depuis cette époque a été réglée d'une manière
entièrement différente. On a dit que, dans l'appréciation
des labours, la rapidité d'exécution n'était pas la seule circonstance à considérer, et que la perfection du travail doit
aussi être comptée pour beaucoup. En conséquence, on
a voulu décerner le prix au meilleur labour exécuté dans
le moins de temps possible. D'un autre côté, on a voulu
que les agents de la culture eussent aussi leur part dans la
distribution des récompenses, et, pour cette raison, on a
fait entrer l'adresse des laboureurs comme un des éléments
du mérite dans le jugement des concours. Comment n'a-
t-on pas compris qu'en compliquant ainsi la question, on
faisait perdre à sa solution toute signification précise?

On peut bien s'entendre pour déterminer à l'avance les
conditions d'un bon labour; mais, entre une vingtaine de
concurrents presque toujours pris parmi les plus habiles
laboureurs d'un canton, tous les labours sont bons, et l'appréciation du meilleur d'entre eux ferait reculer le cultivateur le plus expérimenté; ou bien, d'après les idées que
chacun peut se faire sur l'importance relative de certaines
qualités de labour, qui ont rapport plutôt à sa belle apparence pendant la durée du travail qu'à ses propriétés es-

sentielles pour le succès des récoltes, on rencontrera des diversités d'opinions qui ne seront fondées que sur des minuties, sous lesquelles restera étouffée la condition nécessaire, c'est-à-dire l'économie dans l'exécution des labours, au moyen d'un instrument plus parfait. Quant à la part attribuée à l'adresse des laboureurs, elle implique une contradiction manifeste avec celle qui a pour objet la perfection de l'instrument, car il est clair que si un laboureur avait exécuté un travail plus prompt ou plus parfait, avec une charrue d'une construction inférieure, c'est lui qui mériterait le prix d'habileté. Il résulte de toute cette complication que, dans la rédaction des programmes et dans les jugements des concours, tout reste vague et indéterminé, et que le résultat ne présente aucune signification sérieuse.

Plusieurs sociétés d'agriculture ont cru pouvoir donner quelque chose de précis à la détermination des conditions d'un bon labour et des autres circonstances qui doivent influer sur la décision du jury du concours, en assignant une valeur exprimée en chiffres à chacune de ces conditions : ainsi, tant de points pour la profondeur, tant pour l'évidement de la raie, pour le retournement de la bande, tant pour la vitesse, tant pour la force des attelages, pour l'adresse des laboureurs, etc. Ensuite, au moyen de quelques calculs et d'une addition, on décerne le prix à celui qui a obtenu le plus de points. On a sans doute voulu par là affranchir les juges du concours de la nécessité d'être connaisseurs en labour, car, pour un cultivateur expérimenté, tout cet appareil de chiffres serait fort superflu. Mais une certaine latitude doit être laissée aux juges sur le nombre de points relatifs à chacun de ces éléments, et de cette latitude naît un arbitraire qui produira ses fruits, en supposant que les juges soient des connaisseurs véritables, aussi bien que si ce sont de simples amateurs.

En admettant des attelages composés d'un nombre indéterminé d'animaux, on se place dans des difficultés inextricables. En effet, il n'y aurait dans ce cas qu'un parti raisonnable à prendre, si ce parti était possible : ce serait de calculer la quantité de travail exécuté par tête de cheval ; car un attelage de quatre chevaux, par exemple, est resté réellement inférieur, s'il n'a pas labouré, dans le même espace de temps, une surface deux fois aussi considérable qu'un attelage de deux chevaux. Mais alors il faut, ou que la charrue à quatre chevaux prenne une largeur de bande double, ce qui forme un très-mauvais labour, ou qu'elle prenne l'allure du trot, ce que l'on s'efforce d'éviter, parce qu'on veut conserver au concours quelque chose qui ait du moins l'apparence d'un travail sérieux. On est donc entraîné à donner des points à ceux qui n'ont point *forcé les attelages*, c'est-à-dire qui n'ont pris qu'une allure modérée. Ce sont des points de lenteur, distribués en même temps que des points de promptitude, dans l'exécution du travail.

En admettant les attelages composés d'un nombre illimité d'animaux, on ne peut pas toutefois les placer tous dans les mêmes conditions ; en conséquence, on accorde des points aux charrues dont les attelages sont inférieurs au nombre que l'on considère comme le maximum. Une société d'agriculture très-honorable a voulu profiter de cette occasion pour apprécier la force des attelages, en combinant le nombre des animaux à leur force, estimée d'après l'inspection par les commissaires avant le concours. Ainsi, quatre chevaux sont estimés n'en valoir que trois ou deux et demi, tandis que deux forts chevaux seront portés à la même évaluation, et c'est d'après ces chiffres que les points leur seront accordés. Je ne sais où l'on trouverait des connaisseurs qui voulussent prendre sur eux d'apprécier ainsi à simple inspection de vue la force réelle des chevaux, mais ce qui est bien certain, c'est que des chevaux petits et agiles, qui resteront très-inférieurs à de gros et forts animaux pour la quantité de travail exécutée pendant un mois ou pendant une semaine, ne leur céderont peut-être en rien, ou même leur seront supérieurs, lorsqu'il s'agira d'une épreuve d'une heure, dans laquelle des chevaux ardents peuvent dépenser toute la somme de travail d'une journée.

Lorsqu'on arrive à faire une somme des points déduits, pour chaque concurrent, de considérations aussi disparates que celles que je viens d'énumérer, la force des chiffres amène à des résultats qui ne peuvent manquer d'étonner les commissaires eux-mêmes ; et il est difficile de croire qu'il ne soit pas arrivé à quelques-uns d'entre eux de penser qu'il eût été plus simple et tout aussi sûr de mettre les noms des concurrents dans une urne et de tirer les prix au sort. Afin de pallier ce résultat, on prend le parti d'avoir des récompenses à peu près pour tout le monde. Les primes sont nombreuses : on se décide encore, en présence des faits, à partager chacune entre deux ou trois concurrents, et bien mal partagé du sort serait celui qui ne sortirait pas du concours avec sa charrue ornée de rubans.

La critique à laquelle je viens de me livrer est toutefois mal fondée sous un rapport, et les instigateurs de ces concours atteignent réellement le but qu'ils avaient en vue. Ce qu'on veut avant tout, c'est une fête agricole avec toutes ses solennités, c'est un spectacle, un banquet, des toasts et des allocutions. On se garderait bien de toute condition sévère, ou contraire aux habitudes de la localité, qui ôterait à quelques cultivateurs le désir de prendre part au concours, car on met son orgueil à dire : vingt-cinq charrues sont entrées en lice, et les labours ont été excellents. Quant au but d'amélioration de la charrue, à peine y songe-t-on.

On dit à cela qu'il faut bien se conformer au caractère français : s'il était vrai que la légèreté nationale nous conduisit dans cette voie, il appartiendrait sans doute aux ordonnateurs des concours de s'efforcer de corriger ce défaut, en donnant à cette institution un but grave et utile. Mais ici on se trompe entièrement. Le mal vient de ce qu'on fait les concours de charrues, non pas pour l'agriculture, mais en vue de l'effet qu'ils produiront sur la population des villes que l'on s'efforce d'y attirer. Si l'on eût continué à donner en France à ces concours la direction positive et sérieuse qu'ils ont eue en Angleterre, il n'est guère douteux qu'on n'eût obtenu le même résultat, c'est-à-dire la substitution de la charrue simple à la charrue à avant-train, à moins que de nouvelles recherches n'eussent amené la découverte d'une construction plus favorable encore sous le rapport de l'économie de la force de tirage. On ferait injure en

effet aux cultivateurs, si l'on croyait qu'il ne se rencontre-
rait pas parmi eux un grand nombre d'esprits assez solides
pour comprendre les avantages d'un instrument qui leur
permettrait d'économiser le quart peut-être de leurs frais
de labour, et de remplacer par du bétail de rente une partie des chevaux, objet pour eux de la plus forte dépense
de leur exploitation. On aurait en même temps appris aux
cultivateurs à apprécier les effets des labours profonds,
auxquels la charrue sans avant-train est particulièrement
propre, et contre lesquels beaucoup d'entre eux entre-
tiennent des préventions, parce que les charrues qu'ils
emploient aujourd'hui ne peuvent que difficilement les
exécuter.

Ce sont là les immenses bienfaits que l'on a recueillis en
Angleterre des concours de charrues. En France, au contraire, l'utilité qu'on a pu en tirer est très-contestable pour
un grand nombre de localités, et ailleurs ils n'ont offert
d'autre avantage que celui d'une exhibition publique des
charrues de nouvelle construction. Mais que l'on remarque
bien ce qu'on y fait voir au cultivateur : c'est uniquement
la nature du labour que ces charrues exécutent ; or, il n'est
pas un homme expérimenté qui ne juge très-bien une
charrue sous ce rapport, en la voyant marcher pendant
quelques instants, et il n'est pas besoin de concours pour
cela. Au contraire, ce qu'il est le plus difficile d'apprécier
dans le travail d'une charrue, c'est la résistance qu'elle offre
au tirage, et par conséquent l'économie qu'elle peut ra-
porter dans la dépense du travail. C'est pourquoi, bien
que la qualité du labour soit une chose très-impor-

tante, ce n'est pas elle qui doit former le but principal des concours, et c'est pourquoi aussi, dans tous les concours français, la charrue simple est toujours restée confondue dans la foule des charrues à avant-train, relativement aux prix qui lui ont été décernés, sans que rien ait pu appeler l'attention des cultivateurs sur la grande supériorité qu'elle offre réellement.

Tout ce que je viens de dire se rapporte, au surplus, aux parties de la France où l'on emploie des charrues à avant-train d'une bonne construction dans leur genre, c'est-à-dire qui tranchent et renversent bien la bande de terre. Quant à ceux de nos départements où l'on n'employait auparavant que des araires à socs étroits qui grattaient la terre plutôt qu'ils ne la labouraient, il a pu suffire de montrer aux cultivateurs ce que c'est qu'un bon labour : sous ce rapport, on ne peut qu'applaudir aux concours comme ils y ont été institués, d'autant plus que ces localités étant généralement fort arriérées dans les améliorations agricoles, une multitude de cultivateurs n'auraient pas eu connaissance, sans les concours, des charrues de nouvelle construction. Il était d'ailleurs superflu, dans ces départements, de rendre palpable, aux yeux des cultivateurs, l'avantage particulier aux charrues simples, parce que le maniement de cet instrument étant analogue à celui de l'araire qui y est usité, les habitudes des laboureurs n'ont opposé aucun obstacle à son introduction.

Dans tous les pays on rencontre de bons et de mauvais laboureurs, parce que la nature n'a pas départi à tous les hommes, en proportions égales, l'intelligence et l'adresse.

Partout les habiles laboureurs obtiennent un salaire plus élevé, et trouvent parfaitement à se placer. C'est là pour tous le plus puissant moyen d'émulation qu'on puisse imaginer. En tous lieux, les bons laboureurs savent tirer tout le parti possible de la charrue employée dans le pays. C'est donc par l'amélioration de cette charrue que l'on peut espérer d'obtenir des labours plus parfaits, et il y a illusion complète à croire que l'on pourra, par des primes d'encouragement distribuées dans un concours, soit accroître le nombre des bons laboureurs, soit rendre ceux-ci plus habiles encore dans le maniement de la charrue ordinaire. On dira peut-être que l'on entend récompenser les laboureurs qui auront montré le plus d'adresse à manier une charrue plus parfaite apportée dans la localité. Mais dans un concours où toutes les charrues sont admises, comment établir une comparaison entre l'adresse des laboureurs qui ont entre les mains des charrues de diverses espèces? Evidemment, c'est à la charrue qu'il faut appliquer la récompense, et c'est à l'homme qui veut remporter le prix avec une charrue perfectionnée, à la faire tenir par un conducteur qui puisse en faire ressortir les avantages.

On dira sans doute que la diminution de la force de tirage n'est pas la seule condition que l'on doive désirer dans le perfectionnement des charrues. Sans doute; mais c'est la seule pour laquelle les concours soient réellement utiles. La facilité dans le maniement de l'instrument, la propriété de labourer plus ou moins profond, de retourner convenablement la tranche, de bien vider la raie, etc., ce sont là des choses que chaque cultivateur peut juger en

une demi-heure d'essai sur son propre terrain. Mais la résistance qu'offre l'instrument, dans le travail à terrain égal,
est au contraire une circonstance qu'il est assez difficile
d'apprécier. Ainsi, on a supposé que l'on peut appliquer à
la charrue sans avant-train, comme à la charrue à roues,
un soc et un versoir capables d'exécuter un bon labour,
plus ou moins large ou profond, plus ou moins renversé,
selon que les cultivateurs peuvent le désirer, et l'on a posé
cette question : la suppression de l'avant-train diminue-
t-elle la résistance ? Voilà un problème susceptible d'une
solution précise, parce qu'il est simple ; tandis qu'un problème complexe comme celui que l'on pose communément
dans les concours ne peut donner lieu qu'à une solution
tout à fait arbitraire.

TROISIÈME SECTION.

Des primes aux agents de la culture.

Les concours de charrues et de bestiaux nous sont
venus d'Angleterre, mais c'est en France que sont nés
ceux dans lesquels on propose des primes aux valets de
labour, aux servantes, aux bergers, etc., qui se sont le
plus distingués par leur bonne conduite, leur fidélité ou
leur intelligence. C'est là ce qu'on nomme des *prix de
moralité*. C'est une institution qu'il faut classer à côté des
récompenses accordées aux rosières ou des prix de vertu

décernés par des Académies ; conceptions qui résultent d'excellentes intentions dirigées par une fausse appréciation des choses, car il y a dans la vertu en général quelque chose de pudique, et la publicité des récompenses ne lui sied en aucune façon. Cela est encore bien plus vrai lorsqu'il s'agit d'un mérite individuel qui se rapporte à des services rendus dans l'intérieur domestique.

Il ne peut y avoir qu'un juge du mérite des serviteurs, c'est leur maître, et c'est uniquement d'après les témoignages que rend ce dernier, que les juges d'un concours peuvent décerner ou refuser les primes. Celles-ci seront donc accordées beaucoup plus d'après les dispositions des maîtres à vanter les services de leurs gens, que selon le mérite de ceux-ci. Qui ne comprend que c'est là placer les maîtres dans une position fausse ? On peut demander avec confiance à un maître des renseignements sur un sujet qui a quitté son service, mais beaucoup de gens ne se croient pas du tout obligés de faire l'éloge d'un valet qu'ils désirent conserver, de même qu'un mari ne croit souvent pas prudent de vanter trop aux autres les charmes de son épouse.

Il est bien certain, du moins, que ce maître comprend bien mal sa position, qui cherche dans des primes décernées publiquement le moyen de récompenser les services de ses gens. Ces primes sont en général peu recherchées par la classe d'individus à laquelle on les destine, et elles sont souvent parmi eux un sujet de railleries, parce qu'à côté de ceux qui les ont obtenues, on en voit d'autres qui les auraient mieux méritées. Ces primes se distribuent souvent à des serviteurs d'hommes qui exercent de l'influence parmi les juges du concours, et qui n'ont pas assez réfléchi sur ces matières pour comprendre qu'ils aliènent leur position de maître, en s'adressant à d'autres pour faire donner à leurs gens un supplément de salaire qu'ils auraient dû leur donner eux-mêmes s'ils le méritaient. Au total, cette institution tend à affaiblir les liens entre les maîtres et les serviteurs, beaucoup plus qu'à les fortifier.

Dans quelques comices où l'on semble avoir bien compris ces inconvénients, on décerne des primes aux agents de la culture en prenant uniquement pour base l'ancienneté des services. Cela est plus rationnel, parce que la durée du séjour d'un employé chez un cultivateur est un fait qui est à la connaissance de tout le monde, et que l'on pourrait connaître en quelque façon sans le témoignage du maître. Mais la durée des services donne-t-elle bien la mesure du mérite des serviteurs, ou même de leur disposition à demeurer avec constance chez le même maître ? Dans une multitude de cas, ce sont les maîtres qui eussent mérité les primes que l'on décerne aux serviteurs.

Que l'on examine les choses avec attention, et l'on reconnaîtra qu'il est beaucoup de maisons de cultivateurs où aucun employé n'a jamais fait un long séjour, tandis que dans d'autres les services se prolongent beaucoup plus longtemps : chez quelques-uns, on rencontre toujours d'anciens serviteurs. C'est que, chez les premiers, il y a, soit une disposition à l'inconstance de la part du maître, soit quelque chose qui fait qu'il ne sait pas placer ses agents dans la position convenable, ou les traiter de manière à ce qu'ils se trouvent satisfaits de leur état. Ailleurs, au contraire, le maître sait tolérer quelques défauts, et comprend, d'une part, combien sont précieux les services d'anciens employés, et, de l'autre, les conditions auxquelles il peut les retenir près de lui.

Ainsi, si l'on institue des primes en faveur de l'ancienneté des services pour les employés, il faudrait aussi en établir en faveur des maîtres qui conservent pendant le plus long temps des agents à leur service, ce qui pourrait se constater en prenant la moyenne de la durée de service de tous les individus employés chez les cultivateurs. Et que l'on remarque bien que les primes que l'on proposerait ainsi pour les maîtres seraient beaucoup plus favorables aux serviteurs, en général, que ne peuvent l'être celles que l'on décerne aux membres de cette classe, car elles tendraient directement à faire comprendre aux maîtres combien il leur importe de bien traiter leurs agents salariés, afin d'obtenir d'eux de longs services.

———

QUATRIÈME SECTION.

Des primes pour l'amélioration des races de bestiaux.

Parmi les primes que l'on accorde pour l'amélioration de l'agriculture, on place généralement au premier rang celles qui ont pour objet les animaux que l'on produit aux concours. On n'a pas apporté, il me semble, assez d'attention jusqu'ici à quelques considérations qui touchent directement à l'utilité que l'on peut attendre des concours de ce genre. Dans les encouragements qui ont les bestiaux pour objet, on doit distinguer soigneusement trois choses : 1° les améliorations produites par une alimentation plus abondante et un meilleur régime ; 2° celles qui sont le résultat d'accouplements entre individus choisis avec discernement parmi les animaux des races de chaque pays ; 3° enfin, ce qui se rapporte à l'introduction des races étrangères à la localité.

L'exhibition d'un ou deux animaux dans un concours ne peut fournir aucune donnée sur les succès obtenus par un cultivateur dans l'amélioration du régime alimentaire de son bétail, et le mérite qui peut lui faire attribuer une prime à ce sujet ne peut être constaté que par l'inspection de son troupeau, de son bétail à cornes ou de ses chevaux ; en sorte que les primes de ce genre devraient rentrer dans la classe de celles que l'on décerne à la bonne tenue des fermes, dont je parlerai plus loin. Quant aux modifications apportées à la race d'un canton par des accouplements judicieux entre des individus de cette race, on doit sans doute y attacher une grande importance, et c'est un moyen d'amélioration beaucoup plus puissant qu'on ne le croit généralement, mais les encouragements qui s'y rapportent doivent toujours avoir un but déterminé, et conforme à l'utilité que l'on tire principalement du bétail dans chaque localité.

Ainsi, pour le bétail à cornes, dans les cantons où on l'emploie exclusivement aux usages de la laiterie, l'amélioration essentielle consiste dans l'accroissement du produit en lait, non pas pour chaque individu, mais relativement à la quantité de fourrage consommé. Là, on ne peut pas raisonnablement en faire l'objet du concours, car il n'y a aucun moyen de reconnaître à la vue d'une vache, d'une génisse ou d'un taureau, si l'animal peut améliorer la race sous le rapport de la laiterie.

Dans les pays où l'on élève des bœufs pour le service du trait ou pour l'engraissement, on peut, avec beaucoup plus de raison, accorder des primes aux animaux qui se distinguent par les formes qui indiquent plus d'aptitude à ces emplois du bétail, et c'est spécialement pour améliorer les races de bêtes à cornes, en vue des usages de la boucherie, que les concours ont été institués en Angleterre. Partout les programmes doivent ainsi indiquer le but spécial vers lequel doivent être dirigées les améliorations : lorsqu'on propose vaguement des primes pour *les plus beaux taureaux, les plus belles vaches, les plus belles génisses*, les récompenses ne sont réellement décernées qu'à un seul genre de mérite, qui consiste à avoir procuré aux commissaires la satisfaction de voir des animaux brillants d'embonpoint, à l'air fier, au poil luisant, et présentant ces formes gracieuses qui séduisent toujours les spectateurs.

L'introduction des animaux de race étrangère destinés à la propagation est un point qui mérite mûr examen, et l'on risque beaucoup d'imprimer à l'industrie une fausse direction, lorsqu'on encourage par des primes l'introduction des animaux de telle ou telle race, avant de s'être assuré par une expérience suffisamment prolongée qu'elle peut opérer une véritable amélioration dans la race du pays. On doit encore ici distinguer soigneusement le but qu'on se propose généralement dans l'élève du bétail dans la localité : il faut d'abord remarquer à cet égard que partout les races ont été améliorées de longue-main relativement à leur usage spécial. Sans doute, on ne cite pas dans chaque canton un Bakewell par qui cette amélioration ait été introduite instantanément, mais ce Bakewell c'est tout le monde, et partout les éleveurs ont été naturellement amenés à tirer race des animaux qui se distinguaient le plus par les qualités essentielles qu'ils y recherchaient.

Ainsi, dans les pays de laiterie, c'est-à-dire là où l'on emploie principalement les vaches à la production du lait, soit pour le consommer en nature, soit pour la fabrication du beurre ou du fromage, on a élevé de préférence les veaux provenant des meilleures laitières. Dans les cantons où l'on élève des bœufs destinés au travail et définitivement à la boucherie, tous les éleveurs soigneux se sont efforcés de propager les formes du corps les plus recherchées pour ces usages, et qui donnaient par conséquent plus de valeur à leur produit. Pour les bêtes à laine, on a choisi partout, pour les employer comme béliers, les mâles qui portaient les plus belles toisons, ou qui présentaient dans leurs formes les caractères reconnus par l'expérience comme les plus profitables dans la localité. Les améliorations de ce genre n'entraînaient aucune dépense pour les éleveurs : il s'est trouvé de tout temps parmi eux beaucoup plus d'hommes soigneux et attentifs que ne le croient les personnes qui font dater l'amélioration des races de bestiaux de l'époque où il s'est formé des sociétés d'agriculture dans les villes, et où l'on a commencé à écrire sur ces matières. Les soins que l'on prenait à cet égard n'avaient pas de retentissement au dehors, mais leurs résultats sont très-sensibles pour toute personne qui veut examiner sans prévention l'état des bestiaux dans tous les départements de la France.

Il ne faut pas perdre de vue, dans cet examen, que partout les éleveurs ont été dominés, dans les modifications qu'ils ont fait subir aux bestiaux, par la nature du sol et l'état de la culture. Dans ceux de nos départements où les races sont chétives, on reconnaîtra que c'était là le résultat nécessaire du régime alimentaire auquel elles étaient soumises. Mais là, on avait tiré de ces conditions tout le parti possible. Ainsi, pour le bétail à cornes, la production du lait est le seul usage auquel on puisse l'employer dans ces localités, et ces vaches, petites et d'un aspect si peu flatteur, sont ordinairement meilleures laitières que celles des pays d'élève, où le volume du corps a pris beaucoup plus de développement, par l'effet d'un meilleur régime, sur un sol plus fertile ou mieux cultivé.

On a fait, depuis cinquante ans, beaucoup de tentatives pour modifier ces petites races par l'introduction d'animaux tirés de la Suisse, de la Normandie et d'autres pays où les races sont grandes, parce que l'alimentation est abondante. Partout on a échoué complétement, lorsqu'on a voulu continuer de soumettre les races importées, ou même le produit des croisements, au régime ordinaire de la localité. Et lorsqu'on a amélioré l'alimentation au moyen d'un changement dans le système de culture, on a produit par ces croisements des animaux d'une taille plus élevée, mais inférieurs à la race locale pour l'usage spécial de la production du lait. Au contraire, toutes les fois qu'on a appliqué cette amélioration du régime alimentaire aux petites races indigènes, il en est résulté, dans la première génération et encore plus dans les générations suivantes, une grande augmentation de taille et de volume du corps, sans qu'on ait rien perdu sur l'aptitude spéciale à une abondante production de lait.

Aujourd'hui, c'est vers les animaux tirés de l'Angleterre que portent principalement leur vue les personnes qui voudraient améliorer les races françaises par l'introduction d'animaux étrangers. Il faut apprécier à cet égard les différences qui se rencontrent entre les deux pays, d'abord dans le régime des animaux, ensuite dans d'autres circonstances qui se rapportent à l'usage auquel ils sont destinés. En Angleterre, non-seulement l'état avancé de la culture permet de consacrer aux animaux une nourriture très-abondante, mais le bétail à cornes ainsi que les bêtes à laine sont entretenus généralement pendant toute l'année dans un enclos où ils prennent peu d'exercice musculaire, et où ils reçoivent une nourriture composée principalement de racines pendant l'hiver et d'herbe verte pendant la belle saison.

C'est ce régime, et surtout l'état constant de repos, qui favorise l'aptitude des animaux à s'engraisser dans le jeune àge. C'est là aussi ce qui tend à leur donner les formes qui distinguent le bétail à cornes, les bêtes à laine et les porcs dans les races anglaises les plus estimées, et qui. accompagnent toujours la prédisposition à un engraissement précoce. Des jambes courtes et faibles, un corps presque cylindrique, sont les caractères particuliers qui résultent de ce mode d'élevage : on a encore accru et modifié ces caractères par des accouplements judicieux, en choisissant dans chaque race, pour la reproduction, les animaux qui présentaient de la manière la plus complète les formes que l'expérience avait fait reconnaître comme favorisant le plus l'aptitude à un engraissement précoce.

Il est facile de comprendre pourquoi les éleveurs anglais ont placé cette qualité en première ligne parmi celles qu'ils recherchent dans le bétail à cornes : les chevaux y ont presque partout remplacé les bœufs dans les attelages agricoles, en sorte que dans ce pays, où la consommation de la viande est énorme relativement à la population, il faut élever exclusivement pour la boucherie la plus grande partie des bœufs qui y sont destinés. Or, dans de telles circonstances, il y a un avantage évident pour les éleveurs à obtenir des animaux qu'ils puissent livrer à la boucherie dès l'âge de deux ans et demi ou même plus tôt.

En France, les circonstances ne sont pas les mêmes. Les bœufs sont encore employés aux attelages sur une grande partie du territoire, et c'est là un usage qu'il faudrait bien se garder de décrier, car il en résulte une grande économie pour les travaux de l'agriculture. Quoique la consommation de la viande se soit beaucoup accrue, depuis quarante ans, sur toute la surface du pays, les bœufs qui ont été employés pendant quelques années au service du trait suffisent encore généralement à cette consommation. Il est facile de sentir que, dans cette combinaison, le nombre des animaux livrés annuellement à la boucherie peut s'augmenter dans de certaines limites, selon les besoins de la consommation, sans aucun accroissement dans l'effectif existant. Supposons en effet que les bœufs et les vaches étaient abattus il y a vingt ans à l'âge moyen de neuf ans. Si on les abat aujourd'hui en moyenne à l'âge de huit ans, cette différence suffit pour accroître la consommation annuelle d'un neuvième, et à mesure que l'âge moyen s'abaissera à sept ou six ans, la consommation augmentera dans une proportion analogue, en supposant même que l'effectif ne s'accroisse en aucune façon.

Cette combinaison présente donc l'avantage de mettre, dans l'approvisionnement annuel de la boucherie, une certaine souplesse qui lui permet de se plier aux diverses variations qu'éprouve la production, suivant l'abondance ou la rareté des fourrages. Lorsque la production fléchit, il suffit d'abattre les animaux un peu plus jeunes, pour que les besoins de la consommation soient satisfaits sans qu'il en résulte une très-grande élévation dans les prix : si une production très-abondante succède à cet état des choses, les attelages forment une réserve qui reçoit cet excédant, ce qui tend à établir un certain équilibre dans les prix de la viande. C'est pour cela que les variations ne dépassent guère en France quatre ou cinq pour cent au-dessus ou au-dessous des prix moyens, tandis qu'elles sont beaucoup plus considérables pour toutes les autres denrées dont la production est soumise aux chances des saisons, et que l'on destine exclusivement à la consommation. Un état très-avancé de l'agriculture, dans lequel la nourriture du bétail est fondée sur des produits variés, comme cela a lieu en Angleterre, peut seul assurer la consommation de la viande, en la mettant à l'abri des variations brusques et considérables quant aux prix, dans un système de production de bétail où l'on a atteint la dernière limite de précocité pour l'abatage des animaux. C'est encore là un motif très-grave pour éviter d'encourager, dans les races de bétail à cornes, les modifications qui les rendraient moins propres à l'usage du trait, modifications qui seraient la conséquence infaillible des croisements avec les races anglaises.

J'indiquerai encore ici, seulement pour mémoire, en faveur des races françaises, une considération qui toutefois a plus de valeur qu'on ne serait tenté de le croire au premier aperçu : les bœufs engraissés en bas âge fournissent une viande fort délicate, et l'excellente qualité du *roast-beef* anglais, dont nos voisins sont fiers à juste titre, est due spécialement à cette circonstance. Mais cette viande ne produit qu'un bouillon insipide en comparaison de la chair d'animaux complétement formés, c'est-à-dire de bœufs de cinq ou six ans. Si les marchés français étaient alimentés de jeunes bœufs, il s'élèverait un cri unanime de réprobation chez les amateurs de bon potage, et ils sont nombreux chez nous.

Il viendra sans doute une époque où l'augmentation de consommation de la viande, produite par l'accroissement de la population et de l'aisance dans toutes les classes, exigera impérieusement que l'on produise aussi des bœufs en France pour l'usage spécial de la boucherie. Cette époque est vraisemblablement encore éloignée. On a amené sur les marchés, depuis 1840, quelques jeunes bœufs qui avaient été engraissés sans avoir porté le joug, mais cela tient à une circonstance exceptionnelle dans laquelle s'est trouvé le pays : une série sans exemple de disette de fourrages, pendant les dix années qui ont précédé cette époque, a eu nécessairement pour résultat une diminution importante dans l'effectif existant du bétail à cornes. On n'a pu subvenir alors aux besoins de la consommation qu'en abattant les animaux à un âge moyen inférieur : il s'en est trouvé dans le nombre qui n'avaient pas été employés au service des attelages. Mais deux ou trois années de récoltes satisfaisantes en fourrages suffiront pour rétablir l'équilibre, et avec lui viendra ce que l'on peut appeler l'âge normal de l'abatage des animaux de boucherie, celui qui résulte du rapport moyen, pendant une assez longue série d'années, entre la production et la consommation dans le pays.

Tout porte à croire que cet âge normal peut être fixé pour les bêtes à cornes des deux sexes entre sept et huit ans, dans l'état moyen actuel de la production du bétail et de la consommation de la viande en France. Dans une telle situation des choses, les avantages que l'on pourrait tirer de l'introduction des races anglaises sont au moins très-problématiques, et les hommes éclairés doivent prémunir les cultivateurs contre un entraînement irréfléchi, au lieu de l'exciter par des primes. Car les races anglaises, par l'effet même des perfectionnements qu'elles ont reçus sous un rapport spécial, ont perdu toute aptitude pour le travail et sont généralement médiocres pour la production du lait.

Quelques personnes, en reconnaissant que l'introduction de ces races ne conviendrait pas à la France, disent qu'elles seront du moins propres à opérer de bons croisements. Mais on doit toujours se rendre compte du but que l'on veut atteindre par ces croisements : dans les pays de laiterie, des croisements avec des taureaux de la race Durham ne peuvent que diminuer dans la race du pays sa qualité essentielle, sans lui faire acquérir aucun avantage qui soit de quelque importance dans la localité. Dans les pays d'élève de bœufs, il faut se demander si les modifications qu'on pourra produire dans les formes à l'aide de ce croisement ne diminueront pas les qualités des animaux pour le service du trait, en même temps qu'elles accroîtront leur aptitude à l'engraissement : on peut affirmer d'avance que ce serait là le résultat que l'on obtiendrait. En général, si l'introduction d'une race étrangère présente des inconvénients qui doivent la faire rejeter dans une localité, la sous-race obtenue par des croisements avec cette race présentera les mêmes inconvénients, seulement à un degré un peu moindre.

Un taureau ou un bélier, de forme très-distinguée dans son espèce, se vend souvent en Angleterre à des prix énormes, parce que les éleveurs consentent à payer pour la saillie des prix considérables. Mais il faudrait bien se garder de croire que ces prix correspondent à la plus-value que l'on espère obtenir des produits qui seront livrés à la boucherie. Cette plus-value ne sera plus que de dix francs par tête au plus pour un bœuf, et cependant l'éleveur paiera cent francs ou même davantage pour la saillie du taureau, parce que parmi les élèves qui en proviendront, il espère obtenir quelqu'un de ces produits remarquables qui acquièrent, par un semblable motif, une haute valeur. Lorsque l'émulation est arrivée à ce point dans une classe de cultivateurs riches et jaloux des distinctions de l'amour-propre, les animaux distingués ont une valeur purement idéale, tout à fait hors de proportion avec les avantages qu'on peut espérer en tirer pour les produits destinés à la consommation. Pour l'éleveur, qui paie chèrement la saillie d'un tel taureau, c'est une somme qu'il met à la loterie, dans l'espoir d'en tirer le centuple s'il obtient le lot gagnant. Est-il à désirer qu'en France l'émulation pour l'améliora-tion des races arrive à ce point ? C'est là une question que je ne veux pas discuter ici, et sur laquelle il y aurait beau-coup à dire. J'ai seulement voulu prémunir ici les éleveurs contre l'idée que si un taureau a une valeur très-élevée en Angleterre, on pourrait en France le payer avec profit au même prix, et que cette valeur indique qu'il serait possible de tirer des élèves issus de cet animal et destinés à la con-sommation, une plus-value proportionnée à ce prix.

Pour les bêtes à laine, la position de l'Angleterre diffère essentiellement aussi de celle de la France, sous le rapport des circonstances économiques de la production de la viande, aussi bien que sous celui du régime des animaux. La consommation de la viande est si considérable chez nos voisins qu'on a été forcé, pour subvenir aux besoins, de livrer les animaux fort jeunes à la boucherie : les moutons ne dépassent guère l'âge de dix-huit mois, et les brebis sont souvent livrées au boucher après leur première portée. Si l'âge des animaux abattus dans cette combinaison est en moyenne de deux ans, tandis qu'il est de quatre ans au moins en France, il est clair qu'au moyen d'une supériorité semblable sous le rapport du nombre, ou plus exactement sous celui du poids des animaux, on livre à la consommation annuelle du pays une quantité de viande double. Mais on ne pourrait adopter cette méthode en France, dans l'état actuel de la consommation, qu'en diminuant de moitié l'effectif existant des troupeaux, relativement au poids du corps des animaux, circonstance qu'il faut toujours considérer ici : cette réduction diminuerait de moitié la production du fumier.

Cette combinaison a amené en Angleterre un rapport tout différent de celui qu'on observe chez nous, au sujet de l'importance attachée d'un côté à la valeur des toisons, et de l'autre à celle de la viande. Une bête à laine donne une toison tous les ans, mais on ne tue l'animal qu'une fois. Ainsi, à mesure que la durée moyenne de la vie s'abrége, la valeur relative de la carcasse s'accroît. C'est pour cela que les améliorations ont été principalement dirigées en Angleterre vers les formes qui sont le signe de l'aptitude à un engraissement précoce. On possède dans ce pays des races à laine courte ou laine de carde, aussi bien que des races à laine longue destinée au peigne, et les unes comme les autres ont été amenées aux qualités les plus remar-

quables sous le rapport de la précocité de l'engraissement;
mais la race mérine, quoique supérieure aux races indigènes pour la valeur des toisons, n'a jamais su s'y répandre, parce que, malgré les tentatives qu'on a faites, on n'a
pu en obtenir une bonne race de boucherie, dans l'acception de ce mot, relativement aux circonstances du pays.

En France, au contraire, la race mérine a été d'une
excellente acquisition, parce qu'elle s'est trouvée bien
adaptée, d'une part, au régime auquel on pouvait la soumettre dans le plus grand nombre des localités, et parce
que, de l'autre, la valeur élevée des toisons des animaux
de cette race répondait bien aux intérêts de l'industrie
agricole dans les circonstances générales de la consommation de la viande. Il faut remarquer qu'ici, de même que je
l'ai dit pour le bétail à cornes, le système français, qui permet aux cultivateurs de conserver pendant plus longtemps
les animaux pour le produit de leurs toisons, est beaucoup
plus favorable que le système anglais pour maintenir un
certain équilibre dans le prix de la viande. Dans l'état actuel de l'art agricole en France, si les bêtes à laine étaient
généralement livrées à la boucherie à deux ans, comme en
Angleterre, il est bien certain que la viande de mouton
tomberait à des prix très-bas, lorsque les saisons auraient
été favorables pendant quelques années à la santé des
troupeaux, ainsi qu'à la production des herbes naturelles
sur lesquelles leur alimentation est à peu près exclusivement fondée dans notre pays, et que les prix s'élèveraient
à des taux excessifs lorsque l'effectif des troupeaux se trouverait considérablement réduit par une mortalité extraordinaire, comme celle qui a eu lieu en 1829 et 1830.

C'est seulement pour quelques races à laine longue que l'on a tenté d'introduire des moutons anglais en France : mais tout le monde a pu remarquer, d'abord, que sous l'influence du régime auquel on peut les soumettre, à de très-rares exceptions près, les animaux perdent promptement les caractères qui leur donnent tant de valeur en Angleterre pour les usages de la boucherie, et que d'ailleurs leurs toisons, malgré leur séduisante apparence, présentent, non pas par tète d'animal, ce qui ne signifie absolument rien, mais relativement à la quantité de fourrage consommé, une valeur fort inférieure à celles des mérinos, et même de la plupart des races indigènes de la France. Quant au résultat des croisements qu'on a tentés avec les races anglaises, ils sont encore fort problématiques, et il est bien douteux que l'on puisse améliorer par ce moyen les races françaises, sous les rapports essentiels qui constituent une race profitable, dans les circonstances agricoles et industrielles du pays.

On a dit souvent que, l'usage des laines de peigne s'étant beaucoup étendu dans nos fabriques, il importe d'encourager l'introduction des races qui les produisent. Cela serait vrai si la France n'importait que des laines de cette espèce, mais comme elle demande encore à l'étranger une grande quantité de laines fines de cardes ainsi que de laines communes, on ne voit pas ce qu'il y aurait à gagner pour le pays à substituer aux races qui produisent ces espèces celles qui donnent des laines longues ou à peigner. Ce serait augmenter, d'un côté, l'importation que l'on diminuerait de l'autre : au total, les espèces de laines que le

pays doit produire de préférence, aussi longtemps qu'il ne
pourra pas se suffire à lui-même, ce sont les espèces que
l'on y peut produire avec le plus de profit, dans la situation agricole actuelle.

J'en ai dit assez, je pense, pour faire comprendre qu'il
faut se prémunir contre les idées de perfection absolue appliquée à une race de bêtes à laine aussi bien que de bétail
à cornes, et ici tout est relatif aux circonstances de chaque
localité. C'est cependant sur cette idée de perfection absolue qu'on fonde uniquement la convenance d'importer en
France les races anglaises. Puisque, dit-on, nos voisins
sont plus avancés que nous dans le perfectionnement des
races, pourquoi n'irions-nous pas prendre chez eux leurs
races toutes faites, au moins pour en opérer des croisements avec les nôtres? Ce sont là des idées qui ne peuvent
qu'entraîner les éleveurs dans une direction contraire à
leurs intérêts, aussi bien qu'aux intérêts généraux du
pays.

Relativement au perfectionnement des races de bétail, il
est un point vers lequel on peut diriger avec certitude les
encouragements, dans toutes les localités où la production
des fourrages n'est pas encore très-abondante : c'est le
genre de perfectionnement des animaux qui résulte toujours des améliorations dans le régime alimentaire, combiné avec un bon choix des animaux reproducteurs pris
dans la race locale. Ce sont là des moyens qui ne manquent jamais le but, et qui peuvent conduire très-loin dans
la carrière des améliorations, en conservant aux races leurs
qualités les plus importantes relativement aux circonstances

locales, et même en accroissant ces qualités. Mais ce n'est pas d'après l'inspection de deux ou trois animaux, amenés par un cultivateur sur le champ d'un concours, qu'il est possible de juger des succès qu'il a obtenus dans ce genre d'amélioration. Quant à l'introduction des races étrangères destinées à des croisements, c'est là une voie dans laquelle on ne doit engager les éleveurs par des encouragements qu'avec une extrême réserve, car, bien souvent, les modifications que l'on pourra produire ainsi seront plus nuisibles qu'utiles, relativement aux circonstances de la localité. Le plus prudent est d'abandonner ces croisements à la sagacité des particuliers, au moins jusqu'à ce que l'expérience ait suffisamment prononcé des races ainsi modifiées par les résultats obtenus pendant plusieurs générations, résultats recueillis chez plusieurs cultivateurs autres que les importateurs, généralement disposés à se faire à eux-mêmes de grandes illusions sur ce sujet.

Dans cet article, je n'ai pas parlé de races de chevaux. C'est là une question sur laquelle je me suis étendu ailleurs fort longuement (1). Je me contenterai de dire ici que le principe de l'amélioration de ces animaux est le même que pour les autres espèces : dans la plupart des cas, l'amélioration du régime alimentaire, un bon choix des reproducteurs dans la race elle-même, et des soins judicieux dans l'élevage, sont les points vers lesquels il convient de diriger les encouragements, parce que c'est là la voie d'amélioration la plus sûre. Les croisements avec des races étran-

____

(1) OEuvres diverses. Un volume in-8°, 1843.

gères doivent être récompensés, lorsqu'ils ont donné pour produit des animaux distingués par des qualités essentielles. Mais ce dont on doit se garder avec le plus de soin, c'est de provoquer par des encouragements la production des chevaux fins et légers que recherchent certains amateurs, tandis que/les besoins généraux de l'industrie réclament des animaux forts et étoffés, marcheurs et trotteurs. Partout, les éleveurs s'efforcent de produire des chevaux de ce genre, parce que la vente en est assurée à de bons prix : les détourner de cette voie par des excitations à la production des chevaux fins, c'est les entraîner dans une fausse route. J'ai démontré ailleurs, dans l'ouvrage cité tout à l'heure, que les intérêts de la remonte de l'armée sont ici entièrement les mêmes que les intérêts généraux du pays ainsi que ceux des éleveurs.

———

CINQUIÈME SECTION

Des primes pour la bonne tenue des fermes

On a institué depuis quelque temps, dans plusieurs comices français, des primes *pour la meilleure tenue des fermes* : il me semble que si cette institution était convenablement dirigée, c'est celle qui pourrait contribuer le plus à faire naître l'émulation parmi les cultivateurs, et à hâter dans un canton l'introduction des plus importantes améliorations. Il ne s'agit plus ici de l'exhibition faite à jour fixe, dans un lieu public, de quelques pièces de bétail qui signifient généralement peu de chose relativement au mérite comme éleveur de celui qui les présente. Il ne s'agit pas davantage de mémoires descriptifs à couronner ni même d'attestations accordées aux concurrents par les autorités locales, avec une complaisance que chacun connaît. Il faudrait bien se garder de persister dans cette habitude paperassière de beaucoup de sociétés d'agriculture qui exigent des concurrents qu'ils fassent valoir leurs titres par écrit. Rien ne tend davantage à éloigner des concours les hommes qui auraient le plus de droits aux récompenses par des améliorations positives. Il ne faut pas même exiger que les concurrents se présentent : il faut aller chercher le mérite là où il se trouve, ce qui suppose, au reste, que la société est bien au courant de l'état de l'agriculture dans sa circonscription, et cela sera toujours vrai si elle est composée d'agriculteurs. La connaissance du mérite qu'on couronne doit résulter d'une ou même de plusieurs visites successives faites avec soin, dans les fermes mêmes, par des commissaires délégués par le comice ou la société, et qui embrassent toutes les parties importantes de la tenue d'une ferme ; car ici on doit entendre par *tenue* la manière dont sont conduites toutes les branches de l'exploitation. Ces commissaires doivent toujours être choisis parmi des hommes expérimentés dans les pratiques agricoles, et placés par leur position et leur caractère au-dessus de tout soupçon de partialité ou d'entraînement en faveur d'innovations plus brillantes qu'utiles.

C'est généralement aux exploitations de grande culture

que ces primes doivent être proposées, par le motif que
c'est là, comme je l'ai fait voir ailleurs, le côté faible de
l'agriculture française ; c'est là, par conséquent, qu'il importe le plus d'introduire des améliorations qui puissent
rétablir l'équilibre entre les procédés de la grande et de la
petite culture. Les comices qui voudront instituer des primes de ce genre devront étudier d'abord les besoins les
plus importants de l'agriculture dans la localité, afin de
rédiger en conséquence les programmes par lesquels ils
indiqueront aux concurrents les points pris principalement
en considération, dans l'appréciation du mérite d'après lequel seront adjugées les primes à la bonne tenue des
fermes.

Dans tous les cantons où la culture des prairies artificielles n'est pas encore introduite, ou ne s'est pas encore
suffisamment propagée, ce point est celui vers lequel il
convient presque toujours de diriger principalement l'attention des concurrents. Là où l'on cultive déjà les prairies
artificielles, la culture des plantes sarclées pour la nourriture du bétail est ordinairement l'un des objets qu'il importe le plus d'encourager. La bonne tenue du bétail, sous
le rapport de l'abondance de l'alimentation, du bon choix
des reproducteurs et des soins de l'élevage, doit aussi être
signalée dans tous les cas comme un des points que
l'on prendra le plus en considération pour accorder les
primes.

On doit indiquer aussi, comme un des objets auxquels
on attachera le plus d'importance, la bonne tenue des
fumiers, qui presque partout la moitié au moins de la pro-

priété fécondante des engrais obtenus dans les exploitations se perd par le défaut de soins à recueillir les urines des étables, par la mauvaise disposition des tas de fumiers, dont les principes les plus actifs sont entraînés par l'eau des pluies, ou seulement avec le liquide qui s'en écoule sans qu'on prenne la peine de le recueillir. L'introduction de l'irrigation des prairies dans les cantons où l'on n'en fait pas usage, l'amélioration des instruments d'agriculture, sont encore au nombre des points qu'il importe le plus d'encourager. On pourra y joindre quelques autres genres d'amélioration que réclamera spécialement la localité, mais partout il conviendra de signaler aux concurrents, comme un objet dont on tiendra beaucoup de compte pour décerner le prix, le bon ordre intérieur de l'exploitation, soit dans l'administration du personnel et l'ancienneté de service des employés, soit dans la tenue, sinon d'une comptabilité complète, au moins de notes régulières, détaillées et disposées avec ordre, sur les diverses branches de l'entreprise.

C'est par des visites faites à l'improviste dans les principales exploitations comprises dans la circonscription du comice ou de la société d'agriculture, que les commissaires pourront reconnaitre le mérite spécial des concurrents, relativement à chacun des points qui doivent être pris en considération pour décerner les récompenses. Le prix devrait être unique pour chaque comice et dans chaque année, et sa valeur ne devrait presque jamais être au-dessous de 500 francs. Si le comice peut disposer d'une somme plus considérable, il conviendra encore qu'il en forme un seul prix, plutôt que de le disséminer en de faibles portions offertes pour chaque objet d'amélioration en particulier, car ces dernières, si quelques personnes songent à les demander au moment du concours, sont impuissantes à déterminer qui que ce soit à faire d'avance des efforts et des sacrifices pour les mériter : la perspective d'un prix d'une valeur élevée engagera, au contraire, beaucoup de cultivateurs dans la voie des améliorations, et les efforts de chacun seront soutenus pendant plusieurs années par l'espérance d'obtenir à son tour un prix, en portant encore plus loin des améliorations mentionnées déjà favorablement dans les rapports annuels. Ce sera là, sans aucun doute, le moyen le plus puissant dont puissent disposer les comices pour exciter l'émulation parmi tous les hommes qui se livrent à l'agriculture.

Dans les pays de métayage, il conviendra, sans doute, de proposer des primes pour les métayers qui auront apporté les soins les plus éclairés dans leur exploitation. La prime devra encore être unique pour chaque comice, si l'on veut qu'elle produise un grand effet moral; et comme les cultivateurs de cette classe sont ordinairement fort pauvres, une somme de 300 francs suffira souvent pour former une prime qui sera vivement recherchée. Mais l'amélioration de la culture dépend, dans ces cantons, encore plus des propriétaires que des métayers, comme je le ferai voir dans le chapitre qui traite du métayage. Il conviendra donc aussi d'exciter l'émulation des propriétaires, en dirigeant leur attention vers les moyens les plus convenables pour atteindre le but. On y réussirait partout en offrant en prix une pièce d'argenterie, d'une valeur un peu élevée, au propriétaire qui aurait amélioré le plus judicieusement les bâtiments de ses métairies, et qui aurait accordé à ses colons les conditions les plus propres à obtenir des améliorations graduelles dans leur culture.

Des prix décernés ainsi, d'après le résultat des visites faites par les commissaires dans les exploitations rurales, exigeraient certaines modifications dans les règlements des comices. Il ne convient guère que la commission chargée de visiter les fermes soit composée de plus de trois personnes, mais ce nombre est insuffisant pour prendre une décision entre les concurrents, si l'on veut présenter au public une garantie suffisante contre les préférences dictées par des préoccupations privées. Il est vrai que c'est le comice tout entier qui, dans son assemblée générale, décerne les prix d'après le rapport de sa commission, mais on ne doit pas se dissimuler que c'est une chose à peu près illusoire qu'un vote semblable, émis d'après un rapport que l'on n'a pas eu le temps d'examiner, et dans une assemblée à peu près publique où presque personne ne voudrait présenter des observations critiques qui blesseraient des intérêts ou des amours-propres individuels. C'est donc en réalité la commission qui décerne les prix.

Il conviendrait par conséquent que le comice désignât d'avance, sur la présentation du bureau, une section composée de dix ou douze membres, chargée de rédiger les programmes et de préparer le travail qui lui serait présenté sur le mérite respectif des concurrents, en lui faisant des propositions pour adjuger les prix. Cette section se réunirait aussi souvent qu'il serait nécessaire, sous la convocation du président du comice et sous sa présidence : elle nommerait les membres de la commission de visite qui lui soumettrait les notes qu'elle aurait prises sur place dans les exploitations qu'elle aurait visitées, et la section désignerait d'après ces notes le concurrent à qui elle jugerait que le prix doit être décerné. C'est seulement alors que la commission, d'après la décision de la section, rédigerait un rapport très-détaillé destiné à être rendu public, et où, en faisant valoir les mérites relatifs de tous les concurrents avec des observations critiques, toutes les fois que le cas l'exigerait, on présenterait avec développement les motifs de préférence qui ont fait décerner le prix au cultivateur qui a paru le mieux le mériter. Ce rapport, après avoir été adopté par la section, serait présenté en son nom à l'assemblée générale du comice.

J'ai dit tout à l'heure que les visites dans les fermes devaient être faites à l'improviste par les commissaires. C'est une précaution nécessaire, si l'on veut connaître l'état réel d'une exploitation dégagée des apprêts de la toilette soignée qu'on lui donne communément, lorsqu'on sait qu'on doit recevoir la visite d'une commission. Mais cette disposition a un autre but plus important encore : c'est d'éviter les préparatifs et les dépenses de réception auxquelles beaucoup de personnes se croient obligées pour les visites annoncées à jour fixe. Cette observation pourra sembler futile, mais, dans nos mœurs françaises, on peut être assuré que la *chère de commissaire* est l'écueil contre lequel viendrait échouer une institution comme celle dont je parle ici, si l'on ne prenait pas des moyens efficaces pour prévenir les inconvénients de ce genre. Qu'on lise les rapports faits à diverses sociétés sur des visites de ce genre, et l'on trouvera généralement en première ligne des expressions de gratitude pour l'excellente réception dont on a été l'objet et pour l'honorable hospitalité de Monsieur et Madame, ainsi que des éloges pour l'amabilité de tous les membres de la famille. Il faut qu'il soit bien admis que ce sont là des visites d'affaires, dans lesquelles presque tout le temps doit être employé à parcourir les champs et l'intérieur de la ferme, et où les commissaires ne veulent accepter que ce qui est nécessaire aux besoins de la vie ; il convient que les propriétaires aisés donnent eux-mêmes l'exemple de cette simplicité dans la réception des commissaires, ne fût-ce que pour ne pas donner lieu de croire que la décision de ceux-ci a été influencée par un somptueux festin. C'est là un point qui doit être pris en sérieuse considération dans le choix que l'on fera des membres de la commission, car c'est d'eux qu'il dépend entièrement de faire en sorte que leurs tournées soient consacrées à des recherches sérieuses ou qu'elles deviennent une série de fêtes et de banquets.

Une telle institution bien dirigée serait, je n'en doute pas, le moyen le plus puissant dont les sociétés d'agriculture et les comices pussent faire usage pour exciter une vive émulation parmi les hommes qui se livrent aux pratiques de l'agriculture dans chaque localité. Mais elle aurait encore une plus haute portée, car de nombreux rapports, rédigés dans l'esprit que je viens d'indiquer, formeraient un ensemble de précieux documents statistiques sur la situation de l'agriculture dans toute l'étendue du territoire du pays.

———

SIXIÈME SECTION

Des encouragements pour l'amélioration des instruments d'agriculture.

Le perfectionnement des instruments de la culture doit, sans aucun doute, être placé au premier rang parmi les améliorations que peuvent recevoir tous les pays où l'art agricole n'est pas encore très-avancé. Il est certain même que dans les cantons de la France où la culture est déjà excellente, il y a encore d'importantes améliorations à apporter par l'adoption d'instruments qui n'y sont pas encore usités. Les encouragements des sociétés d'agriculture et des comices doivent donc se diriger vers ce point.

C'est surtout dans les cantons arriérés et pour les instruments les plus usuels de la culture, que cet objet présente le plus haut degré d'importance : là où l'on n'emploie que des charrues qui ne donnent à la terre qu'une culture très-imparfaite, comme c'est le cas encore sur plus de la moitié de la surface du territoire français, les produits peuvent être accrus dans une très-grande proportion par l'emploi seul d'un instrument qui donne un véritable labour, car on ne peut appeler ainsi les cultures superficielles et

d'inégale profondeur que l'on peut donner au sol à l'aide
des instruments usités dans ces cantons.

En parlant des concours de charrues, j'ai indiqué le
degré d'utilité qu'on peut attendre de cette institution pour
faire connaître aux cultivateurs ce que c'est qu'un bon
labour, chose qui peut être utile dans certains cantons.
Quant aux primes accordées hors de concours pour l'introduction des charrues perfectionnées ou pour l'amélioration de celles du pays, il convient de mettre beaucoup
_de circonspection à ne décerner ces récompenses que
pour des succès réels et constatés par une expérience
suffisamment prolongée. Ce n'est pas par l'inspection
d'une charrue ou même d'un travail qu'elle a exécuté pendant quelques instants, dans une seule espèce de sol, que
l'on peut apprécier son mérite. Il faut qu'une charrue modifiée ait été employée dans une ferme en travail courant
pendant une année au moins, dans divers états du sol, pour
qu'on puisse juger si elle mérite vraiment d'être recom-
mandée aux praticiens. Quant à ces primes d'encouragement accordées souvent à un instrument qui n'a pas fait
ses preuves, ou auquel même on a reconnu des défauts
que l'on espère voir corriger par l'inventeur, c'est là une
marche entièrement vicieuse ; il ne faut pas faire croire
aux cultivateurs que toute innovation est un perfectionnement : sous prétexte d'encourager les tentatives nouvelles, on ôte toute valeur morale aux primes que décerne
la société, si on les applique à des inventions contre lesquelles l'expérience viendra peut-être prononcer plus tard.
Il faut que l'inventeur perfectionne d'abord son œuvre ;

ensuite c'est son succès bien constaté qu'il conviendra de récompenser par une prime.

Les comices ont quelquefois fait venir des instruments perfectionnés dont l'utilité avait été constatée par l'expérience, afin de les donner en primes dans les concours au lieu d'une somme d'argent. Il arrive souvent par ce moyen que les instruments tombent entre les mains d'hommes qui manquent, soit du désir de s'en servir, soit de la disposition personnelle qui fait qu'un cultivateur obtiendra du succès dans la tentative d'introduction d'un nouvel instrument : il est bien possible en effet que le mérite qui a fait décerner une prime à un cultivateur soit d'un tout autre genre.

Quelquefois aussi on s'est procuré des instruments perfectionnés, afin de les mettre à la disposition des cultivateurs du canton qui désireraient les essayer. Cette combinaison a encore rarement produit le bien qu'on en espérait : la jouissance des instruments est accordée comme une faveur souvent mal placée, et les cultivateurs qui auraient pu en faire l'usage le plus utile se tiennent fréquemment écartés, par des motifs divers, des listes de présentation. Aussi, si l'on veut rechercher, au bout de quelques années, ce que sont devenus les instruments acquis de cette manière, on trouvera souvent qu'ils dorment inactifs au fond de quelque hangar, parce qu'on n'a pas su en faire un bon usage.

Lorsqu'un comice prend le parti d'acheter des instruments perfectionnés d'agriculture, je crois que le moyen le plus certain de les faire tourner au profit des cultures locales, serait d'imiter la marche suivie par quelques sociétés pour l'introduction d'animaux de races étrangères : après avoir fait l'acquisition des animaux que l'on désire introduire, on les met en vente aux enchères publiques entre tous les cultivateurs du canton. On est assuré de cette manière que les animaux arrivent entre les mains d'hommes qui ont le désir d'en tirer bon parti; celui qui a payé le prix d'un animal est bien plus disposé à le bien soigner et à l'employer utilement, que celui à qui on l'a gratuitement concédé. Il ne faut pas perdre à cet égard l'enseignement que nous donne ce qui s'est passé à Rambouillet, à l'époque de l'introduction des mérinos : aussi longtemps qu'on les a donnés gratuitement à ceux qui les demandaient, les animaux ont été mal soignés et sont restés sans utilité, mais dès qu'on les a vendus, ils ont été achetés à des prix graduellement croissants par des cultivateurs qui se trouvaient ensuite excités par un grand intérêt à en tirer le meilleur parti possible.

Sans examiner ici le degré d'utilité qu'on peut attendre aujourd'hui des races d'animaux que les comices ou les sociétés d'agriculture s'efforcent d'introduire, et en admettant qu'il y ait utilité réelle à leur importation, il est certain que la combinaison que je viens d'indiquer serait la plus propre à atteindre le but. On peut l'adopter également pour les instruments, et ce serait, j'en suis convaincu, le moyen qui présenterait le plus de chances pour en introduire l'usage dans une localité où ils seraient inconnus. Les acquisitions seront faites à l'abri de toute considération de faveur, et ceux-là seuls se détermineront à faire la dépense de l'achat, qui seront décidés à mettre dans les tentatives d'emploi de l'instrument cette application active et persévérante, sans laquelle on ne réussit guère dans l'emploi des instruments nouveaux. Pour celui à qui un instrument a été donné ou prêté, s'il est vrai qu'il pourrait trouver avantage à l'employer, il n'y aura du moins rien à perdre si les essais ne réussissent pas : à défaut de ce stimulant si puissant, il est bien probable que l'instrument sera abandonné après quelques tentatives infructueuses, parce qu'on n'aura pas pris le temps et la peine de vaincre les difficultés qui naissent toujours de l'inexpérience. Cette combinaison diminuerait d'ailleurs la dépense pour les comices, et le prix de vente des instruments pourrait être employé ensuite à d'autres usages.

CHAPITRE II

ÉTABLISSEMENTS D'INSTRUCTION AGRICOLE

L'administration peut, sans aucun doute, hâter les progrès de l'agriculture en favorisant les établissements qui ont pour but l'instruction nécessaire aux hommes qui veulent diriger des entreprises d'améliorations agricoles, mais cette tâche, si l'on veut qu'elle conduise à des résultats utiles, est soumise à des considérations diverses sur lesquelles je crois devoir m'étendre un peu.

On doit d'abord, je pense, poser en principe que le but principal que l'on doit avoir en vue, dans l'instruction donnée aux élèves, est de les mettre à même d'obtenir des succès dans la carrière qu'ils doivent parcourir ; et ici j'entends parler de succès d'argent, c'est-à-dire de profits dans les entreprises auxquelles ils se livreront. Il ne s'agit pas, en effet, de succès de science, ou de ces opérations brillantes qui portent une exploitation bien loin en avant dans une route que l'on est convenu d'appeler le progrès. Rien au contraire ne nuit davantage aux progrès réels de l'art agricole, que ces entreprises, qui, pour prix des pertes pécuniaires qu'elles font éprouver à leurs auteurs, ne recueillent que les éloges de quelques personnes placées en dehors de la classe des agriculteurs sérieux. On ne doit jamais oublier que l'agriculture est une industrie qui a pour but le profit, et celui-là calcule bien mal, qui croit avancer l'agriculture dans le canton qu'il habite en se livrant à des opérations dans lesquelles il achète chèrement de belles récoltes. Pour atteindre le but auquel on doit tendre dans les établissements destinés à l'instruction agricole, il est nécessaire que cette instruction soit à la fois théorique et pratique. Mais d'abord il faut bien s'entendre sur le sens que l'on doit attacher à ces deux expressions si souvent mal interprétées.

Beaucoup de personnes entendent par théories agricoles les doctrines qui reposent sur l'application à l'agriculture de la chimie, de la physique ou des sciences naturelles. On désigne souvent aussi sous le nom de pratique, en agriculture, l'exécution manuelle des travaux que l'agriculture exige, comme les labours, les semailles, le fauchage, le chargement des voitures de foin ou de gerbes, etc. Mais entre la théorie et la pratique ainsi définie, et en dehors de celle-ci, se trouve l'agriculture tout entière, c'est-à-dire la véritable théorie agricole et la pratique de l'homme qui dirige une exploitation, soit comme propriétaire, soit comme fermier.

L'agriculture est une branche de connaissances qui s'est fait à elle-même des règles et des doctrines. Ainsi, pour les connaissances des terres ; pour les assolements qui conviennent aux sols de différentes natures et aux diverses situations où peut se trouver le domaine ; pour les époques où il convient d'exécuter les labours et les autres opérations de culture, selon les circonstances; pour les procédés de culture qui conviennent aux diverses plantes que l'on peut y soumettre; pour le régime, l'éducation et l'engraissement des animaux de diverses espèces; pour l'administration et la conduite générale des opérations, etc., il a été créé des doctrines et des préceptes qui peuvent se transmettre verbalement ou par écrit : tant qu'on n'en vient pas à l'application, tout cela constitue la théorie agricole, qui résulte de l'expérience et de l'observation des faits dans un grand nombre de circonstances, et qui est tout à fait étrangère aux déductions que l'on peut tirer des autres sciences, car dans aucun pays ni aucun temps, jusqu'à ce jour, on n'a fait de l'agriculture avec de la chimie ou de la physiologie.

Quant à la pratique, dans toutes les exploitations conduites à l'aide d'agents salariés, celle qui a pour objet la dextérité dans l'exécution des opérations manuelles appartient à ces agents dans leurs diverses spécialités, et il n'est pas du tout nécessaire que le chef d'exploitation possède, ce qui ne peut s'acquérir que par une longue habitude, l'adresse nécessaire pour devenir un habile laboureur ou un habile charretier, un faucheur ou un semeur distingué. Dans les cantons où l'agriculture est avancée, on rencontre dans toutes les fermes la preuve de cette vérité : il est bien peu de fermiers qui soient en état de rivaliser avec leurs valets dans la conduite de la charrue ou dans le chargement d'une voiture de gerbes, et l'on n'en trouverait aucun parmi eux qui eût acquis l'habileté nécessaire pour exécuter, même passablement, de ses mains, toutes les opérations agricoles. Ils savent bien d'ailleurs qu'ils ont mieux à employer leur temps qu'à se livrer à des travaux de cette espèce.

Mais il est un autre genre de pratique que possèdent généralement les fermiers dont je viens de parler, et qui est en effet celle du chef d'exploitation : celle-ci n'a pas pour objet l'emploi des muscles du corps, mais se fonde sur certaines facultés de l'intelligence qui se développent par l'exercice et l'observation personnelle des faits. C'est ce qu'on peut nommer la *pratique intellectuelle,* et elle consiste dans l'habitude de l'application des théories. Car il ne faut pas qu'on s'y trompe : les hommes même qui ne lisent pas, possèdent des théories qui se transmettent traditionnellement. La difficulté de les appliquer est beaucoup moins grande pour ceux qui ne font qu'imiter les procédés en usage autour d'eux, et cependant il n'est aucun de ces cultivateurs, qui, après avoir exercé l'agriculture pendant quelques années, ne comprenne tout l'avantage que lui donne, dans toutes ses opérations, la pratique qu'il a acquise. La pratique présente bien plus de difficultés, mais aussi plus d'importance, lorsqu'il est question de se frayer une route nouvelle par l'introduction d'un système de culture inusité dans la localité : les théories sont alors un guide auquel on ne peut se confier qu'avec beaucoup de circonspection, tant qu'on n'a pas acquis par la pratique l'expérience et le tact qui doivent en diriger les applications.

On peut juger par là combien il importe, dans les établissements destinés à former des chefs d'exploitation, d'initier autant que possible les élèves à la pratique agricole.

Les théories peuvent s'apprendre par la lecture ou dans des cours oraux, mais on épargnera bien des mécomptes aux débutants, si, à défaut de la pratique proprement dite, que nul ne peut acquérir qu'en dirigeant lui-même les opérations d'une ferme, on leur a au moins inspiré des idées nettes sur son importance, et si, par l'observation souvent répétée des faits agricoles, on les a mis au moins sur la voie qui doit les conduire à devenir d'habiles praticiens. Il suit de là que c'est seulement dans un institut réuni à une exploitation rurale, que l'on peut donner aux jeunes gens une instruction agricole complète. Là, les faits qui se développent chaque jour permettent de faire comprendre à des jeunes gens déjà arrivés à l'âge où la raison est suffisamment formée, les rapports qui lient les causes aux effets, dans les résultats de tel assolement, de tel ou tel mode de culture appliqué aux diverses récoltes dans un terrain donné, ou dans les faits qui se rapportent à la propagation et à l'entretien du bétail. C'est là aussi seulement que l'on peut initier les élèves, par l'exemple et l'observation des faits, aux diverses branches d'administration de l'entreprise, et surtout à celle dont l'importance est si grande, et qui a pour objet la direction qui sert à maintenir l'ordre dans le personnel et à obtenir des subordonnés un concours franc et efficace aux volontés du maître.

Il suit aussi de là qu'il n'est pas possible de donner ce genre d'instruction agricole à un grand nombre d'élèves à la fois, et c'est là certainement une des plus graves difficultés qui se rencontrent dans l'organisation des instituts agricoles. Tant qu'on se renferme dans le cercle de l'in truction théorique, la seule qui puisse se transmettre dans des cours oraux, on peut donner ce genre d'enseignement à un nombre d'auditeurs qui n'est limité que par les dimensions d'une vaste salle, où tout le monde est assis en silence en face d'un professeur placé de manière à se faire entendre de tous. Mais dès qu'on arrive à l'instruction qui résulte de l'observation des faits de la pratique, c'est sur le terrain et en présence de ces faits que doit se donner ce genre d'enseignement, auquel l'expérience a bientôt appris qu'un nombre fort restreint d'élèves peut prendre part, car il consiste le plus souvent dans des réponses faites par le maître à des questions qui lui sont soumises individuellement par l'un ou l'autre des élèves, et qui lui sont suggérées par les faits présentés à l'observation, dans les pièces de terre que l'on parcourt. Il faut que tous puissent saisir les explications et les développements que le maître donne à ces réponses, ce qui n'est possible que pour un nombre assez limité de jeunes gens accompagnant le maître.

D'ailleurs, il n'est qu'un homme convenablement placé pour donner ces explications, c'est le chef de l'exploitation lui-même, sous les ordres et la direction duquel ont été exécutées toutes les opérations qui ont amené les résultats que l'on a sous les yeux. Il arrivera parfois qu'il aura à faire observer les résultats fâcheux de l'exécution inopportune de telle opération de culture ; en un mot, il aura à signaler l'effet des fautes commises, car qui n'en commet pas ? Malheur à lui s'il hésite à reconnaître ces fautes, mais aussi malheur à lui s'il chargeait qui que ce fût d'être son critique d'office ! La présence d'un nombre considérable de jeunes

gens, assistant pendant une partie du jour aux diverses opérations de la culture, présenterait aussi d'autres graves inconvénients, et cependant il importe de favoriser, chez ceux
qui en ont le goût, la disposition à observer fréquemment
tout ce qui se pratique sur la ferme. Au total, d'après les
idées que j'ai puisées dans une longue expérience, je ne
crois pas qu'on puisse dépasser le nombre de trente élèves,
dans un institut où l'on veut les faire jouir des avantages
d'une instruction aussi rapprochée de la pratique que peut
l'être l'enseignement agricole. Cet enseignement serait
même beaucoup meilleur, si on limitait ce nombre à vingt.

DEUXIÈME PARTIE

DEUXIÈME PARTIE

❖

ÉCONOMIE GÉNÉRALE

CHAPITRE I

DE LA NATURE, DE L'ÉTENDUE ET DES LIMITES DES CONNAISSANCES AGRICOLES.

L'agriculture doit-elle être classée au rang des sciences? — C'est là une question qui n'a pas, je crois, l'importance que quelques personnes semblent y attacher. Dans l'ordre de l'utilité et de l'importance sociale, l'agriculture occupe d'un commun accord le premier rang chez les peuples civilisés : elle fournit aux populations presque tous les objets qui servent à les nourrir et à les vêtir, et c'est elle qui donne à l'industrie la plus grande partie des matières premières sur lesquelles elle s'exerce. Elle présente des moyens d'existence aux trois quarts de la population, et crée à elle seule des produits pour une valeur au moins égale à toutes les autres industries prises ensemble. Ses développements sont partout la principale source des accroissements de richesse et de puissance des peuples. Lorsqu'une branche de connaissances se trouve ainsi placée dans l'ordre social, elle peut se dispenser de mendier des titres académiques.

Mais si l'agriculture veut réclamer le titre de science, on ne conçoit pas qu'on puisse raisonnablement le lui contes-ter : c'est une branche de connaissances qui peut, sans doute, s'appuyer sur des sciences accessoires, lorsque celles-ci sont en mesure de lui prêter secours, mais qui s'est créé à elle-même ses propres doctrines, et les règles d'après lesquelles elle les applique. Ces doctrines et ces règles ont été établies d'abord, à l'aide de l'observation des faits, par de simples praticiens. Mais la botanique et l'as-tronomie ne doivent-elles pas leur origine aux observations de simples pâtres? La médecine aussi ne consistait d'abord qu'en des connaissances empiriques déduites de l'observa-tion des faits. Lorsque, du rapprochement et de la combi-naison de ces mêmes faits observés, il est résulté des prin-cipes formulés en corps de doctrine par les hommes qui les ont recueillis et coordonnés, l'astronomie, la botanique et la médecine ont pris rang au nombre des sciences. Pourquoi n'en serait-il pas de même des connaissances agricoles? Pour la médecine en particulier, tous les bons esprits doivent être frappés de l'analogie des connaissances qui la constituent avec les connaissances agricoles : des deux côtés il s'agit de modifier les fonctions d'êtres vivants, et comme les principes qui régissent la vie sont encore eux-mêmes peu connus, les applications des doctrines sont soumises à l'incertitude jusqu'à un certain point. Mais d'un côté comme de l'autre, la science nous fait connaître les limites de ces incertitudes, et les moyens d'éclairer la marche de celui qui se livre aux applications.

M. le comte de Gasparin a établi avec une grande luci-
cidité le droit qu'a l'agriculture d'être classée au rang de
science, et il la qualifie de *science technologique* (1). « Tous
» les corps naturels, dit-il, peuvent être étudiés en partant
» de deux points de vue : les connaître en eux-mêmes, les
» connaître dans leurs rapports d'utilité avec l'homme,
» d'où viennent deux grands embranchements dans l'ordre
» encyclopédique : les sciences naturelles et les sciences
» technologiques, ayant chacunes leurs vérités propres,
» quoiqu'elles s'occupent des mêmes objets ; les unes se
» proposant pour but de satisfaire la curiosité philosophi-
» que de l'homme, les autres de pourvoir à ses besoins, en
» mettant à sa disposition les forces et les corps organiques
» et inorganiques de la nature, en recherchant les moyens
» de les lui présenter sous les formes qui lui conviennent.
» Ainsi, d'un côté il s'agit seulement de *connaître* : c'est le
» but des sciences pures ; de l'autre, il s'agit aussi de *con-
» naître* : c'est le but des sciences technologiques, et d'ap-
» pliquer ces connaissances : c'est le but de l'art. » L'auteur appuie cette distinction de quelques exemples qui ne
peuvent laisser subsister aucun doute sur le rang que doivent occuper les sciences technologiques.

Une autre question beaucoup plus importante que celle-
ci, je pense, se rapporte à la détermination de l'étendue
de la science de l'agriculture et des limites qu'il convient
de lui assigner. Mais ici j'éprouve le regret de me trouver
en désaccord d'opinion avec M. de Gasparin, dont j'ho—

____

(1) Cours d'agriculture, page 6.

nore autant que qui que ce soit les hautes connaissances, et qui a rendu de si éminents services à l'agriculture française. Il définit l'agriculture : « *la science qui recherche* » *les moyens d'obtenir les produits des végétaux de la* » *manière la plus parfaite et la plus économique* » Quant aux moyens de tirer parti de ces produits, il montre que dans divers états de la civilisation et de l'industrie, le cultivateur doit, ou se charger lui-même de leur donner certaines préparations qui les rendent plus propres à la vente, ou laisser ce soin à d'autres industries qui prennent les produits bruts pour les approprier aux besoins de la consommation. Il cite à cet égard la mouture des grains, la boulangerie, la brasserie, l'éducation des vers à soie, la filature et le tissage de la laine, etc., qui se sont progressivement séparés de la production des matières premières, et il trouve que l'étendue variable que l'on donne à l'agriculture selon les temps « ne peut devenir la base d'une » distribution logique et nécessairement invariable des » connaissances humaines, dont les données doivent être » indépendantes des temps, des lieux, et partir d'une base » toute rationnelle. » En conséquence, il renferme l'agriculture dans la production végétale, et la considère comme une science dérivée de la phytologie. Ainsi, à ses yeux, tout ce qui concerne l'économie des animaux doit être séparé de l'agriculture, et forme une branche spéciale de connaissances, dérivée de la zoologie, et qu'il nomme zootechnie.

Il considère de même comme étranger à l'agriculture tout ce qui se rapporte à la préparation des produits végétaux. Mais, par une conséquence de ce principe, il faudrait aussi séparer de l'agriculture les connaissances qui se rapportent aux moyens de récolter les céréales, de les battre et de les préparer pour la vente ; celles qui ont pour objet le fauchage, la dessiccation et la conservation des fourrages, etc. Tout cela en effet est étranger à la production végétale, dont le rôle est accompli au moment où les produits doivent être séparés du sol : l'usage pourra s'établir quelque jour pour les cultivateurs de vendre leurs récoltes sur pied, comme cela a déjà lieu dans quelques cas. Pour lui, les connaissances relatives à la production et à la préparation des engrais sont également étrangères à l'agriculture, par des motifs qu'il établit dans un passage que je citerai tout à l'heure. Si l'agriculture ne pouvait se placer au rang des sciences qu'à la condition de se mutiler ainsi elle-même, je n'hésite pas à dire qu'elle devrait renoncer à ce titre. Mais il n'en est pas ainsi, et il me semble que M. de Gasparin, après avoir appelé l'agriculture une science technologique, perd beaucoup trop de vue ce caractère, en voulant l'assujettir à une certaine unité idéale et philosophique que n'admettent pas même les sciences pures.

Les sciences, en effet, forment un sujet d'études pour les hommes : il n'est donc pas possible d'isoler complétement la science, par une abstraction, des hommes qui s'y livrent. Autrefois, la phytologie réunissait à la botanique la physiologie végétale, et même les connaissances de certaines propriétés des végétaux. A mesure que, par l'effet des progrès de la science, chacune de ces branches de

connaissances a pu occuper l'intelligence d'un homme,
elles ont formé des sciences à part. Nous voyons encore
aujourd'hui la physique se composer de parties entièrement distinctes, et qui ont peu de rapports entre elles : les
lois relatives à la gravitation, celles qui se rapportent aux
phénomènes de l'électricité ou du magnétisme, celles qui
ont l'optique pour objet, constitueront peut-être un jour des
sciences à part, formant le sujet des études de classes spéciales de savants. Faut-il pour cela nier l'existence d'une
science qui réunit ces différents groupes, et que l'on appelle la physique? D'un autre côté, certaines propriétés
des corps peuvent être du domaine de deux sciences, en
sorte qu'il n'est pas possible de tirer entre ces dernières
une ligne de démarcation nettement définie. Ainsi, la pesanteur spécifique des corps appartient certainement à la
physique. Mais lorsque la chimie, en décomposant l'eau,
par exemple, en a isolé les principes constituants, sous
forme de gaz, est-ce que la pesanteur spécifique de ces gaz
n'entre pas aussi dans son domaine, de même que leurs
autres propriétés?

Ces considérations ont encore bien plus de force lorsqu'on les soumet aux sciences technologiques. Celles-ci
sont faites pour les hommes qui les appliquent aux différentes branches de l'industrie, groupées diversement selon
les différentes périodes de la civilisation. Il est donc impossible qu'on refuse de prendre en considération les convenances de l'industrie et des hommes qui s'y livrent, dans
les limites qu'on assigne aux sciences qui s'y rapportent. Il
résultera de là, sans doute, que ces limites pourront être

variables selon les temps et l'état de la civilisation. Mais qu'est-ce qui n'est donc pas variable dans le monde? Rechercher dans tout ceci un ordre inflexible en le fondant sur des idées abstraites, cela est plus philosophique peut-être, mais cela me parait beaucoup moins rationnel.

Examinons un instant, d'une manière spéciale, la série des idées d'après lesquelles M. de Gasparin voudrait placer en dehors de l'agriculture les connaissances qui se rapportent à la production et à l'entretien des animaux. « Quoique » l'agriculture d'une partie de l'Europe, dit-il, soit en ce » moment indissolublement liée à l'existence des animaux, » il n'est pas vrai que l'on ne puisse concevoir un état » agricole où ces deux notions soient complétement sépa- » rées et distinctes. Il en est ainsi dans l'enfance de l'art. » Allez examiner la culture des nègres du Sénégal, celle » même de la plupart de nos colonies; vous trouverez des » cultures riches, soignées même, et conduites absolument » sans le secours des animaux. On retrouve ces faits » encore dans les pays où l'art est le plus perfectionné; à » la Chine, par exemple, dans les provinces les plus popu- » leuses on ne nourrit pas d'animaux. Il en est de même » dans plusieurs contrées du midi de l'Europe; on trou- » vera en Provence un grand nombre de fermes où les » bras de l'homme et les engrais achetés pourvoient à la » culture la plus intelligente et la plus productive; et sans » aller si loin, les jardins maraîchers des environs de Paris » présentent le même phénomène. Dans une foule de » situations, les herbagers sont complétement distincts des

» nourrisseurs ; les uns fournissent le foin et les autres
» l'engrais. L'union n'est donc pas si intime qu'on ne
» puisse la trouver naturellement rompue, et qu'une très-
» légère abstraction de l'esprit ne puisse ainsi faire conce-
» voir la séparation, non-seulement des deux sciences,
» mais des deux arts. Ainsi l'analyse nous montre d'un
» côté l'éleveur de bestiaux qui dispose de leurs forces et
» de leurs engrais, et achète les produits végétaux qui for-
» ment leur nourriture, et de l'autre le cultivateur qui
» vend ses produits végétaux, loue les forces et achète les
» engrais. Or,..... qui ne voit que les produits animaux ne
» sont ici que les instruments, qui pourraient être suppléés
» par les forces de l'homme et celles de la nature (le vent,
» la vapeur), et par des engrais enlevés à l'atmosphère par
» les végétaux eux-mêmes....? Constituer une science sur
» ces bases, c'est n'avoir fait qu'une science artificielle, de
» variable étendue selon les lieux et les temps, et non une
» science véritable ayant des fondements logiques à l'é-
» preuve de toutes les circonstances. »

J'ai voulu présenter textuellement l'argumentation de
M. de Gasparin, en lui laissant ainsi toute la force que
peut lui donner un esprit aussi élevé. Il reconnaît toutefois
que la production animale est aujourd'hui indissolublement
liée à l'agriculture dans une grande partie de l'Europe, et
il déclare plus loin qu'on serait un agriculteur fort incom-
plet si l'on ne possédait que la science de l'agriculture, et
que les études agricoles doivent comprendre plusieurs autres branches de connaissances. Dans l'ordre de ses idées,
il ne voit dans ce qui concerne les animaux qu'une branche

de connaissances accessoires à l'agriculture, de même que celles qui dérivent de la mécanique, de la chimie, de la physiologie végétale, etc. Mais il n'y a pas ici d'analogie : les sciences que je viens de nommer ne peuvent être considérées que comme des accessoires de l'agriculture, parce qu'il est certain qu'on peut être très-habile agriculteur sans les posséder. Il en est tout autrement de la production animale, et ses rapports avec l'agriculture proprement dite sont tellement intimes, qu'on ne comprend pas qu'on puisse les séparer : celui qui élève ou qui entretient du bétail a besoin de fourrages, de grains, de racines pour les nourrir, et l'engrais que produisent les animaux lui sert à produire les objets qu'ils consomment. Le cultivateur qui produit des grains destinés à la nourriture de l'homme ou des matières premières pour l'industrie, a besoin d'employer la force des animaux pour ses cultures et ses charrois, et il a également besoin des engrais que produisent les animaux. Comment ne pas voir qu'il y a ici union intime et pénétration des deux arts?

C'est l'agriculture qui crée tous les produits animaux à l'usage de la population, et l'on ne sait pas en vérité si l'on veut considérer la production végétale comme constituant plus essentiellement l'agriculture, que la production, l'entretien ou l'engraissement des animaux. Il est plus exact de dire que le caractère le plus éminemment distinctif de l'agriculture est la réunion de la production végétale à l'économie des animaux. En effet, la production animale par le système pastoral, sans l'emploi d'aucune culture, n'est pas encore de l'agriculture, et, sans le concours des animaux, nous trouvons la culture des jardins, des vignes, des bois, etc., qui n'est plus de l'agriculture : car, quoique la production des légumes de primeur, des camélias et des végétaux cultivés en serre chaude soit comprise dans la définition de l'agriculture que donne **M.** de Gasparin, de même que les vignes et les forêts, il me semble que c'est s'écarter des idées que l'on doit se former d'une science technologique, que de confondre ensemble toutes les connaissances qui se rapportent à des arts entièrement différents, pratiqués par des classes d'hommes distincts.

M. de Gasparin voudrait circonscrire l'agriculture de telle manière que ses limites ne variassent pas selon les lieux et les temps. Mais il établit à juste titre que la question économique forme une branche importante des sciences technologiques. Or, les circonstances qui se rapportent à la division du travail forment une des bases fondamentales de la question économique dans tous les genres d'industrie, mais ces circonstances varient dans les divers états de la civilisation. C'est sous l'influence du principe et de la division du travail que les cultures horticoles, vinicoles, silvicoles, etc., se sont séparées de l'agriculture dans les pays avancés en industrie. Vouloir réunir ces branches de connaissances à l'agriculture, sous l'empire d'un principe philosophique et abstrait, c'est donc méconnaître son caractère de science technologique et faire reculer l'art.

Sans doute on trouvera ici, par exemple dans la branche maraîchère de l'horticulture, des cas qui se rapprochent de l'agriculture par plusieurs points, et l'on hésitera quelquefois à tracer la ligne de séparation. Mais il en est ainsi dans toutes les branches de connaissances : rien ne marche dans la nature par sauts brusques et par divisions tranchées, et il faut bien que les connaissances humaines se plient à cette loi générale. Dans la division des végétaux en familles naturelles, il est des espèces qui se trouvent placées par leurs caractères à la limite des deux familles ; et même dans la grande division que l'on a établie entre les trois règnes de la nature, le passage de l'un à l'autre est tellement gradué, qu'il se rencontre des êtres que l'on ne réunit que par une espèce de fiction à l'un des trois règnes. Ainsi, cette immense famille groupée sous le nom de polypes comprend les zoophytes, dont le nom se rattache au règne végétal et au règne animal, et dont les produits forment des masses immenses qui appartiennent au règne minéral. Les polypes, par leur organisation et leurs fonctions vitales, s'écartent entièrement des caractères que l'on considère comme essentiellement distinctifs des animaux parmi lesquels la science les range. C'est qu'il faut bien qu'il y ait toujours quelque chose d'artificiel dans l'ordre qu'adoptent les sciences, pour grouper les diverses branches de connaissances. Cela n'empêche pas que l'on ne forme, de cette façon, des groupes suffisamment distincts pour faciliter l'étude des connaissances qui s'y rapportent, but essentiel de toutes les classifications scientifiques.

L'agriculture forme un de ces groupes dans l'ordre des sciences technologiques, et ce groupe est bien distinct, dans l'état où se trouve l'art, dans les pays où il peut nous convenir de chercher les applications de la science. Il ne

faut pas oublier en effet qu'une science technologique a
pour but de venir en aide à l'art, et il ne faut pas, dans
un ordre d'idées abstraites, vouloir que les limites qu'on
lui trace s'appliquent à la culture de la Chine ou à celle
des nègres du Sénégal, aussi bien qu'à la culture euro-
péenne.

Mais, dit M. de Gasparin, si l'on réunit la production
animale à la production végétale, on aura alors une science
double et dans laquelle on peut faire tout découler des
mêmes principes. « Qui ne sent, dit-il, qu'il serait impos-
» sible de fondre ensemble l'exposition des principes con-
» cernant la culture des plantes et des principes relatifs
» aux soins à donner aux animaux, de manière à les faire
» découler les uns des autres ? » C'est là cependant une
circonstance qui se rencontre dans beaucoup de sciences
qu'on n'hésite pas à considérer, dans l'ordre des connaissances humaines, comme formant des groupes composés de parties suffisamment unies entre elles. J'ai déjà cité
la physique, composée de diverses branches qu'il est impossible de faire dériver des mêmes principes. Et dans
la physiologie animale, lorsqu'on a exposé, par exemple,
les phénomènes de la locomotion, est-ce qu'il n'est pas
nécessaire de faire découler de principes distincts les faits
qui se rapportent aux phénomènes de la vision ? La science
de l'agriculture, en réunissant deux branches de connaissances dérivant de principes différents, mais liés dans l'art
par des rapports intimes, ne fait donc qu'imiter la marche
des autres sciences.

M. de Gasparin fait remarquer aussi que dans la comptabilité en partie double tenue par un cultivateur, les branches de la production animale sont distinctes de celles qui appartiennent à la production végétale, et il en conclut que la logique d'une comptabilité inflexible a précédé pour le cultivateur la distinction de deux genres de production. Mais il oublie que la comptabilité en partie double, quoique présentant des branches diverses, n'en forme pas moins un tout unique, dont toutes les parties se lient par des rapports intimes. Les comptes de blé, d'avoine, de prairies artificielles, sont aussi distincts entre eux dans le grand livre que ceux de chevaux et de bœufs le sont des comptes de produits végétaux, mais tout se réunit dans une balance générale, et il n'y a pas là le plus léger motif de placer les produits animaux en dehors de la science qui s'occupe également des produits végétaux.

On me demandera peut-être de donner une définition en forme de l'agriculture étendue et limitée comme je la conçois. Sans doute il importe beaucoup, pour l'avancement des connaissances humaines, que tous les objets dont elle s'occupe soient définis avec autant de netteté et de précision que peut le permettre la nature des choses. Mais l'importance que l'on attache à des définitions formulées d'une certaine manière, tient aux habitudes de cette scolastique ergoteuse que l'école est allée emprunter dans les temps de la Renaissance aux philosophes de la Grèce, qui a dominé en Europe dans l'enseignement scientifique, longtemps même après que son nom en eût été banni, et dont les formes tendent encore à se propager de nos jours par suite de l'immobilité qui caractérise les corps enseignants. La *définition*, comme on l'entend dans l'école, est de la même famille que la majeure, la mineure et le conséquent. Une bonne définition doit indiquer tous les attributs de la chose en excluant tous ceux qui ne lui appartiennent pas ; mais, dans les formes de l'école, le tour de force consistait à tout renfermer dans un petit nombre de mots : comme la nature des choses s'y prête rarement, il en est résulté que les définitions ont été un sujet perpétuel de disputes entre les savants, et que, parmi celles qui sont admises dans les sciences, il n'en est qu'un petit nombre qui soient entièrement irréprochables.

Lorsque Platon eut défini l'homme : *un animal à deux pieds sans plumes*, un coq plumé vint bientôt lui donner un éclatant démenti. Mais toutes les réfutations ne furent pas formulées avec autant de concision que celle-là, et pour avoir voulu économiser quelques lignes dans les définitions, des centaines de volumes ont été consacrés à attaquer ou à défendre les définitions elles-mêmes, ou la définition des termes dans lesquels elles étaient conçues. Tout cela était trouvé fort bon à une époque où la controverse semblait être le but de la science, plutôt qu'un moyen de l'éclairer. En ce qui concerne l'agriculture, M. de Gasparin critique avec beaucoup de raison la définition qui en avait été donnée par Cuvier : on a pu voir pourquoi je pense que l'on ne peut admettre davantage celle qu'il présente lui-même. A une époque où l'on a introduit la *thèse* dans l'enseignement de l'agriculture, on ne doit au surplus s'étonner que d'une chose, c'est qu'on lui ait fait grâce jusqu'ici du *syllogisme* et de l'*enthymème*. On veut pour elle une définition scholastique en forme. Pour moi, je ne veux pas placer la science agricole sur ce terrain, parce que je pense qu'il n'y a là rien à gagner, ni pour elle ni pour l'art.

L'étendue et les limites de l'agriculture sont tracées par son nom lui-même : c'est la *culture des champs;* et elle comprend nécessairement tout ce qui ne peut en être séparé, non par des abstractions de l'esprit, mais dans les procédés de l'art. Les prés, le bétail, forment donc partie intégrante de l'agriculture, et constituent dans la science technologique, avec la culture des végétaux, deux grands embranchements : la phytotechnie et la zootechnie, toutes deux soumises à la loi de l'économie industrielle qui doit dominer toutes les connaissances technologiques.

J'ai déjà dit que la réunion de la production végétale à l'économie du bétail est un des principaux caractères distinctifs de l'agriculture. L'emploi d'instruments de labour mus par des animaux est encore, je crois, un de ses caractères essentiels, car ce n'est que par exception qu'elle emploie le labour à la bêche; et si l'on peut, par une abstraction de l'esprit, supposer, comme le dit M. de Gasparin, que la charrue est mise en mouvement par le vent ou par la vapeur, il me semble que dans une science technologique les abstractions doivent être remplacées par des réalités. C'est par le même motif qu'il me semble que les connaissances relatives au moyen de recueillir, de conserver et d'employer les engrais, sont encore essentiellement du domaine de la science agricole, quoiqu'on puisse aussi, par une abstraction de l'esprit, supposer un état de

l'agriculture où les éléments enlevés par les plantes à l'atmosphère viendront remplacer les engrais.

La physique, la chimie, l'histoire naturelle sont des
branches de connaissances accessoires à l'agriculture, car,
quoiqu'on puisse en attendre par la suite des améliorations
agricoles véritables, les faits démontrent que dans l'état
actuel des choses elles ne sont pas essentielles à la science
agricole ; ou plutôt les connaissances de cet ordre qui sont
utiles au cultivateur ont été acquises depuis longtemps par
l'observation des faits, et font partie de la science agricole
proprement dite. La mécanique n'est également qu'une
science accessoire à l'agriculture, mais cette dernière comprend nécessairement les connaissances qui se rapportent
aux instruments dont elle se sert, en tant qu'elles peuvent
la diriger dans l'emploi de ces instruments et dans leur
application aux diverses circonstances qui se présentent à
elle. Ce sont encore là des connaissances agricoles.

Quant aux connaissances qui se rapportent aux procédés
par lesquels on donne aux produits certaines préparations
pour les disposer à la vente, les limites dans lesquelles ces
connaissances appartiennent à l'agriculture ne doivent pas
non plus être déterminées par des idées abstraites, mais
uniquement par l'état industriel de chaque époque et de
chaque contrée. En effet, la question économique, branche
importante de la science agricole, se modifie à mesure
que, dans une situation plus avancée de la civilisation et de
l'industrie, certains procédés de préparation des produits
tendent à se séparer de l'art agricole. Vouloir rechercher
ici une délimitation uniforme pour tous les temps et tous

les lieux, ce serait méconnaitre le caractère technologique de la science de l'agriculture. Dans chaque situation de l'industrie, on doit donc considérer comme appartenant à l'agriculture, les procédés de préparation des produits qui restent généralement entre les mains des producteurs.

Ce que je viens de dire suffira, je pense, pour bien déterminer les limites qu'il me semble convenable d'assigner à l'agriculture, considérée soit comme art, soit comme science. Ainsi circonscrite, elle forme un groupe de connaissances qui s'exerce sur un théâtre nettement limité. S'exerçant sur une espace qui occupe deux millions d'hectares de terre sur cinq millions et demi que comprend la surface de la France, elle laisse aux autres branches de la culture, d'après le principe de la division du travail, si fécond dans toutes les branches de connaissances, et le sol sur lequel elles s'exercent, et les principes sur lesquels elles se fondent, et les procédés qu'elles emploient. Mais du moins elle règne seule dans l'étendue de son domaine, et personne ne vient se placer à côté d'elle pour lui contester la direction de son bétail, la préparation de ses engrais et de ses produits, dans l'étendue de sa spécialité. La science agricole forme ainsi un groupe de connaissances où tout est uni par des liens étroits et qui a ses hommes spéciaux, parce que son étendue et ses limites sont tracées par sa spécialité même.

CHAPITRE II

DU CHOIX DU DOMAINE

Rien n'est plus important pour les succès du cultivateur que le choix du domaine sur lequel il doit exercer son industrie, ainsi que la position dans laquelle il lui convient de se placer. Pour les cultivateurs de profession, ce choix est ordinairement resserré dans un rayon peu étendu, car il s'écarte rarement de la destination qu'ils ont reçue pour exploiter, soit comme fermiers, soit comme propriétaires, dans le canton où ils sont nés. Les propriétaires riches, lorsqu'ils veulent s'adonner à l'agriculture, ne s'occupent guère non plus de choisir le domaine dont l'exploitation peut leur offrir le plus grand profit, et la propriété où ils font leur résidence de prédilection est presque toujours celle où ils établissent le théâtre de leurs opérations agricoles. Mais pour l'homme qui, ne possédant qu'une fortune bornée, veut s'adonner à la pratique de l'agriculture, il importe qu'il réfléchisse mûrement avant de fixer son choix sur le domaine qu'il doit exploiter. S'il possède déjà une propriété foncière, il est naturel que ce soit sur elle que se portent ses premières vues : si c'est un héritage de famille, peut-être cette considération l'emportera-t-elle sur toutes les autres pour l'y fixer. Mais dans beaucoup de cas, c'est là une faute que l'on déplore amèrement par la suite, lorsque l'expérience a mieux appris à reconnaître les désavantages de la position qu'on s'est créée ou obéissant aux influences dont il vient d'être question.

Dans le territoire de telle commune, en effet, les terres très-morcelées peuvent se vendre ou se louer à un prix deux ou trois fois plus élevé que dans une autre située peut-être à peu de distance, et où le sol est aussi fertile. Dans la première, on ne peut exploiter qu'avec tous les inconvénients qu'offrent les petites pièces de terre enchevêtrées et souvent enclavées les unes dans les autres, et dont les produits se trouvent grevés d'une rente énorme, relativement à leur qualité. Il y a dans ces deux circonstances de quoi paralyser les efforts de l'homme le plus industrieux. En allant chercher au loin, dans les portions du territoire français où l'art agricole est encore fort arriéré, on trouvera peut-être des domaines bien réunis, dont les terres peuvent facilement être amenées au même degré de fertilité que le premier de ceux dont je viens de parler, mais dont le prix de vente ou de loyer ne sera pas plus élevé pour une étendue six ou huit fois plus considérable. Des habitudes ou des relations de famille empêcheront sans doute beaucoup de personnes d'aller ainsi chercher au loin une position plus favorable à leurs intérêts. Mais ici c'est uniquement comme spéculation industrielle que nous devons considérer une entreprise agricole.

La première considération qui se présente à l'homme qui désire s'adonner à la pratique de l'agriculture se rap-

porte au choix qu'il doit faire entre la position de propriétaire et celle de fermier. Cette considération est fort grave,
de nombreux revers ont été le résultat d'une détermination
prise légèrement sur ce sujet.

La position de propriétaire flatte plus l'amour-propre,
et elle est réellement préférable pour celui qui réunit les
conditions indispensables à la prospérité de son entreprise,
mais elle exige l'emploi d'un capital beaucoup plus considérable. C'est pour n'avoir pas bien apprécié l'étendue des
ressources nécessaires aux succès de leur entreprise, que
tant de personnes ont échoué en voulant réunir à la fois les
fonctions du propriétaire et du cultivateur, ou en se déterminant à exploiter elles-mêmes des propriétés qui leur
appartenaient déjà. On se laisse facilement dominer par
cette idée, qu'un capital placé en bien-fonds est plus assuré
que celui que l'on emploie à l'exploitation d'une ferme. Cela
est vrai, si l'on ne considère que le propriétaire qui achète
un domaine pour en tirer le revenu en l'affermant ; mais il
en est autrement pour celui qui veut exploiter son propre
domaine. S'il applique à son exploitation un capital insuffisant, ses opérations ne peuvent manquer de le constituer
en perte, c'est à dire qu'il ne tirera pas en produits, outre
les frais de culture, l'équivalent du revenu qu'il aurait pu
en tirer en affermant sa propriété : quoiqu'il consomme
son revenu, pour une grande partie, sous forme de produits
et non sous forme d'écus, il n'en est pas moins consommé.
C'est ainsi qu'on est entraîné à recourir à des emprunts ou
à d'autres moyens analogues plus ou moins déguisés, pour
couvrir le déficit qui surviendra graduellement dans le

capital d'exploitation. Pendant que le domaine se grevera
de dettes et d'intérêts toujours croissants, le cultivateur
marchera gêné et entravé dans toutes ses opérations, par
le défaut de moyens pécuniaires suffisants, et, par une
suite nécessaire, sa culture deviendra de plus en plus mauvaise. Bien souvent il finira par être forcé de vendre sa
propriété pour acquitter les dettes qu'il aura contractées en
l'exploitant.

L'homme qui ne possède qu'un capital borné et qui veut
cependant s'établir comme propriétaire, est donc forcé, s'il
ne veut pas s'exposer à ces inconvénients, de faire choix
d'un très-petit domaine, dont la culture ne peut lui offrir
que des profits peu importants. A cet égard, et relativement
à l'étendue de l'exploitation, il est toutefois des considérations qui se rapportent aux localités et aux divers systèmes
de culture : il est bien vrai qu'à l'aide d'une culture très-
active, on peut faire produire à une exploitation d'une petite
étendue autant qu'à une beaucoup plus grande exploitée
d'après un autre système, mais ce n'est jamais qu'avec
l'emploi d'un capital considérable et aussi de beaucoup d'art
et de savoir-faire. D'ailleurs, les petites exploitations ne
peuvent être profitables que sur les sols qui n'exigent pour
leur culture qu'un petit nombre d'animaux de trait. Un
cultivateur, quelque petite que soit son exploitation, est
forcé d'entretenir les animaux nécessaires à l'attelage d'une
charrue, et même un ou deux de plus, afin d'être en mesure contre les accidents. Là où six chevaux ou six bœufs
sont indispensables pour le labour, comme c'est le cas pour
beaucoup de sols argileux, dans les cantons où les races

d'animaux sont petites, l'entretien des attelages devient ruineux, lorsque l'étendue de l'exploitation n'offre pas une quantité suffisante de travail. On sait dans chaque canton que dans le système agricole qui y est suivi, une charrue peut suffire à l'exploitation de telle étendue de terre, mais pour celui qui ne possède que la moitié de cette étendue, la moitié des dépenses d'attelages tombe en pure perte, et c'est ce qui fait dire quelquefois que dans les petites exploitations *le train mange le train*, parce qu'en effet la plus grande partie des produits se consomme en dépenses d'attelages.

Le cultivateur qui ne possède qu'un capital modique trouvera donc généralement plus d'avantage à l'employer tout entier à l'exploitation d'un domaine qu'il prendra à ferme. Il pourra former ainsi une entreprise beaucoup plus importante que celle à laquelle il eût pu songer comme propriétaire, et, s'il dirige ses opérations avec prudence, il en obtiendra un profit beaucoup plus considérable. Il faut toutefois qu'il se tienne encore en garde contre la disposition, si commune chez les cultivateurs, qui les excite à entreprendre l'exploitation d'une étendue de terre supérieure à celle que comporte le capital dont ils disposent. A cet égard, il vaut beaucoup mieux rester au-dessous des limites fixées par le calcul que de les dépasser : une multitude de fermiers ont fait de mauvaises affaires sur une ferme de deux cents hectares, tandis qu'ils auraient prospéré et accru leur capital en cultivant une ferme d'une étendue moitié moindre. C'est qu'il est vraiment impossible de tirer des profits de la culture, de même que de toute autre industrie, lorsque les opérations sont sans cesse entravées par le défaut de ressources pécuniaires.

Il est néanmoins des localités fort nombreuses encore en France où la position de fermier est si défavorable, qu'un homme expérimenté ne doit s'y placer qu'avec beaucoup de réserve, et en stipulant au moins des conditions qui puissent compenser le désavantage de cette position. Je veux parler des exploitations consistant pour la plupart en terres encore en friche, qu'on ne peut amener à un état de bon produit qu'en y consacrant du temps et des dépenses. Le fermier qui n'a qu'une période limitée pour sa jouissance peut bien facilement se tromper sur l'époque à laquelle il commencera à recueillir le fruit de ses avances, et compromettre gravement ainsi ses intérêts. J'entrerai, en traitant *des défrichements*, dans des détails plus étendus sur ce point. Je me contenterai de dire ici que ces opérations conviennent en général beaucoup mieux au propriétaire du fonds qu'à un fermier. Mais l'homme qui voudrait se livrer comme propriétaire à une spéculation de ce genre doit avoir à sa disposition, outre le capital d'exploitation, un capital d'amélioration dont le montant peut varier beaucoup selon les circonstances, mais qui doit dans certains cas dépasser deux ou trois fois la valeur actuelle du fonds.

Pour l'homme qui veut faire l'acquisition d'un domaine, de même que pour celui qui veut l'affermer, la considération la plus importante dans l'examen qu'il en fait est toujours la nature du sol, c'est-à-dire ses qualités naturelles

et acquises. Si le terrain est entaché de quelque défaut
naturel grave, par exemple s'il manque de profondeur,
s'il est excessivement léger et sans consistance, son exploitation peut difficilement être profitable. Il en est à peu
près de même s'il est de nature très-tenace ; du moins il
faudra beaucoup de temps pour corriger ce défaut, et jusque-là la culture y sera très-dispendieuse. On dit souvent
que les mauvaises terres sont trop chères, à quelque bas
prix qu'on les achète ou qu'on les loue : cette assertion est
très-fondée, car lorsqu'on calcule avec soin les dépenses
de la culture, on trouve que la rente de la terre n'en forme
qu'une assez faible portion.

Pour la culture du froment, par exemple, il sera fort
rare, dans la plupart des circonstances, que les frais de
culture autres que la rente ne se portent pas à 150 francs
au moins par hectare. Si la rente est de 50 francs, cela
formera un total de 200 francs. Mais si au moyen d'une
rente double, c'est-à-dire de 100 francs par hectare, on
peut obtenir une terre dont le produit brut soit en moyenne
de moitié en sus, ce qui n'est nullement rare dans la pratique, l'exploitation de cette dernière sera bien plus profitable : en supposant en effet que le produit brut eût été pour
la première de 200 francs par hectare, ce qui n'offrirait ni
bénéfice ni perte, il se porterait à 300 francs dans le second
cas, et laisserait au cultivateur un bénéfice de 50 francs.
Sans doute les mauvaises terres peuvent être améliorées,
lorsqu'elles n'offrent pas un défaut radical grave, au premier rang desquels il faut placer le manque de profondeur,
auquel il n'y a pas de remède lorsque la terre repose sur

un banc de pierres ou de galets, mais les améliorations qu'on peut obtenir dans les autres cas exigent du temps et des dépenses, et c'est ce qu'on doit toujours faire entrer en considération dans les calculs.

Les premiers points sur lesquels on doit porter son attention sont donc la profondeur du sol et sa consistance ou sa nature, ensuite le degré de fertilité qu'il possède déjà. Sur ce dernier point le fermier doit être beaucoup plus exigeant que l'acquéreur, parce que si le sol n'a pas d'ailleurs de défauts naturels, celui-ci pourra en accroître graduellement la fertilité par une culture bien entendue : l'accroissement de valeur qu'il donnera ainsi à la propriété tournera tout entier à son profit, tandis que le fermier n'en recueillerait les fruits que pendant un temps souvent trop court pour l'indemniser de ses avances.

Les sols qui n'offrent pas une couche de terre cultivable de 6 pouces ou .16 centimètres de terre au moins, peuvent bien, lorsqu'ils sont d'ailleurs de bonne qualité, produire quelques belles récoltes, surtout en céréales, mais ils sont peu propres à des cultures variées, et ont par conséquent peu de valeur pour celui qui veut porter une exploitation à un produit élevé. Au delà de cette épaisseur, chaque pouce de profondeur de plus dans la couche cultivable augmente dans une grande proportion la valeur réelle du terrain, jusqu'à la profondeur de 10 ou 12 pouces (27 à 30 centimètres), au delà de laquelle les instruments de culture pénètrent rarement. Cependant la luzerne et quelques racines pivotantes vont puiser leur nourriture à une profondeur beaucoup plus grande encore. D'ailleurs, lorsque la bonne terre a beaucoup de profondeur, comme cela se remarque dans certains sols d'alluvion, on peut renouveler la fertilité de la terre de la surface en y ramenant, par des défoncements, celle des couches inférieures. Ainsi, la nature du sol au-dessous de la couche cultivée n'est nullement indifférente à sa valeur réelle.

Quant à la consistance, la plus favorable est toujours celle qui tient le milieu entre l'argile tenace et le sable, le gravier ou la craie sans adhérence. C'est l'espèce de sol que les Anglais désignent sous le nom de *loam* : il se laisse facilement cultiver et ne retient d'eau que dans la proportion qui convient à la végétation des plantes. Bien rarement au reste on rencontre ce juste-milieu ; il faut le considérer comme présentant lui-même une certaine latitude entre les sols trop légers et trop poreux pour être exploités avec grand profit, et les terres argileuses tenaces, dont l'exploitation renferme de graves inconvénients d'une autre nature. On trouvera des détails plus étendus sur ce sujet dans le chapitre où je traiterai des *Sols relativement à la culture.*

Je n'ai placé qu'en dernière ligne les considérations qui se rapportent au degré de fertilité du sol, du moins pour l'homme qui veut se rendre acquéreur d'un domaine, et qui pourra, par ses opérations de culture, accroître graduellement la fécondité de la terre, si cette terre est d'ailleurs d'une bonne nature et d'une profondeur suffisante. Cependant, le degré de fertilité du terrain exerce une grande influence sur sa valeur, puisqu'on peut tirer immédiatement des produits abondants d'un sol déjà riche, tandis qu'il faudra cultiver une terre moins favorisée pendant un temps plus ou moins long avec peu de profit et peut-être avec perte, avant de l'amener à un point suffisant de fertilité. S'il convient d'acheter une terre peu fertile, mais d'ailleurs de bonne qualité, ce ne peut donc être qu'à la seule condition qu'on l'obtiendra à bas prix.

Dans les sols incultes, on juge de la fertilité du terrain par la nature des plantes qui y croissent spontanément et par le développement de la végétation; dans les terres déjà cultivées, par l'aspect des récoltes qu'elles portent, ou même des chaumes, si les récoltes sont enlevées. Il faut toutefois apprécier aussi l'influence des procédés de culture qui y ont été mis en usage, car quelques cultivateurs exécutent un labour si défectueux, qu'ils couvrent de chétives récoltes un terrain réellement fertile. On cherche quelquefois à évaluer une ferme ou la fertilité des terres qui la composent d'après les résultats qu'ont obtenus de sa culture les fermiers qui l'ont exploitée jusque-là. S'ils s'y sont enrichis, on juge que la ferme est bonne, et l'on proscrit celle sur laquelle un ou deux cultivateurs ont mal fait leurs affaires. Cette manière de juger donne souvent lieu à une opinion erronée, car les profits ou les pertes des cultivateurs résultent bien aussi souvent de leur savoir-faire ou de leurs fautes que de la bonne ou mauvaise qualité de la ferme qu'ils font valoir.

Dans l'examen que l'on fait d'un domaine, soit qu'on veuille l'acheter ou l'affermer, on doit prendre en considération la situation plus ou moins inclinée des pièces de terre, car une trop forte inclinaison entrave beaucoup les procédés de la culture. Une pente douce, suffisante pour assurer l'écoulement des eaux, présente la condition la plus favorable. Si les eaux stagnantes détériorent quelques parties de l'exploitation, on devra rechercher avec soin si l'on n'éprouvera pas de grands obstacles pour assainir ces parties, soit dans le nivellement du terrain, soit dans les difficultés que pourront élever les cultivateurs voisins : car on ne peut espérer de culture avantageuse, même sur un sol très-fertile, que lorsqu'il a été bien assaini. L'état de propreté du sol sous le rapport des plantes nuisibles exerce une grande influence sur le produit des récoltes, mais un cultivateur expérimenté ne craint pas d'acheter ou d'affermer un domaine infesté de chiendent, d'agrostis, de moutarde ou d'autres plantes annuelles, parce qu'on s'en débarrasse assez promptement par de bons procédés de culture : cette circonstance est souvent cause d'une grande modicité dans le prix de la terre, parce qu'elle est réellement très-peu productive dans un état semblable. L'étendue, la disposition et l'état des bâtiments d'exploitation sont aussi des circonstances qui doivent faire l'objet d'un examen approfondi.

Beaucoup d'autres questions sont encore à considérer dans le choix du domaine que l'on veut exploiter : par exemple sa position relativement aux débouchés, et la facilité de se procurer des manouvriers, d'après la population qui avoisine le domaine. Quant aux débouchés, l'état des chemins est un des points les plus importants ; mais il conviendra bien souvent de ne pas se laisser arrêter, pour conclure une bonne acquisition, par le mauvais état d'un chemin nécessaire pour ouvrir la communication avec une route. Le rétablissement de ce chemin pourra à lui seul accroître beaucoup la valeur de la propriété, et l'on fera souvent un excellent calcul, en comprenant cette réparation dans les frais que doit couvrir le capital d'amélioration.

Dans beaucoup de cas, quelques milliers de francs, employés ainsi avec sagacité par un propriétaire, soit à réparer à ses frais un chemin de quelques kilomètres, soit à contribuer à cette réparation, lui vaudront en accroissement de la valeur de son domaine une somme beaucoup plus considérable. Pour les propriétés composées de terres à défricher, ou de nouveaux défrichements dans lesquels les amendements calcaires produisent généralement des résultats qui tiennent du prodige, on doit aussi porter rigoureusement son attention sur les moyens par lesquels on pourra se procurer de la chaux ou de la marne sur un point plus ou moins rapproché du domaine, car c'est du taux de la dépense qu'entraînera l'emploi de ces amendements que dépendront en grande partie, et les profits que l'on tirera de l'exploitation, et la valeur à laquelle on pourra porter le domaine dans l'avenir.

CHAPITRE III

DU CAPITAL D'EXPLOITATION
ET DES ASSOCIATIONS DE CULTURE

L'exploitation du sol ne peut se faire sans l'emploi d'un capital destiné à acheter les objets qui y sont nécessaires et à solder les dépenses d'exploitation, jusqu'à ce que le prix des produits vienne rembourser ces dépenses. La quotité du capital relativement à la surface cultivée varie dans des limites très-étendues selon les circonstances, et surtout selon le mode de culture adopté : dans les cantons d'une culture fort arriérée, les fermiers ou les métayers ne consacrent peut-être pas à leurs exploitations un capital qu'on puisse évaluer à 40 ou 50 fr. par hectare, en y comprenant le fonds de cheptel là où il est fourni par le propriétaire.

Dans un grand nombre de cas, le capital est même au-dessous de ce chiffre. Dans la culture des jardiniers-maraîchers qui forment l'autre extrémité de l'échelle, nous trouvons que le travail de toute une famille pendant une année, qu'on ne peut évaluer à moins de sept à huit cents francs, est employé à la culture d'une étendue de terre souvent de moins d'un demi-hectare. Le jardinier em-

ploie en outre un matériel d'instruments et d'ustensiles,
et il achète chaque année du fumier pour quelques centaines de francs ; en sorte que là le capital appliqué à l'exploitation dépasse peut-être deux mille francs par hectare.
Mais les produits bruts s'élèvent à proportion ; dans beaucoup de cas on obtient, d'un hectare de terre en nature
de jardin, des produits qui dépassent en valeur vénale
ceux de beaucoup de fermes d'une étendue d'une cinquantaine d'hectares.

Dans la culture rurale ou l'agriculture proprement dite,
on a cherché souvent à évaluer le capital nécessaire à l'exploitation en le fixant proportionnellement au montant du
fermage , mais cette base est entièrement inexacte, car
des terres déjà en bon état d'amélioration, et dont la rente
est par conséquent élevée, n'exigent pas plus de frais de
culture, à surface égale, que des terres mal cultivées jusque
là, ou situées dans un canton arriéré, et dont la rente ne
s'élèvera peut-être qu'au quart de celle des premières.
Presque toujours même, des terrains en mauvais état de
culture exigeront d'abord plus de frais, c'est-à-dire l'emploi
d'un capital plus considérable, pour les amener au même
état que les autres. C'est donc d'après l'étendue des terres
qu'on doit fixer le capital d'exploitation, et non d'après le
montant de la rente ou du loyer.

Beaucoup de circonstances diverses peuvent aussi faire
varier le montant du capital qu'il est nécessaire d'employer
pour soumettre à une culture profitable une exploitation
d'une étendue donnée, mais les bases que je vais présenter
se rapportent aux circonstances les plus ordinaires dans la

position actuelle de l'agriculture en France. Il est entendu d'ailleurs que le capital d'exploitation est entièrement distinct du capital d'améliorations foncières, c'est-à-dire qu'il ne doit subvenir à aucune dépense de construction de bâtiments ou de chemins, de grands travaux d'assainissement ou d'irrigation, et autres du même genre.

Le capital d'exploitation étant ainsi défini, on peut établir que, dans le plus grand nombre des localités en France, l'exploitation d'une ferme de deux cents hectares, si on veut la soumettre au système des assolements alternes et à une culture active et soignée, exige l'emploi d'un capital de quarante à cinquante mille francs, soit 200 à 250 fr. par hectare. Si l'étendue de la ferme est moindre, le capital ne pourra être diminué dans la même proportion : je ne crois pas que l'on puisse, dans aucune situation, établir un bon système de culture alterne, sur une exploitation de cent hectares, à l'aide d'un capital de moins de trente mille francs, ce qui donne 300 francs par hectare. Dans plusieurs parties de la Flandre où les fermes ne sont généralement que de 15 à 20 hectares, aucun fermier ne croirait pouvoir faire prospérer sa culture, s'il n'y consacrait un capital qui varie de 500 à 1000 fr. par hectare.

Il est peut-être à propos de faire remarquer, à ce sujet, la cause d'un fait qui a dû frapper beaucoup d'observateurs dans les cantons où la propriété foncière tend à se diviser en petites parcelles entre les mains des habitants de la classe laborieuse : là, la rente de ces parcelles, ainsi que leur prix vénal, s'élèvent ordinairement à un taux très-disproportionné avec celui de la rente des terres réunies en corps de ferme. C'est là principalement l'effet de l'application d'un capital plus considérable à l'exploitation de ces parcelles : ce capital se compose ici de l'emploi du travail de la famille, réuni à la valeur de son mobilier. La somme totale de ces valeurs, appliquée à une très-petite étendue de terre, surpasse en effet de beaucoup le capital qu'emploient à leurs exploitations ceux qui cultivent les fermes, dans les cantons où la culture n'est pas très-avancée. Il faut dire aussi que le travail est généralement exécuté avec plus de soin et de perfection par les ouvriers qui travaillent pour leur propre compte, et que ces derniers trouvent, dans la possession d'une petite étendue de terre, l'occasion d'employer avec profit beaucoup de temps qu'ils n'eussent pu utiliser comme journaliers salariés, surtout dans les cantons où les cultivateurs qui dirigent de grandes exploitations ne font pas exécuter beaucoup de travaux de main-d'œuvre, à cause de la modicité du capital dont ils disposent.

C'est là, comme je l'ai dit ailleurs, la cause du désavantage manifeste de la grande et de la moyenne culture, sur presque tout le sol français, et c'est pour cela que les propriétés rurales tendent sans cesse à se morceler ; car la terre ayant dans ce cas plus de valeur pour les petits propriétaires, doit nécessairement arriver entre leurs mains, par suite de la libre concurrence entre les acheteurs des diverses classes. Cet état de choses ne peut être modifié que par l'application d'un capital plus considérable à l'exploitation des fermes, et par les améliorations qui en seront le résultat dans la grande et la moyenne culture. Il est certain que lorsque les circonstances seront égales sous le rapport de l'application du capital, les exploitations d'une certaine étendue réuniront au contraire de très-grands avantages sur la petite culture ; c'est par ce motif qu'en Angleterre, où les grandes fermes sont exploitées avec des capitaux considérables, la propriété tend depuis cette époque à s'agglomérer au lieu de se diviser.

Le capital d'exploitation est employé à l'achat des bestiaux, des instruments, du mobilier du ménage, des semences etc., ainsi qu'à la formation du *fonds de roulement* nécessaire pour l'acquittement des dépenses de main-d'œuvre et autres, jusqu'à ce que le cultivateur puisse réaliser la valeur de ses produits, c'est-à-dire à peu près pendant le cours d'une année. En général, le cultivateur peut adopter un système de culture d'autant plus profitable, qu'il y applique un plus fort capital, mais cela suppose que le capital est employé avec intelligence et que l'exploitation est conduite avec des connaissances suffisantes, car il est certain aussi que les connaissances et les qualités intellectuelles sont d'autant plus nécessaires au cultivateur, qu'il met en mouvement un capital plus considérable. Mais, quelque riche que l'on soit en intelligence et en connaissances, il faut bien se garder d'adopter un système de culture qui exige un capital supérieur à celui dont on dispose, car l'état de gêne pécuniaire dans laquelle le cultivateur se trouve continuellement placé, est un obstacle insurmontable à toute espèce de succès. Si, par exemple, un cultivateur entreprend la culture des plantes sarclées sans pouvoir subvenir largement et à l'instant même aux dépenses de main-d'œuvre qu'elles exigent, les binages seront souvent négligés, et le résultat de cette circonstance seule sera une grande diminution, non-seulement dans la récolte sarclée, mais aussi dans celles qui doivent lui succéder dans l'assolement. La jachère eût bien mieux valu dans ce cas.

Le capital qu'un cultivateur consacre ainsi à son exploitation doit lui rapporter un intérêt; s'il tient des comptes réguliers, cet intérêt doit figurer au rang des dépenses de l'exploitation. On a dit souvent que cet intérêt doit être plus élevé que le taux ordinaire, parce qu'il est exposé à plus de chances que dans beaucoup d'autres emplois; on a voulu même former plusieurs divisions de ce capital, en distinguant, par exemple, le capital de cheptel de celui de roulement, afin d'attribuer un taux d'intérêt plus élevé à l'un qu'à l'autre, selon la diversité des chances auxquelles on supposait qu'ils sont exposés. Mais ces motifs n'ont aucun fondement raisonnable : d'abord la quotité du capital appliquée à chaque emploi n'est pas une chose fixe et qu'on puisse déterminer ; elle varie au contraire toutes les fois que le cultivateur achète ou vend des bestiaux ou tout autre chose, en sorte qu'un cultivateur, même celui qui tient des comptes très-réguliers, serait fort en peine de connaitre quel a été, pendant le cours d'une année, le montant seul de son capital de roulement.

D'ailleurs, si l'on tient une comptabilité régulière, le compte de pertes et profits est là pour dire chaque année au cultivateur s'il a gagné ou perdu, en fixant un taux quelconque pour l'intérêt de la totalité du capital qu'il emploie à son exploitation. Je suppose qu'il ait admis le taux de 5 p. 0/0,

parce qu'il eût pu tirer cet intérêt de son capital en le prêtant. Si, à l'expiration d'une année d'exploitation, il retrouve
son capital accru de l'intérêt à 5 p. 0/0, il n'a rien gagné
sans doute, mais on ne peut pas dire qu'il ait rien perdu; et
cependant cette perte résulterait de ses écritures, s'il eût
compté fictivement d'avance un intérêt de 10 p. 0/0 à ses
fonds. Enfin, rien de plus arbitraire que les idées que chacun peut se former sur le chiffre auquel on doit fixer les
chances de perte que peut courir le capital pris en masse,
ou chacune de ses divisions : il n'y a là aucune base fixe
qu'on puisse faire passer dans la tenue des comptes. Ces
derniers sont destinés à constater des résultats, et c'est
toujours au moins une irrégularité que de vouloir y faire
figurer à l'avance, sous une forme quelconque, les profits
qu'on croit pouvoir demander à l'exploitation totale ou à
quelqu'une de ses branches. Par tous ces motifs, je pense
que le cultivateur ne doit calculer l'intérêt des fonds qu'il
emploie en capital d'exploitation, qu'au taux qu'il en paie
lui-même, s'il les emprunte, ou au taux qu'il pourrait en
tirer en les prêtant, s'ils lui appartiennent.

Au surplus, il conviendra rarement aux fermiers de se
livrer à des emprunts pour former le capital nécessaire à
leur exploitation : c'est là une position au moins fort pé-
rilleuse pour l'homme qui, ne pouvant donner des garanties
hypothécaires, ne peut guère emprunter qu'à court terme.
Quant aux emprunts qui peuvent être contractés par des
propriétaires pour l'exploitation de leurs domaines, on ne
doit pas les réprouver sans réserve, mais ces emprunts
doivent avoir été calculés d'avance avec sagesse, de ma—

nière à compléter le capital nécessaire pour l'établissement d'un système de culture lucratif.

Il est nécessaire que l'emprunteur obtienne un terme éloigné pour sa libération, car rien ne compromettrait davantage la marche de son entreprise, que la nécessité de retirer de son exploitation une partie importante de son capital pour se libérer.

La prudence veut d'ailleurs que la somme ainsi empruntée ne forme qu'une portion du capital d'exploitation, dont la plus forte partie appartiendrait au propriétaire. A ces conditions, et en supposant que le cultivateur saura restreindre les dépenses personnelles qu'il croirait pouvoir se permettre en sa qualité de propriétaire, jusqu'à ce qu'il soit complétement libéré, les emprunts contractés à un taux modéré peuvent réellement être utiles à l'homme qui veut exploiter ses propriétés. Mais l'expérience montre que la ruine des propriétaires exploitant leurs propres domaines, est bien souvent le résultat des emprunts contractés sans plan fixe, et uniquement pour se tirer momentanément de la gêne dans laquelle on se trouve, par l'insuffisance du capital qu'on possède : la nature des opérations agricoles ne peut admettre sans de grands inconvénients de toute espèce, pour les propriétaires comme pour les fermiers, les engagements à courts termes qui sont en usage dans le commerce.

Des associations de plusieurs sortes ont été souvent proposées pour former ou pour administrer le capital nécessaire à une entreprise d'exploitation agricole. Je vais présenter quelques considérations sur quelques combinaisons de ce genre. Des cultivateurs peuvent s'associer pour diriger en commun les opérations d'une entreprise agricole, soit que le capital soit fourni à égale portion par les deux associés, soit que les parts soient inégales dans l'apport de fonds, ou même que l'un des deux n'y apporte que son industrie. C'est surtout pour l'exploitation d'une ferme prise à bail que ces combinaisons peuvent être admissibles, car si l'acquisition était faite en commun, l'association se compliquerait des inconvénients inhérents à l'indivision des propriétés foncières, et cet inconvénient se ferait surtout sentir au moment de la liquidation de la société.

Sans doute il n'est pas impossible que deux hommes s'entendent entre eux pour diriger en commun une exploitation agricole, et pour faire entre eux le partage des attributions dans la direction des travaux. C'est là une association analogue à celles qu'on désigne dans le commerce sous le nom *d'associations en nom collectif*. Mais il arrivera bien rarement qu'une telle combinaison puisse se soutenir, même pendant une durée de quelques années. Le succès dépendrait ici d'un accord parfait, non-seulement de caractères, mais même de vues et d'intentions dans la manière de diriger jusqu'aux plus petits détails. Ce sera presque toujours à des jeunes gens que l'idée d'une telle association se présentera, avec les illusions si naturelles à cet âge : on croit se connaître à fond réciproquement, mais on est appelé à vivre en commun dans une position si différente des relations qu'on avait pu entretenir jusque-là, qu'il y a bien des mécomptes à attendre sur l'accord des vues et la sympathie des caractères. Dans le commerce, les associations de ce genre échouent souvent parce que cet accord ne peut se soutenir; cependant on en voit un assez grand nombre subsister pendant de longues années.

Mais la position des cultivateurs est entièrement différente. Deux commerçants travaillent ensemble pendant une partie du jour, puis ils ont, chacun de son côté, leur ménage et leur société. Dans la pratique agricole, au contraire, il faut supposer que les deux associés se conviendront réciproquement à toutes les heures du jour et dans les détails de la vie la plus intime. Ils seront d'ailleurs exposés, pour les soins de l'intérieur des ménages, à tous les inconvénients qu'éprouve un cultivateur célibataire, et ces inconvénients auront même pour eux encore plus de gravité : si l'un d'eux prend une épouse, de nombreux embarras intérieurs peuvent survenir par l'effet de cette circonstance; si tous deux veulent se marier, il n'y aura plus aucune chance d'espérer qu'on puisse marcher d'accord. Au total, sur dix associations de cette nature qui pourront être tentées par des hommes auparavant unis de la plus étroite amitié, je ne pense pas qu'une seule puisse parcourir un terme de quinze ou vingt années sans être troublée par des désaccords qui forceront les associés à se séparer, et le plus grand nombre de ces associations auront peine à parvenir à deux ou trois années d'existence.

Un autre genre d'association est celui qu'on peut appeler en commandite : c'est celle où l'administration est confiée à un seul gérant, tandis que le capital est fourni par un ou plusieurs bailleurs de fonds qui doivent recevoir une portion des bénéfices. Ce genre d'association est susceptible d'une multitude de combinaisons. Mais je dirai que toutes les fois que les capitaux seront fournis par un certain nombre de personnes, comme cela a lieu dans les entreprises par actions, on rencontrera dans une opération agricole beaucoup plus de difficultés et d'inconvénients que dans les entreprises industrielles formées par la même combinaison, parce qu'il y aura une bien plus large voie ouverte aux divergences de vues des intéressés, soit entre eux soit avec le gérant, sur la manière de diriger les opérations.

On réussira, je crois, bien plus fréquemment, par la combinaison dans laquelle le propriétaire d'un domaine le confierait à un gérant pour l'exploiter pendant une période déterminée, en fournissant aussi le capital nécessaire à l'exploitation et, si les circonstances l'exigent, à l'amélioration du domaine. On peut alors déterminer les bases d'un partage des bénéfices, qui seront établies au moyen d'une comptabilité régulière contrôlée par le propriétaire, et après que ce dernier aura prélevé annuellement une somme équivalente au fermage de la propriété et aux intérêts du capital qu'il a fourni. Au reste, ce qui formera dans beaucoup de cas un obstacle à l'exécution d'une telle combinaison, c'est qu'il conviendrait presque toujours de considérer comme bénéfice, dans ce cas, l'accroissement de valeur qu'aura obtenu la propriété pendant la gestion : comme cette valeur s'établit difficilement au moyen d'une expertise, il devient à peu près nécessaire de stipuler à l'avance que le domaine sera exposé en vente, à l'expiration de la société, dans le cas où les associés ne tomberaient pas d'accord sur le taux de sa valeur. Le gérant n'aurait droit à cette portion du bénéfice qu'au moment de la dissolution, mais si on ne la lui accordait pas, il est clair qu'il serait porté par son intérêt à diriger ses opérations de manière à accroître dans le présent les produits annuels, plutôt qu'à travailler en vue des accroissements de revenus dans l'avenir, comme on doit le faire en bonne administration.

Cet inconvénient existerait au reste à un moindre degré, si les parties contractantes avaient assigné à l'association une durée fort longue, par exemple 25 ou 30 ans, et dans ce cas, le gérant pourrait être supposé avoir trouvé, dans l'accroissement annuel de sa portion des bénéfices, une compensation suffisante pour l'augmentation de valeur de la propriété. Mais peu de propriétaires voudraient peut-être se dessaisir pour un terme aussi long, non-seulement de la jouissance de leur domaine, comme ils le feraient s'ils le donnaient à ferme, mais aussi de celle du capital qu'ils auraient fourni. D'ailleurs, on ne peut se dissimuler qu'un contrat de cette nature aura difficilement la même solidité qu'un bail à ferme stipulé pour le même espace de temps, soit parce qu'il ne serait pas facile de prévoir les diverses circonstances qui pourraient en amener la rupture, soit parce qu'on ne trouverait pas dans les tribunaux une jurisprudence établie sur les difficultés auxquelles peuvent donner lieu les associations de cette nature. Il y aurait donc lieu de craindre que le gérant associé ne fût fondé à regarder sa position comme plus précaire que celle d'un fermier, s'il n'avait pour garantie de la portion des bénéfices qu'il placera en améliorations foncières, la certitude de recevoir, à l'expiration de l'association, sa part dans ces bénéfices.

Le succès d'une association de ce genre dépendra au reste, en grande partie, du caractère personnel des deux hommes qui la contractent, et du degré de confiance que le commanditaire pourra accorder au gérant ; car on ne peut empêcher par aucune stipulation qu'il reste toujours une assez large part à la confiance dans une opération de cette espèce. Je ne voudrais donc conseiller une semblable association qu'à deux hommes qui se connaîtraient déjà par de longues relations mutuelles.

Il arrive souvent que les propriétaires qui croient avoir besoin des services d'un régisseur agricole, conçoivent l'idée de lui allouer, soit pour la totalité, soit pour une partie de son traitement, une portion des accroissements de revenus qui seront le résultat d'une meilleure direction dans les opérations de culture. C'est là ce qu'on nomme *régie intéressée*, et il en résulte une espèce d'association. Une telle combinaison ne peut manquer d'amener dans un très-court espace de temps des difficultés qui la feront avorter, si le régisseur n'est qu'un agent révocable placé sous les ordres du propriétaire. Aucun homme expérimenté ne consentirait à contracter de semblables stipulations, en qualité de régisseur, si elles ne remplissaient trois conditions essentielles, savoir : 1° la fixation, par un acte solide, d'une durée déterminée du contrat; 2° l'obligation pour le propriétaire de fournir un capital dont le montant serait déterminé à l'avance ; 3° l'entière indépendance du régisseur dans la direction de ses opérations. Mais un contrat de cette nature constituerait une véritable *association en commandite*, et la qualité de régisseur disparaîtrait complétement. Si l'on supposait, d'un autre coté, que le propriétaire et le régisseur doivent diriger les opérations en commun, on retomberait dans la combinaison des associations en nom collectif, et cette combinaison pourrait encore bien moins avoir de succès, car ici un des associés, le propriétaire, a des intérêts différents de ceux de l'autre.

La régie intéressée présente encore bien d'autres inconvénients : la production d'un domaine s'établit par des calculs fort simples dans un état stationnaire des procédés de la culture, et lorsque la valeur du cheptel en bestiaux et instruments n'éprouve d'une année à l'autre que des variations insensibles. Mais ce n'est guère pour rester dans cette situation qu'un propriétaire songe à prendre pour régisseur un homme possédant quelque instruction agricole : c'est ordinairement pour introduire des améliorations dans le système de culture. Du reste, si les produits doivent éprouver un accroissement dont une portion reviendra au régisseur, on ne pourra presque jamais obtenir cet accroissement qu'au moyen de l'application d'un capital plus considérable, et d'une augmentation progressive du nombre de bestiaux et du matériel d'exploitation. Si le cheptel s'est accru dans le cours d'une année d'une valeur de mille francs, cette somme est bien un produit réel.

Il y a bien d'autres valeurs encore, qui, dans l'exploitation d'une ferme en cours d'amélioration, sont des produits réels de la bonne culture, quoiqu'ils ne soient pas actuellement réalisés en argent. C'est pour cela que le propriétaire doit ordinairement renoncer dans ce cas à un accroissement de revenus pendant quelques années, ou même se résigner à voir ses revenus décroître momentanément, s'il ne veut considérer comme tels que les valeurs réalisées par la vente des produits. Comment entendrait-il que se formerait, dans de telles circonstances, la part du bénéfice qui doit être attribuée au régisseur ?

Ce bénéfice est cependant bien réel, et il peut s'établir à l'aide des inventaires annuels et d'une comptabilité bien tenue. Mais le propriétaire s'accommoderait-il de la chance qui l'exposerait à laisser au régisseur, pour sa part dans les bénéfices, la totalité peut-être de la valeur des produits vendus ? Ou le régisseur devra-t-il renoncer à prendre sa part dans la portion du produit net qui est représenté par des valeurs réelles dont le cheptel et la propriété foncière se sont accrus ?

D'ailleurs, la comptabilité à l'aide de laquelle la valeur de tous ces objets peut s'établir sera tenue par le régisseur, et l'on ne peut empêcher qu'il n'existe, dans les bases d'évaluation de beaucoup d'articles, une certaine marge à l'arbitraire. Des comptes réguliers de culture sont excellents pour l'homme qui cherche la vérité de bonne foi et dans son propre intérêt, mais ils donneront naissance à de fréquentes difficultés, lorsqu'on voudra qu'ils servent de base pour régler des intérêts opposés. Que sera-ce si l'on suppose le cas où le propriétaire est peu versé dans les détails de la tenue de ces comptes, et où les écritures doivent être tenues par l'une des deux personnes dont elles doivent régler les intérêts ? Il est à peu près impossible dans ce cas, en supposant une entière bonne foi de la part du régisseur, que le propriétaire ne conçoive pas des défiances qui altéreraient la bonne harmonie entre les parties.

Par tous ces motifs, je pense que la combinaison des régies intéressées est entièrement incompatible avec les opérations agricoles. Le régisseur placé sous la dépendance du propriétaire ne peut, par la nature même des choses, travailler que dans les intérêts de ce dernier, et ce n'est que de sa bienveillance qu'il doit attendre par la suite une augmentation de traitement proportionnée aux accroissements des revenus du domaine.

CHAPITRE IV

DU PRODUIT BRUT, DU PRODUIT NET ET DE LA RENTE DE LA TERRE

Le produit brut d'un champ, d'un pré, c'est la valeur de la récolte, sans déduction des frais de culture. Le produit brut d'un troupeau de bêtes à laine, c'est la valeur des toisons et du croit, sans déduction des frais de nourriture et autres. Mais le *produit brut* d'une ferme ne se compose pas des produits bruts des prés, des champs, des troupeaux, car une partie de ces produits a été employée pour en créer d'autres : il y aurait évidemment double emploi, si l'on ajoutait au produit brut du froment, par exemple, le produit des prés qui a servi à la nourriture des attelages dont le travail a été nécessaire pour la culture du froment. Il en est de même du troupeau, dont le produit se compose en partie de la valeur des fourrages qu'il a consommés. Le produit brut d'une ferme se compose de la valeur des produits créés pendant une année, et qui sont destinés à être vendus, ou qui pourraient l'être. Ainsi, les accroissements dans le nombre ou la valeur des bestiaux forment une partie du produit brut, dans le cas même où le cultivateur les conserve pour en réaliser la valeur plus tard, et les grains qui doivent être prélevés pour les semailles de la récolte suivante font également partie du produit brut.

Si l'on déduit du produit brut d'une ferme les dépenses diverses de la production, savoir : la valeur des semences employées, les sommes qui ont été prises sur le capital d'exploitation pour le paiement des dépenses diverses de la culture, ainsi que l'intérêt du capital d'exploitation lui-même, on aura le *produit net* de la ferme.

Dans ce produit net, il importe de distinguer la portion qui représente la *rente de la terre :* le propriétaire a seul le droit de recueillir les fruits de la terre qu'il possède ; s'il cède ce droit à un autre, il peut y mettre la condition d'une redevance quelconque. C'est là ce qu'on nomme la rente de la terre. Le taux de cette rente se fixe comme en toutes choses, par la concurrence, et d'après le rapport entre les demandes de terre à affermer et les offres des propriétaires. La rente s'élève, dans un canton, à mesure que l'industrie agricole y fait des progrès, parce qu'un plus grand nombre de cultivateurs veulent prendre part alors aux bénéfices de cette industrie, et aussi parce qu'il s'est formé, à l'aide de ces bénéfices, de nouveaux capitaux qui restent appliqués à la culture du sol. Un cultivateur peut, en effet, payer du sol une rente d'autant plus élevée qu'il consacre un capital plus considérable à son exploitation ; mais je dois dire ici que des propriétaires se sont quelquefois étrangement trompés, en croyant qu'ils pouvaient demander à un cultivateur riche, qui proposait d'affermer telle propriété située dans un canton arriéré, une rente plus élevée que celle qui était généralement usitée dans ce canton.

Dans ce cas, la rente ordinaire est réellement la seule à laquelle le propriétaire puisse raisonnablement prétendre, car si le nouveau fermier place le domaine dans des conditions différentes, c'est par son seul fait, et il a seul le droit d'en recueillir les fruits pendant la durée de son bail. Si le propriétaire peut prétendre à un accroissement de la rente, ce ne peut être qu'en considération d'une durée plus longue qu'il consentirait à stipuler pour la jouissance, ou d'autres avantages, inusités dans le canton, qu'il accorderait à son fermier. Au reste, le propriétaire trouve toujours dans ce cas, même en supposant égalité dans le taux de la rente, pour le présent, l'avantage de l'accroissement de valeur de son domaine, et d'une augmentation de rente dans l'avenir, qui résulteront nécessairement des améliorations qu'apportera dans la culture, pendant la durée de son bail, le fermier qui y consacrera un capital plus considérable.

Quelques personnes considèrent la rente de la terre comme l'intérêt du prix d'acquisition : c'est là une erreur, car, soit que la terre ait été achetée à un prix élevé ou très-bas, elle vaut, pour celui qui propose de l'affermer, eu égard à la qualité du sol et aux autres circonstances, un prix en rapport avec celui des autres propriétés du canton, et rien de plus. C'est au contraire d'après le taux de la rente des terres que se fixe la valeur vénale des propriétés rurales ; si ces deux valeurs s'accroissent généralement dans les mêmes circonstances, ce n'est pas du tout l'accroissement des prix de vente qui exerce quelque influence sur le taux de la rente, c'est au contraire l'élévation de ce dernier qui entraine à sa suite l'accroissement de la valeur foncière. Mais cette valeur se modifie aussi par les changements qui peuvent survenir dans les conditions des autres placements des capitaux, avec lesquels les acquisitions des propriétés foncières se trouvent en concurrence. Ainsi, lorsque la rente de la terre est à un taux très-bas, relativement au prix d'acquisition des domaines, cela signifie seulement que le prix des biens-fonds est très-élevé, par l'effet des circonstances de l'époque, relativement aux divers placements des capitaux.

L'expression *rente de la terre* n'est pas entièrement synonyme de loyer, car ce dernier mot ne peut s'appliquer qu'à la terre effectivement louée ou exploitée par un fermier, tandis que celle qui est cultivée par le propriétaire lui-même doit être considérée comme portant également sa rente : en effet, le propriétaire ne peut regarder comme un bénéfice de la culture que la portion du produit net qui excède le prix auquel il aurait pu louer son domaine, c'est-à-dire la rente de la terre. Il doit donc, de même que le fermier, prélever dans ses comptes cette rente sur le produit net; seulement, dans ce cas, le cultivateur se paie la rente à lui-même, tandis que le fermier la paie à un autre. Lorsque la rente de la terre a été prélevée sur le produit net, l'excédant de ce produit forme le bénéfice de la culture, et si l'exploitation a été en perte, cette perte ne peut être prise que sur la rente ou sur le capital d'exploitation.

Dans le système de métayage, la rente, quoique préle-vée sur le produit brut, ne peut réellement se former que d'une portion du produit net : cette portion est celle que le propriétaire peut se réserver en cédant au métayer le droit de cultiver la terre, sous la charge de maintenir inté-gralement le capital d'exploitation, ou en concourant avec lui dans de certaines limites, selon les stipulations en usage dans quelques pays, au maintien de ce capital.

Le plus mauvais sol porte une rente, car la terre inculte la moins fertile présente une valeur quelconque comme produit de la pâture des troupeaux. Mais, quelque faible que soit cette rente, il est bien possible que le même sol ne pourrait plus la supporter si on le soumettait à la culture, du moins dans son état actuel, parce qu'il ne possèderait pas un degré de fertilité suffisant pour couvrir, par ses pro-duits, l'excédant du capital d'exploitation qu'il faudrait lui consacrer ; en sorte que le produit net y deviendrait nul.

CHAPITRE V

DU CRÉDIT FONCIER ET DU CRÉDIT AGRICOLE

Tous les hommes qui ont porté leur attention sur l'état de l'agriculture en France ont reconnu que le défaut d'un capital suffisant forme presque partout l'obstacle principal aux améliorations les plus importantes. De là sont nés des projets divers, imaginés soit pour faciliter aux propriétaires des emprunts de capitaux, soit pour fournir aux cultivateurs, à l'aide de banques agricoles, les avances dont ils peuvent avoir besoin.

En faveur des institutions de crédit foncier, on a allégué ce qui s'est fait en ce genre avec de grands avantages dans diverses parties de l'Allemagne, où l'on a avancé aux propriétaires, sous certaines conditions, des capitaux dont ils avaient besoin pour réparer les dommages occasionnés dans leur domaine par les ravages de la guerre. On a atteint complétement le but, parce qu'on s'adressait là à une classe de propriétaires qui habitent leur domaine, qui s'occupent avec activité de leur exploitation, et qui presque tous en font valoir eux-mêmes une partie. On était assuré ainsi que les capitaux fournis par cette voie ne seraient pas employés à d'autres usages ou dépensés dans le luxe des villes.

En France, les circonstances sont entièrement différentes : lorsque des propriétaires font des emprunts, il est excessivement rare que ce soit pour améliorer la culture de leur propriété, et il n'y a pas le plus léger motif de croire que les nouvelles facilités qu'on leur procurerait pour emprunter des capitaux les détermineraient à donner à ces derniers une destination agricole. Ainsi, que l'on améliore le régime hypothécaire si on le peut, rien de mieux, mais il ne faut pas qu'on se persuade qu'il en résulterait un avantage réel pour l'agriculture.

Quant à d'autres combinaisons qui ont pour but de mobiliser la valeur des propriétés foncières encore plus qu'elle ne l'est par des inscriptions hypothécaires, les projets de cette nature ont été dictés par l'esprit commercial et spéculateur, mais les hommes qui les ont conçus n'ont pas compris les avantages que donne à la propriété foncière la fixité et la stabilité qu'elle doit à sa constitution immobilière. Au surplus, comme c'est un point sur lequel l'expérience a prononcé sur une partie du territoire français, je me contenterai de citer textuellement les renseignements qui m'ont été fournis par un propriétaire très-éclairé du midi de la France, sur les observations qu'il a été à portée de faire dans le département du Lot-et-Garonne.

« L'Agenais présente ce fait remarquable, bien digne de
» faire réfléchir ceux qui pensent, et ils sont nombreux et
» haut placés, que l'organisation du crédit agricole est la
» seule innovation qu'il soit nécessaire d'introduire mainte-

» nant dans l'économie sociale. Si l'on mobilise le sol, si
» ·l'on place des capitaux entre les mains des propriétaires,
» avant de leur avoir donné le goût des améliorations agri-
» coles, et la science pour les exécuter d'une manière pro-
» fitable, on n'arrive qu'à leur faciliter les moyens de man-
» ger leur fonds avec leur revenu ; et c'est ce qui est arrivé
» dans les environs d'Agen. Là le crédit foncier est orga-
» nisé depuis longtemps sur les plus larges bases, et sans
» qu'on ait eu besoin de modifier le régime hypothécaire.
» Des courtiers sous le nom d'agents de change sont char-
» gés par une vaste clientèle de capitalistes du placement
» de leurs fonds. Ils les prêtent à des propriétaires fonciers
» contre des effets de commerce pour une valeur à peu
» près égale à celle de leurs terres et sans autre garantie
» que la contrainte par corps. S'ils se défient un peu trop
» du personnage, ils prennent avec les billets faisant double
» emploi, une hypothèque divisible en un nombre de par-
» ties égal à celui des billets. Il n'y a pas d'exemple que
» personne ait rien perdu depuis plus de cinquante ans.
» Beaucoup de propriétaires ont tout mangé ; leurs do-
» maines ont été morcelés, vendus en détail, ce qui donne
» toujours 30 0/0 de plus que la valeur présumée. En
» somme, il reste à Agen très-peu d'anciennes familles qui
» aient conservé de l'aisance, et le morcellement s'accroit
» dans une effrayante proportion. »

Il en serait certainement de même partout en France,
si l'on parvenait à mobiliser la valeur du sol comme on le
désire. Quant au crédit agricole fondé sur des banques destinées à faire des prêts aux fermiers ou cultivateurs de

profession, on se trompe également en croyant que les institutions de ce genre pourraient produire quelques avantages dans l'état actuel de l'agriculture en France : les banques ne créent pas le crédit, elles lui fournissent seulement les moyens de s'exercer lorsqu'il existe. La première condition du crédit, c'est que ceux qui veulent en user méritent la confiance de ceux qui peuvent leur faire des avances. Or, c'est précisément là ce qui manque chez le plus grand nombre des cultivateurs de profession, ou même chez presque tous les propriétaires qui font valoir leurs domaines sans posséder les capitaux nécessaires à leur exploitation. Dans ces deux classes, tout homme qui a de l'ordre, de l'économie et quelque capacité, trouve à emprunter à un taux raisonnable les sommes dont il peut avoir besoin ; pour tous les autres, si le crédit agricole n'existe pas, c'est qu'il ne peut pas exister, et toutes les banques du monde n'y pourraient rien faire.

Il n'est vraiment qu'un moyen de faire que l'agriculture puisse disposer des capitaux dont elle a besoin, c'est qu'elle devienne profitable par le perfectionnement de ses méthodes et de ses procédés. Alors, beaucoup de propriétaires seront plus disposés à faire valoir eux-mêmes leurs domaines en y consacrant les capitaux nécessaires ; alors aussi, les cultivateurs, jouissant de plus d'aisance, acquerront plus d'instruction et seront plus en état d'établir dans leurs affaires, par quelques écritures, des moyens d'ordre sans lesquels le crédit n'est pas possible. Enfin, de l'accumulation des profits de la culture se formeront des capitaux dont une grande partie restera appliquée à l'industrie agricole.

Hors de là, qu'on en soit assuré, il n'y a pas de moyens de fournir à l'agriculture les capitaux dont elle a besoin pour prospérer.

Mais on tourne évidemment ici dans un cercle vicieux, car l'agriculture ne peut s'améliorer qu'à mesure de l'accroissement des capitaux qui lui sont consacrés. Ceci explique la lenteur avec laquelle les procédés de l'agriculture s'améliorent sur la surface d'un pays. Cette lenteur est dans la nature des choses. Depuis quarante ans, la France marche dans cette carrière d'un pas aussi rapide peut-être qu'il était permis de l'espérer. On ne doit rien négliger pour favoriser ce progrès, mais croire que les succès de ce genre peuvent s'improviser chez un peuple, c'est une illusion.

CHAPITRE VI

DU CONTRAT DE MÉTAYAGE

Dans le métayage, le propriétaire prélève chaque année, en nature, une portion des produits bruts du sol, ordinairement la moitié. Il fournit communément, sous le nom de *cheptel*, le bétail et même quelquefois les instruments aratoires nécessaires à l'exploitation du domaine. Cependant, dans quelques cantons, le colon partiaire ou métayer fournit la moitié des animaux et des instruments aratoires. Les stipulations varient d'ailleurs dans quelques-uns de leurs détails selon les usages des lieux. Ce mode d'exploitation, qui consiste en une véritable association entre le propriétaire et le cultivateur, a été usité dans une grande partie de l'Europe, à une époque où le numéraire était fort rare, et où les cultivateurs manquaient des capitaux nécessaires pour entreprendre l'exploitation des terres pour leur propre compte. Il a servi de transition entre l'état de servage des cultivateurs et le système du fermage, et il s'est propagé jusqu'à nos jours dans une partie considérable du territoire français.

Dans cette combinaison, le propriétaire qui apporte à la société la jouissance du domaine, fournit aussi dans le cheptel une partie du capital d'exploitation; une autre portion de ce capital se compose du travail du métayer et de sa famille pendant une année. Le cultivateur ayant vécu et fait subsister sa famille à l'aide de sa part dans les produits, et ayant subvenu de même à l'entretien et au renouvellement des bestiaux et du matériel, le capital reste en entier pour l'exploitation de l'année suivante. Mais un capital aussi restreint ne peut suffire à l'exploitation du sol que dans un état très-peu avancé des procédés de culture, et il ne peut guère recevoir d'accroissement, à moins de stipulations toutes différentes de celles qui sont en usage, du moins dans les combinaisons adoptées en France.

Pour un capital en numéraire, il n'y faut guère songer, car le propriétaire seul pourrait le fournir, et il se déter-minera bien rarement à en confier l'administration à un métayer qui ne lui offre aucune responsabilité. Il arrive trop souvent que ce dernier compromet même, par sa mauvaise gestion, le cheptel qui lui a été confié. D'ailleurs, si le propriétaire fournissait seul un capital quelconque en outre du cheptel ordinaire, comme il devrait en résulter un accroissement de produit brut, il faudrait établir de nouvelles bases pour le partage des fruits, car le proprié-taire aurait le droit alors de recevoir une plus forte part du produit brut, et jamais il ne se déterminerait à faire de semblables avances sans cette condition. Mais il est bien rare de trouver un propriétaire et un métayer assez éclai-rés tous deux pour poser d'avance des bases raisonnables à ce nouveau mode de partage. Il faut faire remarquer aussi que, dans ce cas, tout le produit brut ne peut plus être consommé, en partie par le propriétaire et en partie par le métayer ; mais il faut en réserver une partie qui représente une portion du capital d'exploitation lui-même, et qui doit servir à la production des années suivantes.

Si le cultivateur était lui-même, par ses moyens pécuniaires, en état de fournir une portion du capital autre que son travail, il ne voudrait plus être métayer : il prétendrait exploiter pour son propre compte, c'est-à-dire jouir seul, à l'aide d'un bail, pendant un nombre déterminé d'années, de l'excédant de produits qu'il obtiendrait à l'aide de l'accroissement du capital d'exploitation.

Le système de métayage, tel qu'il existe presque partout en France, est donc particulier à un état donné et très-peu avancé de l'art agricole ; et cet état demeure stationnaire par la nature des choses, parce que les produits ne peuvent s'augmenter qu'à l'aide d'un accroissement de capital, tandis que cet accroissement ne peut être fourni, dans cette combinaison, ni par l'une ni par l'autre des parties. Il ne peut être fourni non plus par le domaine lui-même, c'est-à-dire par une accumulation de ses produits, puisque chaque année ces produits sont partagés et consommés, sauf la portion strictement nécessaire pour entretenir le capital dans son état primitif.

Beaucoup de propriétaires éclairés, dans les cantons où le métayage est usité, sentent parfaitement les vices de ce mode d'exploitation ; mais la difficulté est d'en sortir, avec des cultivateurs restés pauvres par les effets de cette combinaison elle-même, et ignorants par suite de l'état misérable dans lequel ils vivent. Le moyen le plus prompt que puisse employer un propriétaire pour se soustraire à un tel état de choses, qui exclut toute amélioration dans la culture et tout accroissement dans ses revenus, consiste certainement à se mettre lui-même à la tête d'une exploitation agricole, à fournir à cet effet le capital nécessaire, et à employer comme agents salariés les métayers, qui trouveront aussi presque toujours dans ce changement une amélioration à leur sort. C'est là ce qu'ont fait avec succès, dans ces derniers temps, un assez grand nombre de propriétaires du midi, du centre et de l'ouest de la France, où le système de métayage s'est surtout propagé. Le succès est infaillible dans cette carrière pour tout propriétaire qui possède d'ailleurs les connaissances, les dispositions et les qualités personnelles nécessaires à la réussite d'une entreprise agricole.

Les propriétaires qui ne veulent pas faire valoir par eux-mêmes, et qui désirent cependant tirer parti du métayage pour faire faire quelques progrès à l'agriculture sur leurs domaines, doivent s'efforcer de trouver quelque combinaison dans laquelle les métayers pourraient contribuer à une amélioration durable du sol, dans une proportion à peu près équivalente à la somme qu'ils fourniraient eux-mêmes pour cette amélioration. Par exemple, dans les cantons où l'emploi de la chaux augmente beaucoup la fertilité des terres, le propriétaire peut proposer au métayer de payer lui-même le prix d'achat de la chaux, à condition que le métayer se chargera des frais de conduite et d'emploi. Par quelques combinaisons de cette nature, un propriétaire intelligent pourra augmenter graduellement l'aisance de ses métayers, en même temps qu'il accroîtra ses propres revenus ; si heureusement il possède des connaissances en agriculture, les opérations de ce genre lui seront d'autant plus faciles que le métayage, quoique constituant un véritable acte de société, laisse cependant aux propriétaires de grands moyens d'influence sur les métayers, qui ne sont en quelque sorte que des valets dont le salaire consiste en une portion des produits. Il ne s'agit donc que de faire en sorte que les métayers soient bien persuadés que les opérations qu'on leur propose auront réellement pour effet un accroissement dans les produits, et l'on peut être assuré qu'ils y contribueront dans les limites d'action qu'ils possèdent.

Au surplus, le but le plus avantageux que les propriétaires puissent se proposer, est d'élever au rang de fermiers les cultivateurs soumis au métayage, ou du moins ceux d'entre eux qui montreront le plus d'intelligence et le désir de parvenir à une condition meilleure. En effet, dès qu'on en aura fait des fermiers, on aura fait disparaître la combinaison qui s'opposait le plus aux améliorations de la culture ; le fermier aura alors un intérêt personnel à l'accroissement des produits du sol, seule base possible de l'augmentation des revenus du propriétaire. Mais, pour que les métayers deviennent des fermiers, il faut qu'ils acquièrent un capital, et ils ne peuvent l'acquérir que par des profits sur la culture du domaine. Le propriétaire doit donc rechercher les combinaisons dans lesquelles il pourra donner aux métayers la facilité de se procurer personnellement quelques profits, en dehors du partage des fruits, car ce partage tend incessamment à dissiper le capital au moment même où il pourrait se former.

Ici, il faut qu'un homme éclairé s'élève au-dessus du sentiment d'étroite jalousie qui porte tant de propriétaires, surtout dans les pays de métayage, à croire que c'est seulement à leurs dépens que les cultivateurs peuvent faire quelques profits. On comprend mieux les intérêts du propriétaire dans les pays où le système de fermage est usité depuis longtemps : là, un propriétaire éclairé s'applaudit de voir son fermier s'enrichir, parce qu'il sait bien que son domaine y gagnera.

Pour la transition d'un système à l'autre, le propriétaire doit s'efforcer de trouver une combinaison qui permette au métayer de faire des profits personnels sans apporter de diminution à ses propres revenus. Pour une augmentation, il faut qu'il sache l'attendre du temps et des améliorations de la culture : le désir des propriétaires d'obtenir un accroissement immédiat de revenus est l'obstacle qui s'est le plus fréquemment opposé, dans les pays de métayage, à toute amélioration agricole qui eût été la source certaine d'un accroissement de revenus dans l'avenir.

Une des combinaisons qui semblent les plus propres à atteindre ce but, et qui a réussi à plusieurs propriétaires, consiste à fixer, avec le métayer, les bases d'un abonnement annuel pour la portion qui doit revenir au propriétaire dans les produits du bétail, moyennant le paiement d'une redevance égale à la somme que le propriétaire en tire communément. Le cultivateur est intéressé, dès ce moment, à augmenter le nombre des bestiaux et à les mieux nourrir ; mais il faut presque toujours que le propriétaire accroisse l'étendue des étables, et les stipulations doivent fournir au métayer les moyens d'augmenter son approvisionnement en fourrage. Il est nécessaire de lui accorder la jouissance exclusive du produit des prairies artificielles et des racines qu'il pourrait cultiver, dans les limites qui lui auront été tracées par les conventions. Quand même il devrait en résulter quelque diminution dans l'étendue des terres consacrées aux produits soumis aux partages, le propriétaire n'y perdrait vraisemblablement rien ; il aurait plutôt à y gagner après un petit nombre d'années, car, avec un plus grand nombre de bestiaux ou du bétail mieux nourri, le cultivateur recueillera plus d'engrais et fumera mieux les terres, dont les produits s'accroîtront à proportion.

Le pas le plus important, dans cette période de l'art agricole, consiste à remplacer par d'autres fourrages au moins une bonne partie de la paille qu'on emploie à la nourriture des animaux ; car les céréales ne produisent dans cette situation qu'une très-petite quantité de paille, et cette dernière est, aussi bien que le bétail, un élément indispensable de la production du fumier. C'est donc vers ce but que le propriétaire doit diriger ses vues : la fertilité du domaine s'accroîtra en même temps que les profits du colon sur des bestiaux mieux nourris.

Plus tard, lorsque le colon présentera quelque garantie pécuniaire au moyen de ses épargnes, on pourra convertir en une redevance fixe la part du propriétaire dans une partie ou dans la totalité des récoltes soumises au partage.

Cette redevance devra, dans beaucoup de cas, être d'abord fixée en nature, et ensuite, le plus tôt qu'on le pourra, en numéraire. Le propriétaire appréciera dans sa prudence les cas où il convient d'accorder au colon la sécurité d'un bail de quelques années d'abord, et ensuite plus long, à mesure que les facultés pécuniaires du colon s'accroîtront. Mais on peut être assuré que cette sécurité présente pour le cultivateur le plus puissant moyen d'accroître les produits du domaine; pendant tout le temps des baux de courte durée, il faut que le propriétaire inspire assez de confiance à ses colons, pour que ces derniers soient convaincus qu'à l'époque du renouvellement, on ne se prévaudra pas de l'accroissement de produits qu'ils ont obtenu, pour porter l'augmentation de la redevance jusqu'aux limites qui ne leur laisseraient plus de profit à continuer le cours de leurs améliorations agricoles.

C'est ainsi qu'on pourra graduellement amener à l'état de fermiers les colons partiaires. Il faut cependant, pour que la métamorphose soit complète, que le fermier soit en état de racheter le cheptel, et de devenir lui-même possesseur des bestiaux et des instruments. Car le cheptel, dans le système de fermage, comme on le rencontre encore dans quelques cantons, est un reste du métayage; c'est une combinaison qui ne convient ni aux intérêts du propriétaire ni à ceux du fermier. Mais tout cela ne peut s'opérer, comme je l'ai dit, qu'à l'aide des profits que le cultivateur aura faits dans l'exploitation. Il est bien certain que tous les métayers ne sont pas propres à s'élever ainsi d'un degré dans leur profession, mais lorsqu'ils y seront stimulés par un intérêt manifeste, il se trouvera parmi eux des hommes doués d'intelligence et d'activité qui seconderont bien les vues des propriétaires : lorsque beaucoup de ces derniers agiront dans cette direction dans une contrée assujettie au métayage, on verra bientôt s'y former des cultivateurs industrieux, et l'ancien système disparaîtra graduellement.

Au surplus, l'exécution d'un tel plan est seulement à la portée des propriétaires qui font leur résidence sur leurs domaines, qui connaissent personnellement leurs métayers, qui observent leurs opérations, et qui sont en état d'apprécier les qualités personnelles des hommes et le mérite ou le défaut de leur culture. C'est seulement à cette condition que les propriétaires peuvent connaître le degré de confiance qu'il convient d'accorder à chaque métayer, et qu'ils peuvent régler en conséquence leur conduite à leur égard, sans compromettre leurs propres intérêts. Il est à peu près indispensable même qu'un propriétaire placé dans cette position possède des connaissances positives en agriculture, car, dans cette période de transition, les propriétaires exercent encore une grande influence sur les cultivateurs, et ceux-ci ne peuvent se passer de bons conseils pour entrer dans la carrière qu'on ouvre devant eux. La tâche sera bien plus facile au propriétaire qui, cherchant à diriger ses métayers dans cette voie, fera valoir lui-même pour son compte une ou deux métairies dans lesquelles il donnera l'exemple des procédés de culture qu'il conseille aux autres d'adopter, et dans lesquelles aussi il apprendra à connaître le mérite réel de ces procédés, et les difficultés que l'on peut rencontrer dans leur application aux circonstances locales.

Quelques personnes croiront sans doute qu'il serait fort difficile de trouver parmi les métayers des dispositions favorables à la réussite d'un plan de ce genre. Mais que l'on remarque bien que les défauts qu'on reproche chaque jour si amèrement à cette classe d'hommes, l'apathie, l'insouciance et la résistance passive à toute innovation, sont un résultat inévitable de leur position actuelle : l'homme plongé dans la misère, et qui ne peut entrevoir aucune amélioration à son sort, ne peut songer à l'avenir. Lorsque le propriétaire ne s'occupe que des moyens de le pressurer, en ne lui laissant que ce qui est strictement nécessaire pour que sa famille arrive à la fin de l'année sans mourir de faim, la torpeur morale et la défiance contre tout ce qu'on lui demande hors du cercle de ses habitudes, sont les seuls sentiments qu'on doive attendre de lui. Le premier point, de la part du propriétaire, sera d'obtenir que ses colons soient bien convaincus qu'il place son propre intérêt dans l'amélioration de leur sort, et que c'est seulement dans l'avenir qu'il veut obtenir une augmentation de revenus, comme une conséquence de l'état d'aisance dans lequel il les aura placés par l'introduction d'un meilleur système agricole. C'est par des actes soutenus avec persévérance, et non pas par des paroles seulement, qu'on peut porter cette persuasion dans l'esprit des colons. Mais dès qu'on y sera parvenu, on peut être assuré qu'on trouvera chez eux des dispositions qui répondront aux vues des propriétaires.

Je ne puis trop, au surplus, recommander aux personnes qui voudraient se livrer à des améliorations de cette nature, de lire et de méditer un ouvrage spécial sur cette matière, publié par M. de Gasparin, sous le titre de *Guide du propriétaire des biens ruraux soumis au métayage*. Cette matière y est traitée avec une rare sagacité, par un homme qui a acquis beaucoup d'expérience personnelle sur ce mode d'exploitation.

CHAPITRE VII

DU BAIL A FERME

Dans le système de fermage, il importe beaucoup au propriétaire de combiner avec réflexion les stipulations qu'il insère dans les baux, car c'est de ces stipulations que dépendront essentiellement les améliorations que pourra recevoir la culture du domaine. Il n'importe pas moins au cultivateur de n'accepter que les stipulations qui apporteront le moins d'entraves possible au développement de son industrie. Autrefois, les baux à ferme stipulaient généralement l'obligation, de la part du fermier, de s'assujettir rigoureusement à l'assolement triennal, sans pouvoir *dessoler* aucune pièce de terre. Cette stipulation était sage dans la combinaison agricole du temps, car elle avait pour but de prévenir des abus qui ne pouvaient qu'être préjudiciables au domaine, à une époque où la culture rurale ne s'exerçait que sur trois ou quatre espèces de plantes, toutes de la famille des céréales. Pour le propriétaire qui croirait aujourd'hui qu'il convient à ses intérêts de repousser l'introduction des prairies artificielles et des plantes sarclées dans son domaine, une telle stipulation pourrait

être encore convenable; mais je ne crois pas qu'il soit nécessaire de combattre sérieusement une telle idée.

J'irai plus loin, et je dirai qu'il ne convient d'insérer
dans un bail aucune stipulation qui astreigne le fermier à
un mode particulier d'assolement, ce mode fût-il beaucoup
meilleur que l'assolement triennal, dans l'état actuel de
l'industrie agricole. Je ne conseillerais du moins à aucun
fermier de se laisser brider par de semblables prescriptions. Ce n'est jamais que d'après ses propres connaissances qu'il doit apprécier l'assolement auquel on voudrait
l'assujettir ; et malheur à celui qui s'abandonnerait, à cet
égard, aux inspirations d'un propriétaire qui de la meilleure foi du monde, peut-être, croirait prescrire à son fermier le meilleur de tous les assolements possibles. Mais
quelles que soient les idées du fermier sur ce sujet à
l'époque où il contracte, son opinion sera peut-être beaucoup modifiée dans la suite par une connaissance plus
approfondie de la nature des terres, et d'une multitude de
circonstances qui peuvent rendre telle combinaison d'assolements plus profitable pour lui que celle qu'il avait d'a-
bord considérée comme la meilleure. Le fermier doit
donc rester libre de régler les assolements de la manière
la plus convenable à ses intérêts.

En général on doit être, dans un bail, très-sobre de prescriptions ou de restrictions; et un bon bail sera toujours fort
court, car un grand nombre des stipulations qu'on y insère
communément ne sont qu'un aliment à l'esprit de chicane,
sans pouvoir offrir au propriétaire des garanties réelles. Le
code civil a prévu et réglé avec équité les principaux cas

où les intérêts du fermier peuvent se trouver en opposition avec ceux du propriétaire. Il ne reste à fixer entre les parties que quelques stipulations particulières à leurs conventions, ce qui peut toujours se faire en un très-petit nombre de pages : une feuille de papier timbré suffira presque toujours à celui qui ne veut mettre dans un bail que ce qui est réellement utile.

Il est certain qu'à l'aide de telle succession de récoltes, un fermier qui ne rendrait pas à la terre, par des engrais, les principes de fertilité qu'il fait tourner à son profit, peut épuiser le sol au préjudice du propriétaire. Il y a là une difficulté très-grave pour les stipulations des baux à ferme, car il est fort difficile que des stipulations, quelles qu'elles soient, préviennent complétement les abus que peut commettre un fermier avide, sans imposer en même temps à un cultivateur honnête et de bonne foi des entraves très-préjudiciables à ses intérêts, et que n'accepterait pas un homme expérimenté.

Il y a donc toujours, dans les rapports qu'établit le propriétaire entre lui et son fermier, une certaine part qu'il faut laisser à la confiance et à la probité. Mais la seule solution efficace de la difficulté que je viens d'exposer se trouve dans la durée des baux : à mesure que le fermier est assuré d'une plus longue jouissance, ses intérêts s'identifient davantage avec ceux du propriétaire, puisqu'il doit naturellement s'efforcer de porter le domaine, du moins pendant la durée de sa jouissance, au plus haut point de produit qu'il le peut. Il y a ici une distinction très-importante à faire, d'après le degré de fertilité auquel était déjà porté le domaine avant la prise de possession du fermier. C'est pour les domaines les moins riches et les moins avancés par l'état de culture où ils se trouvent, qu'il importe le plus que les baux soient d'une longue durée. Dans un sol déjà très-fertile, et qu'un propriétaire ne veut que conserver dans le même état, un bail de neuf ou dix ans peut suffire ; car on ne peut pas raisonnablement en stipuler d'une moindre durée. Dans ce cas, un fermier intelligent s'efforcera, pendant les trois ou quatre premières années de sa jouissance, d'accroître encore autant qu'il le pourra la fertilité des terres. La période moyenne de son bail sera pour lui celle de la jouissance, sans amélioration ni détérioration du domaine, mais, dans les trois dernières années, il pourra réellement trouver plus de profit à épuiser le sol qu'à le conserver dans le même état. Il est certain toutefois que la détérioration causée ainsi par le fermier pendant les dernières années de sa jouissance ne peut s'étendre bien loin, même en supposant qu'il ne consulte que ses intérêts les plus rigoureux.

On a souvent exagéré beaucoup les résultats de cette détérioration ; dans le cas où le fermier a réellement amélioré les terres dans les premières années de sa jouissance, il n'est guère en son pouvoir de les laisser, après la durée d'un bail de neuf ans, dans un état pire que celui où il les a reçues.

Mais c'est pour les terres encore pauvres et dans un mauvais état de culture, qu'un bail d'une durée beaucoup plus longue est indispensable, si l'on veut que le fermier ait intérêt à améliorer le sol, car cette amélioration ne

peut être le résultat que d'une culture prolongée pendant
une période assez étendue, et de sacrifices faits par le cultivateur pendant les premiers temps de sa jouissance. Aucun
homme raisonnable ne se déterminera à faire ces sacrifices, s'il n'est assuré de jouir pendant assez longtemps
pour en recueillir les fruits. Un cultivateur expérimenté
ne consentira à entreprendre une telle tâche qu'à l'aide
d'un bail de vingt ou même de trente ans, ou davantage
encore, suivant les circonstances. Un propriétaire éclairé
ne refusera pas d'y consentir, car si son fermier possède
les capitaux et les connaissances nécessaires, la perspective d'une augmentation de revenus à la fin du bail est
certaine ; tandis qu'il est aussi certain que le domaine restera stationnaire dans son état misérable, s'il est exploité,
pendant la même période de temps, par plusieurs baux
successifs de courte durée. L'idée d'un accroissement progressif de fermage, à des époques déterminées d'avance, se
présente naturellement aux propriétaires qui consentent à
accorder de longs baux, et il semble naturel, en effet, que
le fermier paie une rente plus élevée à mesure que les
produits du domaine s'accroîtront. On ne peut certainement pas réprouver sans réserve les stipulations de cette
nature, mais un cultivateur prudent ne les contractera
jamais qu'avec beaucoup de circonspection, car les résultats peuvent tromper considérablement ses prévisions,
relativement à l'époque à laquelle il pourra obtenir dans
les produits du domaine l'augmentation qu'il en attendait.
En définitive, ces augmentations sont le fruit de son industrie et de ses capitaux : il a donc bien le droit d'en jouir,

ou du moins d'en prélever une large part. Il est certain
toutefois que dans un très-grand nombre de cas, un fermier riche et expérimenté auquel on accorde un bail de
longue durée, peut, avec profit pour lui, en payer un fermage plus élevé qu'il ne pourrait le faire avec un bail
court.

On a imaginé diverses combinaisons pour éviter les
inconvénients de la divergence des intérêts entre le propriétaire et le fermier, pendant la dernière période des
baux. Celle qui semble le plus généralement applicable est
la méthode que M. *Coke de Holkham* a adoptée le premier
envers ses fermiers, et qui a été imitée par d'autres propriétaires de la Grande-Bretagne. Cette méthode consiste,
de la part du propriétaire, à accepter le rachat des années
déjà écoulées de la jouissance du fermier. Cela suppose
que le bail était primitivement stipulé pour une longue
durée, car ce n'est qu'ainsi que l'on peut attendre du fermier des améliorations d'une certaine importance, pendant
les premières années de sa jouissance. Mais lorsque ces
améliorations ont été exécutées, lorsque le fermier peut
apprécier par l'expérience déjà acquise les résultats de ces
améliorations, et lorsqu'il a commencé à en recueillir des
profits, il peut, s'il désire se procurer de la sécurité dans
l'avenir, offrir au propriétaire de racheter une ou plusieurs
années de la jouissance déjà écoulée, c'est-à-dire de pro-
longer, pour un égal espace de temps, sa jouissance
au delà du terme convenu pour le bail. Si le propriétaire
accepte cette offre, il débat avec le fermier le prix de ce
rachat, que le fermier doit payer comptant.

Chez **M.** Coke, que la mort a enlevé depuis peu d'années, les choses étaient depuis longtemps arrangées de telle manière, que presque tous les fermiers de ses vastes propriétés rachetaient tous les ans une année de leur bail : de cette façon chacun d'eux, avait constamment en perspective une égale durée à sa jouissance future. Des motifs graves de mécontentement pouvaient seuls déterminer M. Coke à refuser d'admettre le rachat d'un fermier, et alors ce dernier voyait chaque année s'approcher le terme de sa jouissance. Pour tous les autres, le prix du rachat n'était pas uniforme, mais se réglait d'après l'état de prospérité des affaires du fermier, et d'après le bénéfice qu'il trouvait à exploiter le domaine.

Cette combinaison offre donc au propriétaire le moyen d'escompter à l'avance, par un accroissement de revenu annuel, l'augmentation qu'il aurait pu espérer dans le taux du fermage après l'expiration du bail. Mais cet accroissement a lieu graduellement et dans la proportion des bénéfices que le fermier trouve réellement dans son exploitation, ce qui est bien préférable, dans l'intérêt des deux contractants, à des augmentations successives stipulées à l'avance, d'après des bases qui ne se réaliseront peut-être pas. Le bail devient, par cette combinaison, en quelque sorte perpétuel, de sorte que le fermier a intérêt à accroître sans cesse les produits du domaine par de nouvelles améliorations, tandis que le propriétaire peut accroître progressivement le prix du rachat, et par conséquent ses revenus annuels, puisque chaque année le prix de rachat vient se joindre, à son profit, au fermage stipulé par le bail. D'un autre côté, cette perpétuité de bail est toujours facultative pour le propriétaire, puisqu'il est libre de refuser de consentir au rachat. Le fermier se trouvera ainsi expulsé à une époque qui ne peut pas être très-éloignée ; car, en supposant que le bail eût été stipulé primitivement pour vingt ans, et que le fermier ait fait des améliorations notables pendant les dix premières années, il peut suffire alors d'accorder annuellement le rachat d'une année, ce qui réduit la durée du bail à dix ou onze années, période suffisante pour que le fermier soit intéressé à continuer ses améliorations.

Il était digne d'un propriétaire aussi éclairé que M. Coke d'adopter et de propager une combinaison aussi ingénieuse, et qui tend si bien à identifier les intérêts du propriétaire à ceux du fermier. Tout le monde sait en Angleterre que M. Coke, pendant le cours de sa longue carrière, a décuplé le revenu de sa propriété, et qu'il s'est élevé par ce moyen au rang des plus opulents propriétaires des trois royaumes. La marche qu'il a suivie pour obtenir ces résultats mérite d'être connue de tous les propriétaires fonciers. M. Coke, habile agriculteur lui-même, et habitant constamment ses terres, comme ont coutume de le faire les grands propriétaires anglais, commença vers 1770 par exploiter lui-même une des fermes de son domaine, située dans le comté de Norfolk, et, au moyen de l'introduction d'un bon assolement, il en accrut considérablement les produits. Il l'afferma ensuite pour un long bail à un cultivateur qu'il savait posséder les moyens de continuer ses améliorations. Il agit ensuite de même pour une autre ferme, et l'exemple des résultats qu'il obtenait dans les fermes qu'il faisait valoir lui-même détermina tous ses autres fermiers, auxquels il accordait libéralement de longs baux, à entrer dans la même carrière d'améliorations ; il recueillait toujours sa part des accroissements de produits, au moyen du système des rachats.

Il faut bien dire au reste qu'un tel résultat n'est à la portée que d'un propriétaire éclairé, résidant constamment sur les lieux, bienveillant pour ses fermiers, les connaissant personnellement, et capable d'apprécier, pour chacun d'eux, les procédés de culture, les soins d'administration, les qualités personnelles de l'homme et les profits qu'il fait réellement dans son exploitation ; car ce n'est qu'à ces conditions que le propriétaire peut accord··· ou refuser à propos le rachat offert par un fermier et en fixer le prix de la manière la plus convenable à ses intérêts, mais sans dépasser la limite de la portion des profits annuels que le fermier peut raisonnablement sacrifier pour obtenir une prolongation de jouissance. Une telle combinaison échouera toujours entre les mains d'un propriétaire avide qui regardera comme lui appartenant naturellement les bénéfices que le fermier recueille dans l'exploitation de sa propriété, ou d'un propriétaire peu expérimenté dans ces matières, qui s'exagérera, d'après des rapports officieux, les profits que le fermier obtient réellement. Beaucoup de personnes diront sans doute que les fermiers seront, de leur côté, peu disposés à entrer franchement dans une telle combinaison ; et cela est vrai, si l'on considère les fermiers tels que les ont faits généralement les relations établies jusqu'ici entre eux et le plus grand nombre des propriétaires. Mais cette combinaison offre précisément le moyen le plus efficace de changer les dispositions morales de cette classe d'hommes, en les habituant à sentir que les intérêts du propriétaire sont intimement liés aux leurs, et que ce n'est qu'en leur facilitant à eux-mêmes les moyens d'obtenir des bénéfices de leurs entreprises, que les propriétaires pourront concevoir l'espérance d'accroître leur revenu à l'aide du sacrifice librement consenti par le fermier, d'une portion de ce bénéfice, pour s'assurer une prolongation de jouissance.

L'époque de l'année à laquelle le fermier entre en jouissance varie selon les localités. Partout cette époque a été fixée d'après les convenances des anciens systèmes de culture, et souvent il pourra convenir de déterminer une époque différente. Le choix de cette époque présente, au reste, une question fort difficile dans les divers systèmes de culture ; on peut dire seulement qu'il faut choisir le moment de l'année où le fermier a pu disposer de la plus grande partie des produits de la récolte précédente. C'est généralement dans le courant de l'hiver ou au commencement du printemps que l'on trouve à fixer une époque où cette condition peut être le mieux remplie. Mais alors le fermier laisse derrière lui tous ses ensemencements de grains hivernaux : s'il faut qu'il revienne à l'époque de la moisson pour en opérer la récolte, il en résulte de très-grands embarras pour lui, ainsi que pour le nouveau fermier, qui doit laisser à sa disposition pendant fort longtemps encore une partie des bâtiments d'exploitation.

En Angleterre, on a tranché cette difficulté très-grave par la seule solution raisonnable. On a établi en principe que la jouissance de tous les biens affermés doit être toujours entière et jamais partielle. En conséquence, on stipule dans les baux que le fermier, à sa sortie, devra abandonner à son successeur, au taux d'une estimation faite par des experts, toutes les récoltes ensemencées et les fumiers existants dans la ferme, ainsi que les pailles de la récolte précédente qui dépasseraient la quantité que le fermier est tenu de laisser d'après les stipulations de son bail. Le fermier sortant est indemnisé de même du prix des labours qu'il a dû faire exécuter sur une partie de l'étendue des terres, pour les préparer à la récolte qui doit suivre, et le prix de ces labours est fixé par les experts d'après le mérite de leur exécution.

On stipule souvent aussi que le fermier sortant recevra, d'après l'estimation des mêmes experts, une indemnité pour telle étendue de trèfle ou de luzerne qu'il laissera en bon état à sa sortie. En revanche, le fermier sortant est tenu de payer à son successeur, toujours d'après l'estimation des experts, une indemnité convenable pour toutes les réparations à sa charge qu'il n'aurait pas fait exécuter dans les bâtiments, dans les clôtures ou les fossés, et pour tous les manquements aux stipulations de son bail qui peuvent porter préjudice à son successeur. De cette manière, tout se règle entre les deux cultivateurs à l'aide d'une seule balance de chiffres, et le nouveau fermier entre immédiatement en possession pleine et entière du domaine, tandis que l'autre peut porter ailleurs son industrie et son capital, libre des soins et des embarras qui l'auraient rappelé encore pendant longtemps au siége de l'exploitation qu'il a quittée. Des cultivateurs probes et expérimentés sont toujours choisis pour ces expertises : à l'aide de l'habitude que l'on a acquise dans ce pays, elles se font avec une grande promptitude, et presque dans tous les cas en balançant avec autant d'équité qu'il est possible les intérêts et les opérations des deux parties.

C'est là un exemple qu'il conviendra certainement d'imiter, partout où les fermiers sont généralement assez riches pour pouvoir s'acquitter, à leur entrée, de la somme dont ils seront redevables envers leurs devanciers. Ce n'est là au reste qu'une avance, puisque cette somme représente des valeurs dont ils pourront récupérer au moins la plus grande partie dans l'année. Il faut faire remarquer aussi que si cet usage était généralement adopté, le cultivateur qui change de ferme aurait d'un côté à recevoir le montant de ses indemnités, pendant qu'il aurait à en payer de l'autre.

Les arrangements de ce genre présentent tant d'avantages, que dans le cas où le cultivateur entrant serait hors d'état de s'acquitter de ces indemnités, il conviendra souvent que le propriétaire les prenne à son compte envers le fermier sortant, moyennant des arrangements avec le nouveau fermier, pour s'en faire rembourser dans un délai déterminé, et en l'obligeant par son bail à laisser de même à sa sortie, soit à son successeur, soit au propriétaire, les objets de même nature, moyennant indemnité. Mais il faudrait bien se garder de stipuler simplement que le fermier laissera gratuitement à sa sortie, en remplacement de ce qu'il a reçu à son entrée, telle quantité d'objets de telle nature, ou telle étendue de terre labourée ou ensemencée d'une récolte déterminée ; car alors le fermier n'aurait aucun intérêt, ni à laisser des denrées de bonne qualité, ni à disposer ses cultures de manière à assurer le succès des récoltes qu'il devait laisser. C'est toujours d'après le jugement d'experts consciencieux que doit être réglée la valeur réelle des objets.

Les fermiers sont toujours chargés des *réparations locatives* dans les bâtiments d'habitation et d'exploitation : les grosses réparations restent communément à la charge du propriétaire. C'est là un mode extrêmement vicieux dans l'intérêt du propriétaire, attendu que c'est à l'aide des petites réparations, faites à propos, qu'on évite des dégradations qui ne peuvent ensuite être réparées qu'à grands frais. Le fermier étant constamment sur les lieux, est beaucoup plus à portée que le propriétaire de reconnaître et de faire réparer à leur naissance ces dégradations. Il convient donc qu'il demeure chargé des réparations grosses et petites, et qu'ayant reçu à son entrée les bâtiments en bon état, *à dire d'experts,* il soit tenu de les rendre de même à sa sortie. Le fermier soigneux évitera ainsi de son côté les embarras incalculables que cause l'incurie de beaucoup de propriétaires, qui ne consentent qu'à la dernière extrémité à faire exécuter les réparations les plus urgentes, lorsqu'elles sont à leur charge. De toute manière, les grosses réparations peuvent toujours être exécutées à moins de frais par le fermier que par le propriétaire. C'est

donc le premier qui doit raisonnablement en être chargé ;
le propriétaire doit conserver le droit de faire visiter les
bâtiments lorsqu'il le voudra pendant la durée du bail, afin
de s'assurer que cette obligation est fidèlement exécutée.

Mais aussi il ne faut pas que le propriétaire prétende
imposer cette dépense au fermier comme une charge de
peu d'importance, et qui ne devrait pas être compensée
par une diminution raisonnable dans le prix du fermage.
C'est au contraire une charge très-lourde, dont il répugne
à beaucoup de fermiers de se charger. Cependant des
hommes expérimentés peuvent, d'après une visite des bâtiments faite par un homme de l'art, reconnaître approxi-
mativement à quelle somme pourront se porter en moyenne,
par année, les réparations nécessaires pour les remettre à
la fin du bail dans le même état où ils se trouvent actuellement. Car ici, par l'expression en bon état, on ne doit pas
entendre que toutes les parties des bâtiments seront neuves
ou presque neuves, mais qu'elles pourront encore servir
dans l'état où elles sont, sans qu'il y ait urgence pour un
homme soigneux d'y faire des réparations. Lorsque la dépense annuelle des grosses réparations a été déterminée
raisonnablement, le fermier ne doit pas hésiter à s'en charger, moyennant la diminution d'une somme égale sur le
montant du fermage qu'il serait disposé à donner pour la
jouissance du domaine.

Les fermiers sont généralement disposés à demander
d'être autorisés par leur bail à mettre en culture quelques
prés dépendant du domaine. Il est certain que dans beaucoup de cas, des prés d'un médiocre produit peuvent être

rompus et convertis en terres arables sans qu'il en résulte de préjudice pour l'exploitation, pourvu qu'on les remplace par des prairies artificielles. Cependant, comme les prés nouvellement rompus sont une source féconde de produits pour le fermier, le propriétaire a bien le droit d'exiger une compensation à cet avantage. On stipule quelquefois que le fermier sera tenu de remettre ces terrains en nature de prés avant sa sortie, mais c'est là une clause qui doit inspirer peu de confiance au propriétaire, avec le plus grand nombre des fermiers : non-seulement c'est un art peu connu que celui de faire des prés, mais on ne peut en faire de bons qu'à l'aide d'une préparation coûteuse. Si le fermier doit rétablir les prés quatre ans au moins avant sa sortie, il aura intérêt à ne rien négliger pour qu'ils soient faits avec tous les soins convenables ; mais si l'on se contente de dire que les prés devront être ensemencés et bien venant à l'expiration du bail, le fermier pourra laisser des terrains ensemencés en graines de prairies, qui ne feront pas de longtemps de véritables prés.

J'ai dit, au commencement de ce chapitre, qu'il ne convenait pas de prescrire au fermier un assolement quelconque. Cependant, pour les trois ou quatre dernières années du bail, pendant lesquelles il est le plus à craindre que le fermier abuse de ses droits pour épuiser les terres, il peut convenir de lui imposer quelques restrictions, mais qui ne devraient jamais aller jusqu'à lui interdire la succession de deux céréales pendant cette période, comme sont généralement portées à le faire les personnes encore imbues de certaines doctrines agricoles. Il suffirait d'interdire au fermier, pendant cette période, de cultiver en froment ou en toute autre céréale une terre qui aurait déjà produit deux récoltes de céréales successives. Au surplus, l'obligation pour le fermier de conserver son bétail pendant cette période, comme je le dirai tout à l'heure, forme la meilleure garantie que le propriétaire puisse exiger de lui.

L'interdiction de vendre des pailles est généralement stipulée par les baux à ferme : elle est raisonnable, car une ferme ne peut guère produire plus de paille que le cultivateur actif ne peut en employer comme matière première du fumier, pourvu que les étables soient d'une étendue suffisante. Il faut néanmoins excepter les localités où les cultivateurs trouvent à vendre la paille à des prix élevés, et où ils la remplacent par des achats de fumier. Ici, c'est l'intérêt même du cultivateur qui doit le déterminer à acheter des fumiers en quantité suffisante, car toute stipulation à cet égard serait illusoire, et ne pourrait qu'offrir des ressources à l'esprit de chicane. Quant à la vente des fumiers produits dans l'exploitation, il est entendu qu'elle doit être interdite au fermier dans tous les cas.

A l'époque où l'étendue des prairies était limitée et fixe, il était naturel aussi d'interdire aux fermiers de vendre des fourrages, quand l'étendue des prés n'était que suffisante pour la nourriture du bétail de la ferme. Mais lorsqu'on peut produire des fourrages à volonté, comme par exemple dans le système des prairies artificielles, il est entièrement déraisonnable d'interdire au fermier de vendre ce produit, s'il trouve plus de profit à faire de la luzerne que du froment pour en alimenter les marchés. Il est certain même que la fertilité du sol ne pourra qu'y gagner, si le fermier donne la préférence aux fourrages comme produit de vente.

De toutes les stipulations qui peuvent donner au propriétaire une garantie contre l'épuisement du sol par le fait du fermier, je crois que la plus efficace consisterait à fixer un nombre déterminé de têtes de bétail, comme le minimum de celles que ce dernier devrait constamment entretenir, soit pendant toute la durée du bail, soit seulement pendant la dernière période, où l'épuisement est le plus à craindre. On laisserait le fermier entièrement libre de choisir le genre de bétail qui lui conviendrait le mieux, mais en stipulant que dix bêtes à laine, entretenues pendant toute l'année, formeraient l'équivalent d'une tête de bétail, c'est-à-dire d'une vache, d'un bœuf ou d'un cheval entretenu pendant l'année ; pour les bœufs ou moutons qui seraient soumis à l'engraissement, la durée de cet engraissement compterait pour un espace de temps double, relativement aux animaux de la même espèce simplement entretenus. Si un fermier était assujetti ainsi à tenir constamment sur le domaine un nombre déterminé de têtes de bétail, et d'en employer le fumier sur les terres de l'exploitation, il serait forcé de disposer ses cultures de manière à produire la quantité de fourrage nécessaire pour nourrir ses bestiaux, et la conservation de la fertilité du terrain serait suffisamment garantie par l'emploi du fumier produit par le bétail.

Il est bien vrai que la production du fumier est en rapport avec la quantité de fourrage consommé, bien plus qu'avec le nombre de têtes d'animaux ; mais on doit supposer au fermier assez d'intelligence pour comprendre que le bétail ne serait pour lui qu'un objet de perte au lieu de profit, s'il ne le nourrissait pas convenablement. On pourrait, au moyen des stipulations dont je viens de parler, retrancher des baux une multitude de clauses qui sont dans la réalité complétement inefficaces dans l'intérêt de la conservation du domaine, mais qui, entre les mains d'un propriétaire étroitement tracassier, deviennent pour le fermier une source inépuisable d'embarras.

Quant au nombre de bestiaux qu'il conviendrait de fixer par cette stipulation, il doit naturellement dépendre de l'état de fertilité dans lequel se trouve le domaine ; car un terrain pauvre ne peut nourrir autant de bétail qu'un sol déjà riche, ou du moins il ne pourrait le faire qu'à l'aide de sacrifices que le fermier ne voudrait presque jamais s'imposer, c'est-à-dire par une diminution excessive des produits destinés à la vente. Dans des fermes en sol très-riche, et déjà en excellent état de culture, on peut entretenir jusqu'à une tête de bétail par hectare, mais dans le plus grand nombre des cas, ce nombre ne pourra guère dépasser une tête pour deux ou même trois hectares dans les sols médiocres, en supposant que le cultivateur consacre à la nourriture de son bétail la moitié de la surface du sol, base la plus généralement admise dans les assolements alternes. Dans une multitude de cas, ces proportions sont même supérieures à celles que voudrait admettre un fermier raisonnable, pour les stipulations du bail qu'il contracte. On ne doit pas oublier, en effet, qu'on ne peut poser ainsi qu'un minimum dans ces stipulations, et il faut encore ici en revenir au principe fondamental des baux à ferme, principe d'après lequel l'intérêt du fermier lui-même doit le déterminer à accroître la fertilité du sol, ce qu'il ne peut obtenir que par l'accroissement du nombre de ses bestiaux, dans les limites que peut comporter une agriculture raisonnée.

Hors de ce principe, il n'y a en vérité rien à attendre des stipulations par lesquelles on croirait pouvoir contraindre le fermier à travailler dans l'intérêt du propriétaire, en opposition à ses propres intérêts. C'est sur cette considération que se fondent les avantages de la longue durée des baux, et les combinaisons par lesquelles les parties consentent librement à leur prolongation progressive, comme je l'ai expliqué, car c'est ainsi que les intérêts du tenancier s'accordent avec ceux du propriétaire pour l'amélioration graduelle du sol.

Autrefois, les redevances des fermiers étaient généralement fixées en nature, et consistaient en une quantité déterminée de grains ou autres produits qu'on recueillait dans la ferme. C'était là une transition entre l'état de métayage et celui de fermage. C'était pour le propriétaire une espèce de garantie contre tout autre emploi qu'un fermier pauvre pouvait faire de son argent, s'il vendait ses grains avant l'époque de l'échéance du fermage. C'était aussi pour le fermier, à l'époque où le numéraire était rare et les transactions commerciales difficiles, un moyen de se libérer sans s'exposer aux embarras de la vente de ses denrées.

Mais ce mode présente des inconvénients tellement graves, qu'on doit y renoncer partout aussitôt qu'on le peut : dans tous les pays où l'industrie agricole a fait quelques progrès, ou fixe en argent le taux du fermage, d'après les prix moyens auxquels les denrées s'élèvent dans la localité.

Dans la combinaison du fermage en nature, le propriétaire doit s'attendre à ne recevoir jamais que des denrées de la qualité la plus médiocre que le fermier croira pouvoir lui faire accepter, et c'est là une source constante de difficultés et de débats entre les deux parties. Quant au fermier, il est forcé, dans cette combinaison, de payer d'autant plus cher pour le loyer de sa ferme que les saisons ont été plus défavorables aux récoltes, car alors les produits, étant moindres, acquièrent un prix plus élevé ; mais le fermier ne peut profiter de cet accroissement de prix, puisqu'il est forcé de remettre au propriétaire une quantité de grains fixée d'après la moyenne des récoltes, mais qui pourra en former à peu près la totalité dans une très-mauvaise année. La ruine du fermier est à peu près certaine dans ce cas ; aussi aucun cultivateur intelligent ne devra consentir à accepter une telle combinaison.

Il n'acceptera pas davantage un fermage stipulé en argent, mais payable d'après les mercuriales du prix des grains dans la localité, car l'inconvénient serait le même pour lui. Toutefois, pour un bail très-long, si l'on supposait que le prix des grains pourra s'élever d'une manière durable par la suite, il pourrait convenir de stipuler une augmentation de fermage pour une époque éloignée et que l'on fixerait, dans le cas où la moyenne du prix des grains pendant les dix années précédentes se serait élevé au-dessus d'un taux déterminé.

Quant aux réserves en denrées de diverses espèces ou en prestations en nature, que beaucoup de propriétaires ont l'habitude de stipuler dans les baux outre le fermage principal, c'est un usage qui mérite d'être réprouvé dans tous les cas. C'est en réalité, pour le propriétaire, le moyen de se procurer des denrées de mauvaise qualité plus chèrement qu'il ne lui en eût coûté pour en acheter de bonnes. Les travaux d'attelages et de main-d'œuvre dus ainsi par le fermier sont souvent exigés à une époque inopportune pour les autres travaux, et ils sont toujours exécutés avec répugnance et par conséquent mal. C'est pour les deux parties une source perpétuelle de tracasseries et de difficultés. Au point où sont parvenues de notre temps l'industrie et les transactions commerciales, toutes les redevances doivent dans l'intérêt des deux parties s'évaluer en argent, et former par leur réunion la somme du fermage.

TROISIÈME PARTIE

TROISIÈME PARTIE

DU PERSONNEL

CHAPITRE I

DES QUALITÉS ET DES CIRCONSTANCES PERSONNELLES DU CULTIVATEUR

De toutes les circonstances qui peuvent exercer quelque influence sur le succès d'une entreprise agricole, soit de la part d'un propriétaire qui exploite son propre domaine, soit de la part d'un fermier, la plus importante sans aucun doute se trouve dans les dispositions individuelles de l'homme qui doit la diriger : son caractère, ses habitudes, son instruction, sont autant de points d'où dépendront en très-grande partie les résultats de toutes les opérations qu'il entreprendra. Sans doute, lorsqu'il n'est question que de suivre une route battue, d'imiter sans aucune modification des procédés généralement usités par tous les cultivateurs d'un canton, la tâche devient plus facile, et la capacité personnelle de chaque individu apporte un poids moins considérable dans la balance de ses succès. Cependant, dans ce cas même, l'expérience montre toute la valeur des qualités personnelles de l'homme, et c'est certainement dans un état très-peu progressif de l'art agricole qu'est né cet adage devenu proverbial parmi les habitants des campagnes : *tant vaut l'homme, tant vaut la terre*. Mais lorsqu'il est question de se frayer une route nouvelle à côté du chemin suivi par les cultivateurs ordinaires, la tâche devient beaucoup plus difficile et plus délicate que ne le croient beaucoup de personnes, et la réunion de certaines qualités individuelles dans l'homme qui veut suivre cette carrière est certainement la condition la plus indispensable à son succès.

Parmi ces qualités, il en est qui dépendent du caractère de l'individu, de sa capacité naturelle et de ses dispositions morales ; d'autres prennent leur source dans l'instruction ou dans l'habitude d'appliquer les connaissances acquises. Parmi les premières, je placerai en première ligne la *rectitude de jugement* : c'est une des qualités individuelles qui, contribuent le plus puissamment aux succès dans toutes les carrières de la vie, mais l'agriculture, et surtout cet art dans son état progressif, est peut-être, entre tous les genres d'occupation, celui qui exige le plus impérieusement un jugement droit et sain. Ici, les principes n'ont de valeur que par l'opportunité de leur application, et le doute se présente à chaque pas. Le jugement est un instrument qu'il faut appliquer à tous les instants : de sa justesse dépend essentiellement la direction bonne ou mauvaise que prendra chaque opération.

L'esprit d'observation dérive en grande partie de la

justesse du jugement ; cependant il tient à une disposition particulière de l'intelligence, disposition d'après laquelle un individu aperçoit dans les faits qui s'offrent à lui la liaison qui les rattache à d'autres faits, et qui lui permet de les rapprocher des uns des autres et d'en tirer des conséquences plus ou moins positives sur les rapports qui existent entre les effets et les causes.

Sans doute, c'est la nature qui nous donne l'esprit d'observation, mais cet esprit peut se perfectionner beaucoup par l'habitude, chez les hommes dont l'attention a été pendant longtemps dirigée vers l'observation des faits matériels par la nature de leurs occupations. Quant à ceux qui par goût ou par profession ont dirigé constamment leur intelligence vers des idées abstraites, vers des connaissances philosophiques, littéraires ou artistiques, il leur faudra presque toujours bien du temps pour s'accoutumer à appliquer leur jugement à l'observation des faits matériels. On est généralement disposé alors à chercher sa règle de conduite dans l'application de tel ou tel principe ; mais rien dans le monde n'est régi par un seul principe, parce que chaque effet est dû au concours de plusieurs causes gouvernées par des principes différents. Dans les branches de nos connaissances où l'on peut apprécier toutes les causes qui concourent aux résultats, on peut arriver à des connaissances certaines par la déduction des principes. Mais il est loin d'en être ainsi en agriculture : beaucoup de causes nous sont encore entièrement inconnues, et il est souvent difficile d'apprécier dans les résultats la part relative qu'on doit attribuer aux causes mêmes que nous connaissons.

Les faits sont donc ici l'étude la plus importante, puisqu'en eux se résume l'influence de toutes les causes diverses qui y ont concouru. C'est l'esprit d'observation qui nous apprend à rapprocher entre eux les faits semblables ou analogues, et à en tirer une utile instruction.

Sans une *application* constante et assidue, on réussit bien difficilement dans une entreprise agricole : les soins qu'exige une exploitation rurale un peu étendue ne peuvent guère se concilier avec des distractions multipliées de plaisirs ou d'affaires. Il est donc indispensable que l'homme qui se place à la tête d'une entreprise semblable fasse sa résidence pendant toute l'année sur le domaine qu'il veut exploiter, et qu'il considère comme sa principale affaire les occupations qu'il y trouvera. Pour celui qu'un goût naturel porte vers ce genre de vie, il n'est certainement aucune position dans le monde qui offre des jouissances à la fois plus douces et plus vives, plus constantes et plus variées, mais il faut qu'un homme soit disposé à trouver le bonheur de sa vie dans l'emploi d'une grande partie de son temps aux occupations de natures si diverses qui remplissent les journées de l'agriculteur : sans cela, il fera prudemment de s'abstenir d'entrer dans cette carrière, autrement il devra s'attendre, sinon à y éprouver de grandes pertes, du moins à voir diminuer, dans une proportion plus ou moins considérable, les bénéfices qu'il aurait pu s'en promettre au moyen d'une constante application.

L'esprit d'exécution est une qualité entièrement spéciale, et c'est sans aucun doute une de celles qui contribuent le plus aux succès de toutes les opérations agricoles. Tel

homme est doué d'un jugement droit, et il a une instruction spéciale suffisante ; dans toutes les circonstances, il
verra nettement ce qu'il convient de faire, et il serait toujours homme de bon conseil. Mais s'il faut qu'il exécute,
ou plutôt qu'il dirige les opérations, rien ne se fera à
propos ou d'une manière suffisante, parce que l'esprit
d'exécution lui manque. Il remet sans cesse ce qu'il a à
faire, parce que tout l'embarrasse dans l'exécution ; il ne
sait pas combiner les moyens nécessaires pour obtenir tel
résultat, et pour l'obtenir dans un temps donné. La moindre difficulté l'arrête, parce que les moyens de la vaincre
ne se présentent pas à son esprit.

Cette disposition est celle de la plupart des débutants
dans la carrière agricole, parmi les hommes qui ont jusque-là vécu dans le monde sans être astreints à des occupations impérieuses. L'habitude peut beaucoup pour faire
acquérir l'esprit d'exécution. Mais il est certain que le
caractère particulier de chaque personne influe considérablement aussi sur cette disposition ; et si quelqu'un re-
connait, après une ou deux années d'épreuves, qu'il ne
peut encore obtenir une exécution prompte et régulière
des opérations qu'il veut diriger, s'il est toujours embar-
rassé de combiner et de coordonner l'action des divers
agents qui doivent concourir à l'exécution de ses ordres, il
devra en conclure qu'il lui manque quelque chose pour
être agriculteur. En cas semblable, il est d'usage de se
plaindre vivement de l'inhabileté ou de l'incurie de ses subordonnés, mais ces plaintes sont l'indice de l'incapacité
du maître ; je veux dire incapacité relative, car le même
homme peut être fort capable sous d'autres rapports.

Ce n'est pas assez pour le maître de donner l'ordre qu'il veut faire exécuter, et d'insister dans ses instructions sur les détails nécessaires pour que les choses soient faites comme il le désire : il faut qu'il sache prendre les moyens convenables à l'accomplissement exact de ses ordres, qu'il soit à même de juger la confiance que mérite l'homme qu'il a chargé de veiller à cet accomplissement, et, s'il s'est réservé ce soin à lui-même, qu'il surveille l'exécution, souvent en établissant lui-même ses ouvriers sur les lieux des travaux, et toujours en se rendant de temps à autre sur les divers ateliers, tant à l'intérieur qu'à l'extérieur, pour se rendre compte de la manière dont on obéit à ses prescriptions. Il faut en outre qu'il dirige sans cesse son attention sur divers travaux qui ne sont pas encore en cours d'exécution, mais pour lesquels il importe qu'il ne laisse pas échapper l'instant favorable. On ne peut trop en effet se pénétrer de cette idée, que dans toutes les opérations agricoles il y a un moment précis qu'il faut saisir, et que le succès dépend, plus que de toute autre chose, du soin avec lequel on a développé activement les moyens d'exécution, à l'instant le plus favorable pour chaque opération.

Il ne s'agit pas ici pour le maître de se donner de grands mouvements : celui qui fatigue chaque jour deux ou trois chevaux de selle pour visiter tous les travaux sur son domaine, exercera souvent une surveillance beaucoup moins efficace qu'un autre qui n'y consacrera qu'une portion de ses journées. Lorsqu'un propriétaire s'est fixé sur son domaine pour en diriger la culture, il doit savoir se rendre maître de l'emploi de son temps, car il ne faut pas que cette résidence soit pour lui un servage. D'ailleurs, quoique puisse faire le maître, il ne peut être partout, et là où rien ne se fait convenablement qu'en sa présence, la somme du mal dépasse de beaucoup celle du bien. L'homme d'exécution sait coordonner les choses de manière qu'on puisse se passer de sa présence; tout dépend de la capacité avec laquelle le maître a su organiser ses ateliers, et du tact qui lui fait connaître sur quel point et dans quel moment il importe qu'il dirige lui-même son inspection. Il est virtuellement présent partout, car ses gens savent que lorsqu'il viendra, son attention se portera non-seulement sur ce qui se fait en sa présence, mais principalement sur la quantité et la qualité du travail exécuté depuis sa dernière visite.

La connaissance des hommes et l'art de commander sont aussi des qualités des plus précieuses pour le cultivateur. Je n'en dis rien ici, parce que j'entrerai dans de grands détails sur ce sujet dans le chapitre suivant, où je traiterai des *Agents de la culture.*

La *prudence* et une certaine *modération dans les désirs* sont très-importantes pour l'homme qui veut s'occuper de la culture de la terre. Dans cette carrière, les succès prompts sont fort rares, mais aussi il n'est certainement aucune carrière industrielle qui offre à celui qui s'y livre avec les conditions désirables, plus de certitude de profits modérés et d'une honnête aisance dans un avenir plus ou moins éloigné. Pour le propriétaire qui consacre ses loisirs à améliorer la culture de son domaine, il n'est aucune occupation qui lui présente avec plus de certitude l'accroissement de sa fortune, s'il sait régler ses dépenses de manière à ne pas compromettre à l'avance des bénéfices qui se feront peut-être attendre. Il faut abandonner au hasard le moins possible, marcher à pas lents dans les innovations en s'appuyant sans cesse sur l'expérience acquise, et toujours être disposé à rectifier ses idées d'après les nombreuses observations qui se présenteront.

La *persévérance* est cette disposition de caractère qui fait qu'un homme marche à l'exécution de son plan avec constance et sans précipitation, et qu'il n'éprouve pas de répugnance à placer le temps, et même un temps assez long, au nombre de ses principaux éléments de succès. La persévérance n'est pas l'obstination, mais ces deux dispositions ne se distinguent qu'en ce que la première poursuit un but raisonnable et qu'il est possible d'atteindre. La rectitude de jugement fait donc toute la différence. Pour celui qui manque de persévérance, il n'y a aucun succès à espérer dans la carrière agricole.

L'*économie* est indispensable dans toutes les situations de la vie. Dans toutes les branches de l'industrie elle offre le moyen le plus solide de succès et de prospérité, mais nulle part plus qu'en agriculture elle ne forme une condition indispensable à l'aisance de la famille et à la prospérité de l'exploitation. En effet, sur les produits de l'agriculture il est nécessaire de prélever la partie de leur valeur qui représente les frais de production, car c'est là une portion du capital d'exploitation lui-même. Les produits représentent ensuite la rente de la terre, c'est-à-dire la redevance

que le fermier doit payer au propriétaire, ou la portion
que ce dernier peut considérer comme son revenu, s'il
exploite lui-même. Enfin, les produits représentent encore
le bénéfice de la culture, dans le cas où celle-ci est profitable. Pour tous ceux qui ne tiennent pas une comptabilité
très-exacte, il est à peu près impossible d'assigner la proportion dans laquelle ce partage doit se faire ; et pour peu
qu'il se laisse entraîner à des goûts de dépense, le cultivateur court sans cesse le danger d'entamer son capital, en
croyant n'employer que son revenu. S'il accroît son capital
par quelques économies sur les autres portions des produits, la production s'augmentera presque toujours ; mais
si son capital diminue, la production décroîtra dans une
grande proportion, car l'emploi d'un capital donné est une
condition rigoureuse de la production.

Ici, on doit entendre par dépenses, non-seulement celles
qui se font en argent, mais aussi celles qui se déguisent
sous forme de consommation en denrées ou en travaux ;
car en définitive tout cela représente des écus pour le
cultivateur, et bien souvent on voit se glisser dans la consommation des produits une dilapidation d'où résulte une
diminution fort considérable du revenu réalisé en argent.
C'est pour cela qu'il importe tant pour les cultivateurs de
profession de confier l'administration du ménage à une
femme économe et qui sache mettre de l'ordre dans la
consommation des produits. L'expérience de tous les jours
apprend que lorsque cette condition n'est pas remplie, le
capital d'exploitation lui-même ou l'avoir du cultivateur
est progressivement diminué : il n'est nullement rare qu'une
ruine complète n'en soit le résultat.

Quant aux propriétaires, il arrive assez souvent qu'un homme gêné par la modicité de ses revenus se détermine à cultiver son domaine afin de les accroître. Ordinairement, dans ce cas, il ne travaille qu'avec un capital limité, qu'il s'est procuré quelquefois par voie d'emprunt. Rien n'est plus périlleux qu'une telle situation, si le propriétaire, supposant d'après ses calculs tel accroissement de son revenu, commence par baser ses dépenses sur ce taux. Les profits se feront peut-être attendre ; si le proprié-taire se laisse entraîner à entamer son capital d'exploita-tion, il en résultera une gêne qui sera un puissant obstacle à la réalisation ultérieure des bénéfices. Dans une dizaine d'années, peut-être, il aurait doublé ou triplé les produits de son domaine, en accumulant les profits pour liquider ou pour accroître son capital d'exploitation, et en vivant avec économie jusqu'au moment où l'accroissement de son revenu serait très-apparent. Au lieu de cela, il a tout com-promis par le défaut d'économie dans ses dépenses. Aussi, rien n'est plus rare que de voir prospérer les propriétaires qui entreprennent la culture de leurs terres dans le but de se mettre en état de satisfaire à des goûts dispendieux, et c'est là une cause fréquente des revers éprouvés par les propriétaires qui veulent se livrer à la culture.

En ce qui concerne les dépenses destinées à favoriser et à accroître la production, l'économie ne consiste pas à faire peu d'avances à la terre : au contraire, une agriculture très-riche et très-libérale peut être fort économe. Si l'opé-ration qu'on voulait exécuter a été faite avec aussi peu de dépenses que possible, elle a été exécutée économiquement, quoiqu'on puisse y avoir employé beaucoup d'argent. Si les résultats en ont été calculés avec sagacité, la dépense sera profitable, et celui qui afin de l'épargner, manquerait un but utile, serait un mauvais économe. Cependant la convenance des dépenses de ce genre est toujours subordonnée à la possibilité de s'y livrer sans se placer dans un état de gêne pécuniaire, qui est l'état le plus fâcheux pour l'homme qui entreprend des améliorations agricoles. C'est pour cette raison qu'il importe tant que le propriétaire ne commence son entreprise qu'avec un capital suffisant pour toutes les éventualités.

L'*habitude* et l'*esprit des affaires* sont des qualités d'où dépendent en grande partie les résultats financiers de l'entreprise.: en effet, l'agriculture est une véritable spéculation industrielle dans laquelle l'homme qui s'y livre aura fréquemment à débattre des matières d'intérêt, soit pour ses achats et ses notes, soit pour régler le salaire de ses gens ou le prix des travaux de main-d'œuvre, soit pour débattre le prix du loyer d'un domaine qu'il prend à ferme, soit pour déterminer les conditions du bail, etc. On conçoit facilement que celui-là mettra un poids considérable dans la balance de ses bénéfices, qui saura dans toutes les circonstances traiter avec tous les avantages qu'il pourra mettre de son côté, sans sortir des limites de la loyauté et de la droiture, très-conciliables avec l'habileté et le savoir-faire. Pour certaines personnes que leur caractère et leurs habitudes ne rendront pas propres à pouvoir jouer, au moins à partie à peu près égale avec la plupart des hommes, dans les débats d'intérêt, aucune spéculation industrielle ne peut être profitable : avec le système d'agriculture le mieux combiné, les profits ne répondront jamais aux espérances qu'on avait pu raisonnablement concevoir.

C'est malheureusement là un point sur lequel on ne se connaît guère soi-même; on s'avoue difficilement qu'on manque d'une certaine habileté en affaires, que l'on reconnaît chez d'autres personnes au-dessus desquelles on est peut-être placé soi-même sous d'autres rapports de capacité ou d'instruction. Et pourtant, parmi ceux qui par leur éducation et leurs habitudes ont toujours été étrangers à la carrière de l'industrie, il se rencontre beaucoup d'hommes très-honorables et même très-distingués par leurs lumières, mais qui manquent complétement de ce genre spécial d'habileté sans lequel on est destiné à traiter toutes les affaires avec désavantage.

Il arrive souvent que lorsqu'on a la conscience de sa faiblesse sous ce rapport, on croit y remédier par une raideur extrême dans tous les marchés : lorsqu'on a des denrées à vendre, on les tient à des prix trop élevés, et c'est ainsi qu'on voit tant de propriétaires accumuler tant de masses de grains ou de vins, faute d'avoir su vendre à propos. Si l'on a à faire une acquisition de bestiaux ou d'autres choses, on n'offrira que des prix trop bas, et l'on manquera ainsi l'occasion de faire un achat dont on a besoin, à moins qu'il ne se trouve là des objets défectueux dont on n'a pas aperçu les défauts, et qui seront encore trop chers en les payant à bas prix. Connaître la véritable valeur actuelle des choses, selon leurs défauts ou leurs qualités, est le premier point pour celui qui veut acheter ou vendre ; l'habileté consiste à savoir bien choisir le moment, et à conclure son marché le plus avantageusement possible, dans les limites du cours actuel. Parmi les cultivateurs de profession et les autres habitants de la campagne, il en est beaucoup qui sous leur rude écorce seraient en état de donner des leçons à un grand nombre de propriétaires citadins ; ceux de ces derniers qui veulent se livrer à des opérations agricoles doivent s'efforcer d'acquérir une certaine habileté dans les affaires d'intérêts. Quant à ceux dont le caractère ne les y rendrait pas propres, ils feront bien de s'abstenir des spéculations agricoles comme de toutes les autres. Dépenser tranquillement leur revenu est le rôle qui leur convient : en cherchant à l'accroître, il arriverait bien souvent qu'ils le diminueraient.

La *fermeté de caractère* est encore une disposition sans laquelle le cultivateur obtiendra bien difficilement de ses subordonnés l'obéissance nécessaire et une coopération franche à ses volontés et à ses vues. Cependant, il faut que le caractère du maître joigne à la fermeté une certaine souplesse et une disposition à l'indulgence. A chaque instant le maître se trouve placé entre les inconvénients de la faiblesse et du laisser-aller, et ceux d'une sévérité poussée au delà des bornes. La détermination doit être prise dans tous les cas avec calme et modération, et il doit bien apprécier les effets qu'elle produira, non-seulement sur celui qui en est l'objet, mais aussi sur les autres employés. Un certain tact peut seul indiquer la limite où doit s'arrêter la fermeté sans dégénérer en obstination et en rudesse.

Toutes les qualités que je viens d'énumérer tiennent à

des dispositions naturelles de l'individu, mais presque toutes ces dispositions peuvent se modifier et s'améliorer par l'usage, par une attention continue et par cette habitude de la vie qu'on nomme expérience. Aussi il est bien difficile que dans une extrême jeunesse, je veux dire avant l'âge de trente ans pour la plupart des sujets, même les mieux organisés, un homme réunisse ces diverses qualités, non pas dans leur généralité et d'une manière absolue, ce qui ne se rencontre chez aucun sujet de quelque âge que ce soit, mais même à un degré suffisant pour qu'il puisse sans s'exposer à des chances très-défavorables diriger une entreprise agricole, seul et sans une espèce de modérateur. Sans doute, ici comme en toutes choses, il se rencontre des exceptions, mais je suis convaincu que relativement au nombre respectif des sujets de l'une et de l'autre classe, on rencontre plus d'hommes propres à faire d'habiles généraux d'armée, à l'âge de vingt-cinq ans, que d'habiles cultivateurs.

Outre les qualités naturelles qui constituent l'aptitude d'un individu à réussir dans la carrière agricole, on doit compter comme une condition indispensable l'*instruction*, c'est-à-dire l'ensemble des connaissances relatives aux opérations auxquelles il doit se livrer. Je ne veux point parler ici des connaissances accessoires, telles que celles qui ont pour objet les sciences physiques et naturelles : il serait à désirer sans doute pour l'avancement de l'art agricole qu'un grand nombre de cultivateurs possédassent des connaissances de cette dernière espèce, car c'est du rapprochement fourni par la pratique avec les données de la science, que pourrait naître la découverte de doctrines nouvelles propres à guider les praticiens dans leurs opérations. Mais il est certain que dans l'état actuel des sciences physiques, ces dernières ne peuvent présenter que bien peu d'utilité dans leurs applications aux pratiques agricoles ; la lumière qu'on croit pouvoir en tirer égare bien plus souvent qu'elle n'éclaire les cultivateurs inexpérimentés.

Ainsi, dans l'intérêt du succès individuel de chaque cultivateur, le genre d'instruction le plus important sans contredit, c'est celui de l'instruction agricole proprement dite, celle qui résulte de l'expérience et de l'observation des faits de l'agriculture. Je comprends ici sous le nom d'instruction agricole, non-seulement tout ce qui se rapporte aux procédés matériels de l'art, mais aussi les connaissances que quelques personnes désignent sous le nom d'*économie rurale*, si intimement liées à l'instruction agricole proprement dite, qu'il me semble qu'on ne peut ni les enseigner ni les acquérir à part.

Il est plusieurs moyens d'acquérir l'instruction agricole. La lecture des bons livres d'agriculture est fort utile, car ce sont les résultats de l'expérience qui y sont exposés. Les voyages agricoles contribuent puissamment aussi à cette instruction. Enfin, l'enseignement que les jeunes gens reçoivent dans les établissements spéciaux où l'observation des faits de la pratique vient constamment éclairer l'exposition des doctrines et des procédés, forme, sans aucun doute, un des moyens les plus efficaces d'éducation agricole. Mais il est certain que les livres, mêmes les meilleurs, fort utiles pour le praticien déjà expérimenté, ne fournissent au débutant que des notions presque toujours trompeuses, lorsqu'il veut y trouver une règle de conduite sans y apporter une extrême circonspection, et sans s'attacher à chercher constamment dans l'observation des faits la lumière qui doit le diriger dans l'application des principes et des doctrines. Les voyages, d'un autre côté, ne profitent guère qu'à l'homme qui possède déjà de l'expérience et de l'instruction pratique, car autrement il ne peut comprendre les procédés qu'il voit mettre en usage, et saisir les rapports entre les causes et les effets. Enfin, l'instruction reçue dans les instituts agricoles n'est pas encore précisément de la pratique, et celui qui en sortant de ces établissements se livre personnellement à l'exploitation d'un domaine, aperçoit bientôt quelle énorme différence on rencontre, sous le rapport de l'instruction pratique, entre les opérations qu'on observe et celles qu'on exécute soi-même.

C'est donc dans sa propre expérience et dans ses observations particulières que l'agriculteur doit s'efforcer de puiser les éléments de son instruction : les autres moyens ne doivent être considérés que comme des auxiliaires qui pourront faciliter ses travaux et abréger beaucoup le temps nécessaire à son instruction. Jusqu'au moment où il aura complété cette instruction par son expérience et par une étude assidue de tous les détails dans les diverses branches de son entreprise, la prudence lui commande d'introduire avec une extrême réserve les changements qu'il veut apporter dans les procédés pratiqués par les cultivateurs du canton où il travaille. Il n'appartient qu'à l'homme instruit

et vraiment praticien d'introduire dans une localité de nouvelles pratiques. Pour tout autre, les innovations seront
souvent mal calculées, ou du moins des améliorations réelles seront achetées trop chèrement.

Une des garanties les plus importantes pour le succès
de l'homme qui veut se livrer aux occupations agricoles, se
trouve dans la disposition et le caractère de l'épouse qu'il
s'est choisie : en vain espérerait-il se créer une existence
heureuse dans la carrière qu'il va parcourir, si sa compa-
gne n'est pas disposée à placer aussi ses jouissances dans
les soins domestiques : à la campagne en effet, l'intérieur
c'est toute la vie. Il y a là, sans doute, pour une femme
comme pour son mari, la source de l'existence la plus
douce et la plus heureuse, et je ne sais lequel des deux
peut éprouver le plus de bonheur dans le cercle de ses
occupations. Mais il faut pour cela que des dispositions naturelles pures et vertueuses n'aient pas été gâtées par les
habitudes d'une vie dissipée. Si l'homme qui désire s'adonner à la vie des champs ne trouvait pas dans son épouse
des dispositions analogues à ses propres goûts, je n'hési-
terai pas à lui conseiller d'abandonner un projet dans lequel il ne persévérerait certainement pas, car il ne pourrait
y trouver une vie douce et agréable. Quant aux jeunes
gens qui n'ont pas encore choisi une épouse, s'ils se
destinent à la carrière agricole, ils feront bien de placer en
première ligne, parmi les motifs du choix qu'ils feront,
les habitudes de vie intérieure et d'occupations domestiques qui peuvent seules assurer la félicité du ménage.
On entend souvent dire dans le monde qu'il ne se trouve

pas de telles femmes, et cela est vrai pour ceux qui ne savent les chercher que dans les réunions de plaisirs de nos cités ; mais partout, non-seulement chez les propriétaires qui ont fixé leur résidence à la campagne, mais aussi dans beaucoup de familles qui habitent les villes, on rencontre ces mœurs simples qui placent le bonheur dans ces jouissances de tous les instants éprouvées par une mère de famille dans l'accomplissement de ses devoirs, et dans la société intime des objets de ses affections. Mais les jeunes personnes de cette classe, il faut prendre la peine de les chercher jusque dans la retraite du foyer domestique. Il ne faut pas croire qu'il soit nécessaire qu'une femme ait été habituée dès son enfance aux occupations de la vie rurale, pour qu'elle devienne une mère de famille précieuse et la ménagère la plus propre à seconder les vues agricoles de l'homme qui établit sa demeure à la campagne : il suffit pour cela qu'elle soit exempte du travers qui fait croire à beaucoup de femmes qu'on ne peut être heureux qu'au sein des plaisirs bruyants et des réunions nombreuses ; on voit tous les jours des femmes élevées à la ville prendre ensuite sans difficulté les habitudes de la vie rurale, et apprécier les jouissances qu'elles trouvent dans les fatigues mêmes de la ménagère, bien au-dessus des plaisirs si vides et si fugitifs de la vie des cités. Tout ce que je dis ici semblera sans doute fort romanesque à beaucoup de personnes, mais je puis leur affirmer que pour ceux qui voient de près une autre société que celle dans laquelle ils vivent, tout cela est de la réalité, et que ceux qui ont été à portée de comparer par leur propre expérience deux genres de vie

si différents, comprennent bientôt que si l'un présente au
dehors l'apparence du plaisir, l'autre offre, dans l'intérieur
de la famille, la seule espèce de bonheur qui puisse s'é-
tendre sur tous les instants et sur tous les âges de la vie.

C'est presque toujours une faute grave pour un jeune
homme de former un établissement agricole avant de s'être
marié. Il est bien plus difficile ensuite de trouver une
épouse, car au milieu de nombreuses occupations on n'a
plus le loisir de la chercher hors d'un rayon très-circons-
crit autour de soi ; et, je l'ai déjà dit, l'épouse du cultivateur ne se trouve pas sans qu'on la cherche. Cependant
les soins qui concernent la maîtresse de la maison dans une
exploitation rurale sont d'une si haute importance pour le
succès de l'entreprise, qu'il est presque entièrement impossible de les confier à une femme à gages. Les sujets propres à occuper même imparfaitement cette place sont partout extrêmement rares, et s'il est arrivé qu'un cultivateur ait
trouvé une personne vraiment apte à remplir ce poste, c'est
là une exception d'après laquelle il serait extrêmement
imprudent de se diriger. Indépendamment de mille inconvénients de divers genres qui résultent d'une telle combinaison, le cultivateur qui s'y laisserait entraîner, dans le
cas même où il aurait pu placer à la tête de son ménage
une femme à gages comme on n'en trouve guère, devrait
s'attendre à s'occuper beaucoup lui-même de surveiller les
détails du ménage, au grand préjudice de ses occupations
les plus importantes. C'est seulement dans une épouse
associée naturellement à ses intérêts, qu'il peut placer assez
de confiance pour se reposer sur elle de tous les soins

de l'intérieur. C'est aussi sur une épouse seule qu'il peut compter pour le remplacer en quelque sorte en cas d'absence, ou du moins pour obtenir en ce cas une garantie d'ordre, en imposant à tous les subordonnés par la présence seule d'une personne complétement identifiée aux intérêts du maître. Dans tout ceci je n'ai parlé que des intérêts ; mais pour le charme de la vie intérieure, la société d'une épouse est, quoiqu'on puisse en penser dans les cercles des villes, complétement indispensable à l'homme qui se trouve placé dans la position isolée de la vie rurale.

Le mariage est d'ailleurs, dans la vie d'un homme, une circonstance qui change fréquemment sa position et ses relations d'une manière qu'il n'a pu prévoir, et c'est là encore un motif grave de ne former un établissement durable que lorsque cette position est définitivement fixée : bien souvent il arrivera qu'un jeune, homme déjà lié par des engagements à une exploitation déterminée, aurait fondé une entreprise sur des bases différentes ou dans une autre localité, s'il se fût trouvé dans la situation où l'a placé un mariage contracté depuis ; ou bien il arrivera que les engagements par lesquels il s'est lié contrarieront telle alliance à laquelle il aurait pu songer. On risque donc toujours de se ménager des regrets, lorsqu'on jette les fondements d'une entreprise agricole avant d'avoir contracté les liens du mariage. Le conseil que je donne ici aux jeunes agriculteurs s'accorde d'ailleurs très-bien avec ce que j'ai dit sur la condition de l'âge. Enfin, la position du chef d'une entreprise agricole un peu étendue est une carrière d'administration et de commandement : si les jeunes gens ne sont pas disposés à comprendre à l'avance les exigences d'une telle situation, l'expérience leur apprendra que ce n'est pas trop d'y réunir à la maturité de l'âge, l'aplomb et la consistance que peut seule donner la position de chef de famille.

CHAPITRE II

DES AGENTS DE LA CULTURE

PREMIÈRE SECTION

Considérations générales

Si l'industrie du cultivateur s'exerce sur une étendue
de terre un peu considérable, il est forcé d'employer
comme aides des agents de diverses espèces. Dans les autres genres d'industrie, on attache beaucoup d'importance,
non-seulement au choix des agents, mais aussi au mode
d'organisation au moyen duquel les ordres sont transmis,
et par lequel s'opère la surveillance qui assure l'exécution de ces ordres. Dans l'agriculture au contraire,
rien n'est plus rare que de rencontrer, même chez des
hommes fort éclairés, des notions justes sur les moyens
qui peuvent permettre d'atteindre ce but, moyens dont on
ne semble pas même soupçonner l'existence.

Dans la plupart des exploitations rurales, il se trouve
bien des valets, des manouvriers et des aides plus ou
moins nombreux, mais presque toujours, si l'on y apporte
quelque attention, on trouvera qu'il n'existe aucun plan

d'organisation et de surveillance des travaux ; l'exercice de l'autorité et l'obéissance sont vagues et mal définis. On ne saurait calculer jusqu'à quel point cette circonstance nuit à l'ensemble des opérations. Le chef se donne beaucoup plus de peine pour obtenir moins de travail du même nombre d'agents, et ces derniers, placés dans une position fausse et ne sachant souvent à qui ils doivent obéir, ne peuvent concevoir ni émulation ni goût pour leurs occupations.

Partout on entend les cultivateurs se plaindre du défaut de moralité parmi les hommes qui sont sous leurs ordres, et du peu d'intérêt qu'ils prennent aux opérations qu'on leur fait exécuter. On les représente comme paresseux, insouciants, rebelles à toute amélioration dans les procédés, et toujours prêts à quitter le maître qui les salarie dans l'espérance de trouver ailleurs un mieux-être qu'ils n'y rencontreront pas. Dans ces défauts, la plus forte part doit être attribuée aux vices qu'on rencontre presque partout dans l'exercice de l'autorité : si l'on y fait attention, on trouvera dans tous les cantons quelque exploitation en quelque sorte privilégiée, où les valets et les manouvriers sont généralement laborieux et d'une conduite satisfaisante, et où plusieurs d'entre eux s'attachent pour de longues années à la ferme où on les emploie. Toute la différence consiste ici non pas dans les agents eux-mêmes, mais dans le caractère du maître, dans la sagacité avec laquelle il a su établir une meilleure organisation pour l'exercice de l'autorité, et dans les soins avec lesquels il s'assujettit à certaine règle de conduite envers ses subordonnés.

L'art de l'organisation est soumis à des règles fixes. On peut donc l'apprendre, et c'est à exposer les principales règles de cet art que je consacrerai ce chapitre. Je parlerai ici d'après une expérience personnelle de trente années dans l'administration du personnel d'une exploitation rurale, et d'après les observations que j'ai été à portée de faire chez un grand nombre de cultivateurs. Je tâcherai que mes conseils puissent s'appliquer aux grandes exploitations dirigées par les propriétaires, aussi bien qu'à l'industrie du fermier qui cultive un domaine de petite étendue. Dans les particularités, chacun jugera facilement ce qui peut le concerner suivant sa position.

Beaucoup de personnes sont disposées à croire que c'est seulement dans les exploitations où l'on emploie un personnel nombreux, qu'il peut être utile d'établir un certain ordre dans l'exercice de l'autorité et de la surveillance. Mais c'est là se tromper entièrement : dans une ferme qui ne compte que deux valets outre la famille du chef, dans laquelle je suppose un ou deux fils en âge de prendre part aux travaux, le désordre sera complet si l'exercice de l'autorité n'est pas soumis avec fermeté à des règles fixes. Il est certain du reste que ces inconvénients s'accroissent encore beaucoup à mesure que le nombre des agents se multiplie.

On dit quelquefois : c'est une maison où tout le monde commande, pour désigner ces ménages où le désordre règne, parce que l'autorité est exercée en commun par plusieurs personnes. Cependant, qu'on remarque bien que l'autorité peut être exercée à la fois par plusieurs personnes sans s'affaiblir, et même en se fortifiant, pourvu que cet exercice soit soumis à certaines règles qui sont à peu près les mêmes dans toutes les réunions d'hommes où quelques-uns commandent à d'autres. Dans un régiment, beaucoup de gens commandent, et cependant il n'en résulte aucun désordre : dans chaque compagnie, tout est soumis au commandement d'un seul homme, qui transmet et fait exécuter ses ordres par l'intermédiaire d'un petit nombre de subordonnés ayant tous leurs attributions fixes, et qui, sous leur responsabilité, lui rendent compte de tout ce qui se passe. Les chefs de toutes les compagnies reçoivent de leur côté les ordres d'un seul homme, le chef du corps, envers qui chacun d'eux est responsable de leur exécution. Tout marche ainsi sans désordre et sans embarras, parce qu'il n'y a jamais de vague ou d'incertitude, ni dans l'exercice de l'autorité, ni dans l'obéissance, ni dans la responsabilité : quoique beaucoup de personnes commandent, tout est soumis à la direction donnée par un seul homme. Sans doute l'organisation militaire n'est pas applicable à une exploitation rurale, mais le principe de l'une doit s'appliquer à l'autre, car ce principe est le seul sur lequel puisse reposer l'exercice de l'autorité dans quelque genre que ce soit.

Ce principe, on peut le définir en quatre mots : unité dans le pouvoir et dans la responsabilité.... Cette unité consiste en ce que chaque individu n'ait d'ordres à recevoir que d'un seul, et en ce que, pour chaque opération, la responsabilité de l'exécution des ordres repose aussi sur un seul individu. Partout où plusieurs individus concourent

en commun à la même œuvre, il faut que l'un commande
aux autres et donne la direction à l'ensemble des travaux.
Dans toute réunion d'individus qui ont des droits égaux,
on sent le besoin de ce chef unique, et on le crée sous une
dénomination ou sous une autre. Dans la famille, la nature
même l'a institué, et c'est en vain que le chef voudrait
établir l'unité de pouvoir et de responsabilité dans les diverses branches des travaux, s'il ne sait pas réunir en ses
mains l'autorité centrale d'où doivent découler tous les
ordres.

Dans la profession de cultivateur, l'autorité du père de
famille doit, par la nature des choses, être beaucoup plus
forte que dans les autres positions de la vie. C'est à peu
près la seule, en effet, où tous les membres de la famille
sont employés dans un intérêt commun : dans les autres
professions qui s'exercent ordinairement dans les villes,
chaque membre de la famille, sans cesser de prendre part
à la vie commune, se forme ordinairement des occupations
qui lui sont propres, tandis que chez les cultivateurs tous
travaillent à l'intérêt de la famille. De là résulte la nécessité d'une direction centrale énergique qui fasse concourir
tous les efforts vers un but commun. C'est là que subsis-
tent encore, dans les sociétés modernes, les exigences de
la vie patriarcale, relativement à l'autorité du père de
famille.

Aussi, que l'on examine comment les choses se passent
chez un cultivateur dont les affaires prospèrent, parce que
tous les travaux sont exécutés avec ordre et en temps utile :
on trouvera toujours là un homme qui sait commander,

c'est-à-dire qui a su soumettre d'une main ferme toutes les volontés à la sienne. Que l'on ne croie pas qu'il soit nécessaire pour cela de mettre de la dureté dans le commandement : la douceur et l'indulgence accompagnent ordinairement la fermeté de caractère ; et au lieu d'affaiblir l'autorité, ces qualités prêtent au contraire une grande force à celle du père de famille. Là, les fils du cultivateur commandent aussi, chacun dans l'ordre d'attributions qui a été fixé par le chef, et l'autorité qu'ils exercent n'est que celle qui leur a été léguée par le père de famille, envers qui chacun d'eux est responsable de l'exécution des travaux, selon les instructions qu'il en a reçues. Là, les opérations marchent en quelque sorte d'elles-mêmes, sans conflit d'autorité, parce que chacun sait nettement à qui il doit commander, à qui il doit obéir. La paix et la satisfaction qui règnent dans une telle famille présentent un contraste bien remarquable avec le désordre et les mécontentements réciproques et sans cesse renaissants, que l'on rencontre chez tant d'autres cultivateurs où tout le monde commande, selon l'expression commune.

Il arrive quelquefois que dans la famille du cultivateur, le véritable chef, c'est l'épouse, et souvent les choses n'en vont pas plus mal. Mais c'est seulement dans le cas où la maîtresse de la maison a assez de sens pour n'exercer son influence que sur son mari, en lui laissant d'ailleurs une autorité entière sur tous les membres de la famille. Alors le principe de l'unité de pouvoir reste parfaitement intact. Mais si la maîtresse de la maison veut donner des ordres aux valets concurremment avec son époux, si elle cherche à s'attribuer une portion d'autorité en faisant agir un de ses fils en opposition au pouvoir du maître, comme cela n'arrive que trop souvent, alors son intervention devient un obstacle à toute espèce d'ordre. La paix intérieure est interdite à une telle famille, et le désordre empêchera ses affaires de prospérer jamais. Il n'y a guère de remède à ce mal, car il a toujours sa source dans la faiblesse de caractère chez le père de famille.

Si le chef de famille, dans la vie agricole, doit exercer une autorité fort étendue, il faut qu'il sache aussi que sa responsabilité est grande : sous le rapport du succès des opérations, c'est sur lui seul que pèse la responsabilité de tous les ordres qu'il a donnés ; il y aurait de sa part injustice et faiblesse à reprocher à d'autres les mauvais résultats qui peuvent en être la suite. C'est encore lui qui est seul responsable du bien-être matériel, et, sous beaucoup de rapports aussi, de la satisfaction morale de tous ceux qui vivent sous son patronage ; et ce n'est pas seulement là pour lui un devoir moral et un résultat des sentiments de tendresse et de bienveillance qui animent ordinairement les pères de famille, il faut qu'il sache aussi que c'est son intérêt qui l'exige. En effet, il ne pourra trouver autour de lui des collaborateurs dévoués et dociles, si ces derniers ne sont satisfaits de leur position. Ce sentiment est la seule base sur laquelle puisse reposer l'attachement de tous les membres de la famille à la personne du chef, ainsi que le concours franc et énergique de tous les agents de la culture aux intérêts communs. Un des soins les plus importants du chef doit donc être de veiller sans cesse à placer ceux qui l'entourent dans une position aussi douce et aussi heureuse qu'il peut dépendre de lui.

Pour les propriétaires qui n'emploient ordinairement à faire exécuter leurs ordres que les agents salariés, on peut leur appliquer également ce que j'ai dit sur la nécessité de placer les subordonnés dans une position où ils soient satisfaits de leur sort : leur obéissance et leur bonne conduite sont à ce prix. Mais il est pour eux encore plus indispensable, s'il est possible, que pour les cultivateurs de profession, d'établir parmi les employés une organisation propre à assurer l'exécution de leurs ordres, car le maître, dans cette classe, étant moins immédiatement en contact avec ses gens, il lui est plus difficile de réparer promptement les fautes commises. Pour ceux qui ont étudié avec attention ce qui se passe chez le plus grand nombre des propriétaires qui font valoir leurs terres, il est bien certain que les fautes commises dans cette organisation, ou le défaut absolu d'organisation, sont les causes les plus fréquentes des difficultés que les propriétaires éprouvent à faire exécuter leurs ordres, et du manque de succès d'un grand nombre d'entre eux dans les entreprises agricoles.

Les agents de l'agriculture étrangers à la famille peuvent se diviser en deux classes :

1° Les agents salariés au mois ou à l'année, que je désignerai ici sous le nom général d'*employés* ;

2° Les *manouvriers*, dont le salaire est réglé par journée ou à la tâche.

Dans les deux sections suivantes, je vais présenter quelques considérations sur ces deux espèces d'agents.

DEUXIÈME SECTION

De l'organisation hiérarchique et des chefs des divers services.

Je désigne ici sous le nom général *d'employés* les valets occupés à la conduite des attelages, les vachers, bergers, bouviers, etc., ainsi que les hommes qui peuvent être commis à la direction des travaux sous la surveillance du maître, et en général tous les individus qui sont attachés à l'exploitation avec un salaire fixé par année ou par mois. J'ai déjà indiqué, dans la section précédente, le principe qui doit servir de base dans la transmission de tous les ordres. D'après ce principe, si les valets des attelages ont chacun un nombre déterminé d'animaux à soigner et à conduire, ainsi que cela doit toujours être dans une exploitation bien ordonnée, comme chacun d'eux a sa besogne bien distincte, chacun est suffisamment responsable de l'exécution de son travail et des soins données à ses bestiaux. Et si le maître exerce personnellement une surveillance constante sur les travaux de son exploitation, il suffit qu'il visite chaque jour les travaux de labour ou autres, et qu'il inspecte convenablement les étables, pour qu'il puisse s'assurer si chaque valet a bien exécuté les ordres qu'il a donnés individuellement à chacun d'eux. Un chef d'attelage n'est donc pas rigoureusement nécessaire dans ce cas, et, pour les cultivateurs ordinaires, il serait non-seulement superflu, mais nuisible, puisque ce serait un rouage inutile. En effet, toutes les fois que la chose est possible, il vaut bien mieux que le maître donne directement ses ordres à ceux qui doivent les exécuter ; mais cela suppose qu'il pourra, à l'aide d'une surveillance très-assidue, reconnaître lui-même chaque jour de quelle manière chacun individuellement a accompli sa tâche : cette condition ne peut guère être remplie que par le cultivateur de profession qui consacre tout son temps à la direction de son entreprise.

Il est à peu près indispensable toutefois qu'au nombre des valets d'une ferme d'une certaine étendue, il y en ait un qui possède d'une manière particulière la confiance du maître, et auquel celui-ci puisse remettre son autorité en cas d'absence ou de maladie. Mais partout où le maître dirige lui-même les travaux et donne immédiatement ses ordres aux valets, l'autorité du premier valet doit être limitée en cas d'absence du maître ; il compromettrait cette autorité si le maître permettait qu'il l'exerçât concurremment avec la sienne propre, parce qu'alors le pouvoir manquerait d'unité. Si dans l'ordre des travaux deux valets sont attachés habituellement au même attelage, comme cela a lieu lorsque la charrue est attelée de quatre animaux ou plus, l'un de ces deux hommes doit exercer une autorité constante sur l'autre, et c'est toujours au premier que le maître doit donner ses ordres, de même que c'est lui qui est responsable de l'exécution, même en ce qui concerne la coopération du valet qui lui est subordonné.

Ce que je viens de dire des valets de labour s'applique également aux vachers, bergers, bouviers, etc. : chacun ayant ici sa tâche très-distincte, la responsabilité pèse sur

lui seul pour tout ce qui tient à sa besogne. Mais si plusieurs hommes sont employés ensemble, par exemple si la
bergerie ou la vacherie doit occuper plus d'un individu,
comme le travail doit s'exercer concurremment entre eux,
il est indispensable qu'un seul ait l'autorité sur les autres,
que ceux-ci soient entièrement sous ses ordres, et que le
maître ne communique qu'avec lui pour lui donner ses
instructions sur ce qu'il veut faire exécuter. Les employés
qui reçoivent ainsi directement les ordres du maître doivent
être entièrement indépendants les uns des autres, ce qui
ne peut s'obtenir qu'en classant avec précision les travaux
et les occupations qui doivent former les attributions de
chacun d'eux; et ceux qui sont subordonnés à un chef ne
doivent jamais dépendre que de lui.

Dans les exploitations où le maître ne peut pas ou ne
veut pas consacrer tout son temps à la direction et à la
surveillance des travaux, il faut qu'il délègue son autorité
à quelqu'un qui le remplace. Il se présente alors plusieurs
combinaisons entre lesquelles chacun pourra choisir, soit
d'après les ressources qu'il trouve dans les sujets dont il
peut disposer, soit d'après le plus ou moins d'étendue qu'il
veut donner à ses occupations personnelles; car il devra
employer d'autant plus de temps à la direction des opérations, qu'il aura à donner ses ordres à un plus grand nombre de subordonnés. Le maître peut instituer un chef dans
chaque branche de service, et lui donner directement ses
ordres pour l'exécution des travaux qui le concernent.
C'est alors ce chef qui lui rend compte de l'exécution des
travaux et de la conduite de tous les employés qui sont

sous sa juridiction, et qui est seul responsable de l'accomplissement des ordres qu'il a reçus. Ainsi il y aura, je suppose, un chef d'attelage, un chef de main-d'œuvre, un chef berger, etc., qui communiqueront seuls avec le maître, qui recevront ses ordres et les feront exécuter, chacun dans sa partie.

Si les attelages n'emploient pas plus de quatre ou cinq hommes, le chef conduira lui-même un attelage, et il sera seulement le premier valet de labour. Mais là où les employés des attelages sont nombreux et les travaux variés, il sera indispensable que le chef soit généralement libre de sa personne, afin qu'il puisse se porter sur les lieux qui réclament sa surveillance. Dans beaucoup de cas, il convient de réunir sous un seul chef les attelages et la main-d'œuvre, parce que ces deux services se confondent souvent, par exemple lorsque des manouvriers sont employés à charger des voitures de fumier, de foin ou de gerbes. On peut alors donner à ce chef le titre de *chef de culture;* mais cela exige que cet employé ait sous ses ordres un chef d'atelier constamment occupé à diriger et à surveiller les manouvriers, car c'est une occupation qui ne peut souffrir aucune interruption, comme je le dirai dans la 4e section de ce chapitre : le chef de culture ne pourrait surveiller les travaux des attelages sans quitter souvent l'atelier des manouvriers. Le maître peut aussi instituer un seul employé comme chef de toutes les branches de l'exploitation ; cet employé prend ordinairement le titre de *régisseur* agricole.

Dans tous les cas, le maître ne peut apporter trop de

soins à soutenir l'autorité des chefs sur leurs subordonnés, et il faut qu'il sache s'effacer lui-même pour fortifier une autorité qui n'est en définitive pour lui qu'une manière d'exercer son propre pouvoir. Il doit bien se pénétrer de l'idée qu'il ne peut plus exercer qu'à l'égard des chefs qu'il a créés l'autorité qu'il leur a déléguée. Le chef est responsable envers lui, dans l'étendue de ses attributions, de l'exécution des ordres qu'il a reçus, mais il serait impossible que cette responsabilité pesât sur lui, et qu'il exerçât une autorité suffisante sur les subordonnés, si le maître ne s'abstenait avec le plus grand soin de donner personnellement des ordres aux individus qu'il a placés sous l'autorité du chef, ou de permettre qu'aucun autre que lui-même exerçât une autorité quelconque sur les employés qui ne doivent recevoir d'ordres que du chef. S'il arrive, dans des cas assez rares, que le maître ait à donner directement quelques ordres à des subordonnés, il doit en avertir directement le chef, et il faut que les subordonnés sachent que le maître attache une grande importance à ce que l'ordre qu'il a pu donner ainsi ne contrarie en rien ceux qui ont été donnés par le chef.

La conduite du maître à l'égard des chefs doit être dictée par la bienveillance, et elle doit être propre à leur inspirer de la confiance en eux-mêmes et des sentiments d'émulation, en les élevant à leurs propres yeux ainsi qu'à ceux de leurs subordonnés. Il discutera fréquemment avec eux la convenance d'exécuter telle opération, ou de l'exécuter de telle ou telle manière, et il se rendra sans hésiter à leur avis, toutes les fois qu'il le trouvera fondé en raison et quand même il aurait manifesté d'abord une opinion contraire ; mais dès qu'il aura pris une décision d'après cette discussion, il ne devra jamais permettre que le chef mette sa propre volonté à la place des ordres qu'il a reçus.

Il est indispensable toutefois de laisser au chef une certaine latitude dans l'exécution des ordres : il faut qu'il puisse prendre sous sa responsabilité de faire autre chose que ce qui était commandé, ou de le faire autrement, car il arrive fréquemment que des variations subites de température, ou d'autres circonstances imprévues, rendent nécessaires des dispositions que le maitre n'avait pas fait entrer dans ses prévisions. Dans des cas semblables, le chef rend compte des motifs qui l'ont fait agir : le maitre doit l'approuver lorsque ces motifs étaient bien fondés, et surtout lorsqu'ils n'étaient pas puisés, de la part du chef, dans une disposition à suivre ses propres volontés plutôt que celles du maitre.

En général, il importe beaucoup que le maitre étende la confiance qu'il accorde aux chefs, autant que ceux-ci le méritent par leur capacité et par l'intérêt qu'ils prennent aux succès des opérations : lorsqu'on s'est assuré par une longue expérience de l'intelligence d'un chef et de son désir de bien faire, il conviendra de s'en rapporter à lui pour une multitude de détails d'exécution. Il suffira souvent de lui indiquer les opérations qui doivent être exécutées, en le laissant maitre de prendre pour l'exécution l'instant le plus opportun. Rien n'encourage plus les chefs que ces témoignages de confiance, et rien ne développe davantage leur intelligence et leur activité ; mais il faut que le maître se mette en situation de pouvoir toujours juger de l'usage que font les chefs de cette latitude, et il faut que ces derniers lui rendent compte jour par jour de toutes leurs opérations. On ne doit pas étendre cette confiance trop légèrement, car c'est une route dans laquelle il n'est pas possible de reculer : c'est presque toujours se mettre dans la nécessité de renvoyer un chef, que de vouloir resserrer l'étendue de l'autorité qu'on lui avait accordée.

Il est très-utile que le maître réunisse tous les chefs, chaque soir à heure fixe et après la terminaison des travaux du jour, afin de se faire rendre compte des opérations et de donner ses ordres pour le lendemain. Pendant vingt ans, j'ai suivi cette méthode à Roville, et j'ai pu apprécier par expérience les avantages que l'on en peut retirer. A huit heures précises, au son d'une cloche, les chefs se rendaient au bureau : et j'entends ici, par chefs, les hommes qui dans les diverses branches de service recevaient les ordres directement de moi. Tout le monde étant assis, on commençait par inscrire, d'après les indications fournies par les chefs respectifs relativement aux diverses branches des opérations, toutes les notes qui devaient servir à la tenue de la comptabilité. Ainsi, on inscrivait le nombre d'heures appliquées dans la journée par chacun des employés de la ferme, individuellement, à chaque genre de travail ; le nombre d'heures employées par les chevaux et par les bœufs à chaque espèce de travaux ; la consommation de chaque genre d'animaux en fourrages de diverses sortes ; le nombre de voitures de fumiers conduites dans la journée dans chaque pièce de terre, ainsi que la provenance de ce fumier ; le nombre des gerbes de chaque espèce de céréales rentrées, en indiquant les pièces d'où on les avait tirées et les lieux où on les avait serrées ; le nombre de gerbes battues et le produit en grains ; la quantité de fourrage rentré provenant de chaque pièce de terre ou de prés ; la nature des travaux de culture exécutés sur chaque pièce de terre, etc. Au moyen de tableaux disposés d'une manière convenable, et où il n'y avait généralement que des chiffres à poser dans des colonnes tracées à l'avance, tout ce travail n'exigeait jamais plus de six à sept minutes. Ensuite, sur les questions que je leur adressais, les chefs donnaient les renseignements que je désirais sur les diverses opérations de la journée, et ils recevaient mes instructions pour le travail du lendemain. Cette séance, que l'on nommait *l'ordre*, et à laquelle tous les élèves de l'institut étaient admis à assister, ne durait généralement que de quinze à vingt minutes.

Il y avait en outre le *petit ordre :* à midi précis, au moment où les chefs rentraient pour le dîner, je me rendais au bureau, où venaient ceux qui avaient quelque communication à me faire, ou ceux que j'avais fait appeler. Le chef de culture s'y rendait régulièrement tous les jours pour me fournir des renseignements sur les opérations de la matinée, et recevoir de nouvelles instructions s'il y avait lieu. Cela se passait debout, et ne durait que quelques minutes. Outre ces trente minutes environ que j'employais à donner la direction à toutes les opérations, je consacrais

chaque jour une heure ou deux à visiter les diverses parties de la ferme, principalement celles ou s'exécutaient les
travaux ; et c'était là en réalité tout le temps que j'employais à la direction d'une ferme de deux cents hectares,
du moins lorsqu'après quelques années de mise en train
la machine fut complétement organisée et le personnel
formé.

Je ne conseillerai certes pas aux propriétaires qui font
valoir leur domaine de consacrer aux soins de la surveillance une aussi petite portion de leur temps : il y a toujours beaucoup à gagner à ce que le maître soit présent
d'une manière plus assidue sur les lieux des travaux. Mais
l'ordre et la précision avec lesquels tout marchait dans la
ferme de Roville, et l'activité avec laquelle les travaux
s'exécutaient, montrent tout ce qu'on peut attendre d'une
bonne organisation parmi les agents de la culture. La
réunion quotidienne du soir était pour une grande part
dans le résultat obtenu : outre que le maître gagne beaucoup de temps par ce moyen dans ses relations avec les
chefs, on s'imaginerait à peine jusqu'à quel point cette
institution tend à mettre de l'ensemble dans les travaux, et
à inspirer de l'émulation aux chefs. Leurs comptes rendus
se contrôlent respectivement et méritent bien plus de confiance lorsqu'ils sont ainsi soumis à une espèce de publicité. Les ordres ont aussi bien plus de poids, lorsqu'ils
sont donnés en présence de tous. La même opération
exige souvent le concours de plusieurs chefs, et chacun
connaît d'avance la part qu'il doit y prendre.

Je dois dire aussi que dans des cas extraordinaires, mais

qui ont toujours été fort rares, les chefs étaient admis auprès de moi à toute heure de la journée. Tous les maîtres
auront occasion de remarquer, à cet égard, que certains
chefs recherchent ces entrevues particulières qui semblent
accroître leur importance à l'égard des autres. On devra
renvoyer rigoureusement au droit commun, c'est-à-dire à
l'ordre du soir, ceux qui se présenteraient sans un motif
réel d'urgence, à moins qu'il ne s'agisse de choses qui exigent le tête à tête. De ce nombre sont toutes les plaintes
personnelles contre d'autres employés. La conduite du maître, dans les cas de ce genre, est souvent délicate ; mais il
ne doit parler et agir que d'après de mûres réflexions, car
c'est de la conduite qu'il tient dans ces occasions que dépend en grande partie la paix entre les employés. Si la
plainte est portée par un employé contre son chef, le maître fera bien de le laisser parler tout à son aise : le ques-
tionner serait déjà compromettre l'autorité du chef, car ce
serait se livrer à une enquête contre lui. Après avoir
écouté le plaignant, il le renverra sans blâme s'il n'y a
pas évidemment de torts de son côté, mais sans lui donner
aucune satisfaction. Il fera toutefois son profit de ce qu'il a
entendu, et il questionnera le chef sur les faits, s'ils présentent quelque gravité, car autrement ce serait une faute
de faire connaître au chef des plaintes qui n'ont eu souvent pour motif qu'un moment d'humeur.

Lorsque des plaintes sont portées au maître par un chef
contre un autre chef, ou par un employé inférieur contre
un de ses camarades, si la plainte est ou semble être faite
dans l'intérêt du maître, sans avoir été provoquée par une

demande de renseignements, c'est une délation, et il faut bien se garder de l'accueillir avec faveur. On avisera toutefois à prendre des informations s'il y a lieu, car il faut que le maître sache toujours la vérité sur toutes choses, mais ce ne sera jamais près des subordonnés que l'on prendra ces informations à l'égard de leur chef, car on affaiblirait l'autorité de ces derniers.

Lorsque les plaintes d'un employé subalterne ont pour objet des mauvais traitements reçus d'un camarade, c'est toujours au chef qu'il faut renvoyer l'affaire pour éclaircir les faits. Lorsque des plaintes de ce genre sont portées par un chef contre un autre chef, il faut bien se garder de les faire venir ensemble pour les interroger : on provoquerait presque toujours une scène violente, sinon à l'instant même, du moins lorsque ces hommes ne se trouveraient plus en présence du maître. Il convient dans ce cas de les interroger à part, en se faisant rendre par chacun d'eux un compte très-détaillé des faits, dans lesquels il y a presque toujours des torts respectifs. En parlant à chacun d'eux, on s'efforcera de lui faire sentir les torts qu'il a eus de son côté, sans dissimuler les torts de l'autre partie, mais en les atténuant autant qu'il est possible. En tenant cette conduite, on parvient presque toujours à calmer l'irritation, lorsqu'elle n'a pas sa source dans une de ces antipathies qui font que deux hommes ne peuvent pas vivre ensemble. Dans ce dernier cas, le maître fera bien de ne pas trop tarder à faire un choix entre ces employés, car autrement il courrait le risque de perdre celui des deux qui lui était le plus utile. Au surplus, les antipathies poussées à ce point sont fort rares entre les employes, lorsque le maître sait s'y prendre convenablement dans sa conduite à leur égard.

Les plaintes des chefs contre leurs subordonnés, non-seulement ne sont pas de la délation, mais sont pour eux un devoir ; il faut que tout le monde sache que le maître exige rigoureusement que les chefs lui rendent compte de tous les sujets de plaintes de cette espèce. S'il arrivait que le maître apprît qu'il a été commis par un des subordonnés une faute dont le chef ne lui a pas rendu compte, il devrait adresser au chef, en présence des subordonnés, le reproche de s'être rendu lui-même coupable par son silence. C'est également en présence des subordonnés que le maître doit adresser aux chefs certains reproches qui doivent accroître la force de leur autorité, par exemple celui d'avoir manqué de fermeté lorsqu'il est reconnu qu'un atelier est resté oisif ou n'a pas exécuté le travail qu'il aurait dû faire dans un temps donné. Mais c'est toujours en particulier qu'on doit adreser aux chefs les reproches qui sont de nature à les humilier envers leurs subordonnés. Au surplus, dans tous les cas, c'est à la personne même de qui on avait à se plaindre que doivent s'adresser directement les reproches : il y a indiscrétion et presque toujours faiblesse à mettre d'autres dans la confidence de ces plaintes, sans les adresser au coupable lui-même.

C'est toujours en particulier que le maître doit écouter les plaintes qui lui sont faites par les chefs contre leurs subordonnés, et il doit bien se garder de croire qu'avant de condamner un de ces derniers sur les plaintes du chef,

il lui faille entendre la défense de l'inculpé : ce serait placer le chef et le subordonné sur un pied d'égalité, que de
considérer le sujet de la plainte comme un débat entre
eux, dont le maître doit être le juge ; l'autorité des chefs
ne pourrait se soutenir dans une telle position. Malgré les
idées qu'on aurait pu prendre à cet égard dans d'autres situations de la vie, il est certain que c'est d'après le rapport
des chefs que le maître doit prendre sa décision. Mais aussi,
comme il est fort important que cette décision soit conforme à l'équité, le maître ne doit rien négliger pour arriver à une exacte appréciation des faits, d'après les moyens
dont il peut faire usage. D'abord, il devra toujours attendre,
pour recevoir le rapport du chef, que le premier moment
d'irritation de ce dernier soit passé. Alors il le questionnera
longuement, en lui demandant des détails très-circons-
tanciés sur les faits, et sur les paroles qui ont été pronon-
cées de part et d'autre. Il sera bon qu'il apprenne de lui
quels ont été les témoins du fait, comme s'il voulait se
livrer à des informations auprès d'eux : il obtiendra ainsi
une nouvelle garantie de la sincérité de la narration. S'il y
a eu des torts du côté du chef, comme cela arrive fort
souvent, il faut que le maître sache les discerner d'après
son propre compte rendu, et qu'il les lui fasse sentir. En
un mot, il faut que les chefs sachent que le maître veut
soutenir leur autorité, mais qu'il n'est pas disposé à accueillir légèrement leurs plaintes.

C'est dans ces occasions que le maître peut exercer une
grande influence sur la moralité des chefs, en leur faisant
comprendre leurs devoirs envers leurs subordonnés. D'a—

près la connaissance du caractère particulier de chaque chef, le maître dirigera ses conseils et ses recommandations de manière à développer les bonnes qualités et à corriger ou du moins à atténuer les défauts de chacun. La sévérité est quelquefois nécessaire envers les chefs lorsqu'ils ont eu des torts graves, mais, en général, c'est par des paroles de bienveillance et de raison qu'il convient de procéder.

On leur fera sentir que l'autorité ne pourrait rester entre leurs mains, si leur conduite envers leurs subordonnés n'était dirigée par la plus exacte impartialité, et s'ils ne savaient pas conserver, dans le cas où l'un de ces derniers aurait eu des torts, le calme et la modération qui doivent toujours accompagner l'exercice du pouvoir. On leur fera comprendre la nécessité de conserver leur dignité, en évitant tout acte d'intempérance et une conduite trop familière avec leurs subordonnés, etc.

Beaucoup de personnes seront disposées à penser qu'il serait fort difficile de trouver, dans les agents ordinaires de la culture, des sujets capables d'exercer les fonctions de chef dont je viens de parler, et cette opinion sera très-plausible aux yeux de ceux qui ne jugeront ces agents que par les dispositions qu'ils manifestent dans les exploitations rurales ordinaires. Mais on s'imaginerait à peine jusqu'à quel point l'apathie et le défaut d'intelligence que l'on remarque généralement chez eux sont le résultat de la position vicieuse dans laquelle ils sont placés, relativement à l'exercice de l'autorité à laquelle ils sont soumis. Dans la plupart des agents ordinaires de la culture, il y a sans doute peu de ressources pour en former des chefs, mais lorsqu'ils sont soumis à une organisation bien calculée, il en est peu, dans quelque pays que ce soit, dont on ne puisse tirer de bons services, à part les cas d'habitude d'inconduite grave. Et dans le nombre il se développe bientôt, chez quelques individus, des dispositions d'intelligence et de capacité qui seraient restées étouffées pour toujours sous un régime qui anéantit toute espèce d'émulation parmi les subordonnés.

Ce sont ces dispositions que le maître doit rechercher avec soin, car, quoiqu'il soit entièrement libre de déléguer une portion de son autorité à qui il lui plaît, il ne faut pas qu'il croie que son choix peut être dégagé de certaines considérations morales. Dans toutes les classes, les supériorités individuelles se manifestent très-clairement aux yeux de tous, et le choix du maître doit être d'accord avec ce sentiment. Si l'opinion s'établissait parmi les subordonnés que tel chef ne mérite pas d'occuper ce poste, le maître se serait certainement trompé en le lui conférant. Il doit donc apporter le plus grand soin à étudier les qualités personnelles des hommes qu'il veut investir de l'autorité : la probité et la bonne conduite avant tout, ensuite l'intelligence, l'activité et l'aptitude spéciale à commander, sont les dispositions naturelles qu'il doit rechercher. Il ne peut trop se mettre en garde contre la pente qu'on éprouve naturellement à se laisser guider par certaines dispositions qu'ont quelques hommes de se rendre personnellement agréables au maître, car de telles dispositions ne supposent en aucune façon les qualités nécessaires à l'exercice de l'autorité.

Il ne faut pas que l'on s'attende toutefois à pouvoir former immédiatement un personnel bien composé en chefs et en subordonnés : c'est l'œuvre du temps. Mais si le maître possède de la sagacité et un certain tact dans l'art de juger les hommes ; s'il sait s'attacher par des avantages suffisants et par une position qui leur plaise ceux qui peuvent être utiles à ses vues ; s'il prend le soin de former leur éducation dans l'exercice de l'autorité par les moyens que j'ai indiqués, quelques années ne se passeront pas sans qu'il ait réussi, au milieu de quelque population que ce soit, à s'entourer d'agents capables de le seconder.

Si l'on compare maintenant au tableau que je viens de tracer l'état de choses que l'on peut observer dans le plus grand nombre des exploitations rurales, on comprendra facilement tous les vices de l'organisation du personnel dans ces dernières. Je me trompe en parlant d'organisation, car il n'en existe aucune : les subordonnés, en nombre plus ou moins considérable, employés souvent sans distinction à tous les travaux ; le fermier, ses fils et quelquefois son épouse donnant indistinctement des ordres à tous, selon que chacun se trouve là pour ordonner, ou que tel homme se trouve là pour recevoir les ordres, voilà ce qu'on rencontre presque partout. C'est une anarchie complète, et les résultats sont ceux que l'anarchie entraîne presque partout à sa suite. Les fils du cultivateur, qui pourraient lui être si utiles s'il savait les employer, ne sont ordinairement qu'un obstacle de plus à tout ordre régulier dans l'exercice de l'autorité ; il est remarquable que c'est surtout dans les fermes où il existe un ou plusieurs fils de la maison en âge de commander, que s'établit surtout l'opinion que le cultivateur ne peut tirer aucun bon service des valets : c'est là que ceux-ci montrent le plus de paresse et d'insouciance, le moins d'attachement pour la maison, ou d'intérêt pour les opérations qu'ils exécutent. C'est qu'ils sont vraiment placés dans une position qui abrutirait le sujet doué des plus heureuses dispositions, et je pourrais ajouter que cette position n'est pas moins abrutissante pour les fils de la maison et pour le maître lui-même, dans l'impossibilité où ils sont tous d'exercer une autorité qui n'appartient à personne, parce qu'elle est le partage de tous.

A moins que les fils du fermier ne soient d'une entière incapacité, il pourra en faire de bons chefs, dont l'autorité s'établira beaucoup plus facilement que celle d'un valet ordinaire qu'on élèverait à ces fonctions ; mais il faut que le père de famille délimite avec précision l'autorité qu'il accorde à chacun, de même qu'il le ferait pour des étrangers, et qu'il tienne toujours exclusivement en ses mains l'autorité supérieure qui coordonne l'action de toutes les parties de la machine. La fermeté de caractère lui est certainement indispensable pour qu'il puisse atteindre ce but, mais cette fermeté ne lui sert absolument à rien s'il ne trouve, dans un certain esprit naturel d'ordre, l'intelligence du plan d'organisation à l'aide duquel son autorité peut se transmettre et s'exercer sur tous les points, en son absence comme en sa présence.

Quant aux propriétaires qui prennent quelquefois des régisseurs agricoles hors de la classe des agents ordinaires de la culture, par exemple parmi les jeunes gens sortis des instituts, des fautes du même genre que celles que je viens de signaler ont fait souvent avorter cette combinaison, parce qu'il est vrai qu'en France très-peu de propriétaires ont su placer ces régisseurs dans la position sans laquelle on ne peut tirer d'eux de bons services. Tel propriétaire s'est plaint de l'exigence d'un régisseur sous le rapport de l'autorité dont ce dernier demandait à jouir, et il s'est dit que s'il cédait à cette exigence, il se condamnerait à rester lui-même étranger dans son propre domaine. C'est là méconnaitre entièrement les moyens d'assurer l'exercice de sa propre autorité : le régisseur doit être dans la dépendance entière du propriétaire, à qui il peut bien proposer ses plans et ses idées, mais qui doit toujours rester le maître de les adopter ou de les rejeter. Ainsi, tout ce que le régisseur fera exécuter émanera réellement de la volonté du propriétaire, mais celui-ci doit lui laisser une autorité entière sur les agents inférieurs. S'il veut partager cette autorité avec le régsiseur, il est certain que ni l'un ni l'autre ne pourront l'exercer convenablement, et il en résultera bientôt un mécontentement réciproque qui rendra la séparation inévitable.

Il se présente, au reste, une grave difficulté dans cette combinaison, pour les propriétaires qui manquent de connaissances et surtout d'expérience pratique dans l'art agricole. S'ils prennent un régisseur, qu'ils supposent pourvu de ces connaissances, il y a dès ce moment interversion fâcheuse dans les positions, car il est indispensable que ce soit le propriétaire qui commande, et le commandement suppose la capacité. D'ailleurs le régisseur peut fort bien se tromper sur la marche qu'il conseille de suivre au propriétaire, et il faut que ce dernier soit en état de juger lui-même cette marche, et d'apprécier toutes les opérations de son agent. Aussi, cette combinaison n'aura de succès durable que dans le cas où le propriétaire, s'il n'était pas déjà un agriculteur habile, se mettra promptement, par ses observations et par des discussions approfondies avec le régisseur, en état de connaître lui-même l'ensemble et les détails des travaux qu'il convient d'exécuter sur sa propriété. L'impulsion ne doit partir que de lui, et cette impulsion, pour être sagement calculée, doit s'appuyer sur des connaissances réelles. Quant à une confiance implicite au moyen de laquelle le propriétaire donnerait carte blanche au régisseur, ce dernier n'a aucun droit de la demander ; il serait toujours imprudent au propriétaire de l'accorder, et elle ne manquerait pas d'aboutir à de graves mécomptes de part et d'autre.

Au total, si l'on recherchait avec soin la cause du défaut de succès des spéculations agricoles, soit que l'on considère la classe des grands propriétaires qui font valoir leurs domaines, soit qu'on descende jusqu'aux fermiers des exploitations de peu d'importance, on trouverait que le mal se rencontre bien plus souvent dans le défaut d'intelligence des moyens à employer dans l'administration du personnel, que dans les vices des procédés de culture ; en supposant le même système agricole, la bonne ou la mauvaise administration apporteront d'immenses différences dans les résultats, car c'est seulement de l'ordre établi parmi le personnel que l'on peut attendre l'exact emploi du temps des hommes et des attelages, l'économie et l'à-propos dans l'accomplissement des travaux, et la bonne exécution de toutes les opérations. Ici, de même que dans tous les cas où il est nécessaire d'employer le travail d'ouvriers et d'agents salariés, l'art du commandement se place en première ligne parmi les éléments de succès, et l'esprit d'ordre et d'organisation forme un des points les plus importants dans l'art du commandement. Tel homme, quoique doué d'un esprit judicieux, ne reconnaîtra peut-être cette vérité qu'après une assez longue pratique, et il comprendra alors combien il lui eût été utile qu'on eût appelé son attention sur ce point si important, dès le début de sa carrière agricole.

CHAPITRE II

TROISIÈME SECTION
DES EMPLOYÉS SUBALTERNES

On a souvent agité la question de savoir s'il est préférable de prendre pour valets ou pour employés des hommes mariés qui se nourrissent eux-mêmes, ou des garçons qui sont nourris à la maison. On n'a pas toujours le choix entre ces deux combinaisons, car on ne peut adopter la première que lorsque l'exploitation se trouve au centre d'une commune populeuse, à moins qu'on ne fournisse des logements, pour eux et leurs familles, aux valets mariés qu'on engage. Au reste, ces deux combinaisons ont chacune leurs avantages et leurs inconvénients particuliers. Les valets que l'on nourrit coûtent presque partout plus cher que ceux auxquels on donne la totalité de leur salaire en argent, ou partie en argent et partie en denrées applicables à leur subsistance. Mais aussi les premiers sont bien mieux à la disposition du maitre, on en tire généralement plus de travail, et on peut plus facilement atteindre d'eux, sinon du dévouement, du moins de l'intérêt pour l'exploitation à laquelle ils sont attachés.

Parmi un certain nombre de valets traités convenablement et soumis à une organisation régulière, il s'établit facilement un certain esprit de corps que l'on doit encourager autant qu'on le peut, et qui est extrêmement utile à leur moralité et à l'exécution des travaux ; mais cet esprit de corps ne se formera guère que parmi les hommes qui vivent constamment entre eux et mangent à la même table. La formation de cet esprit est peut-être un des indices les plus caractéristiques d'une bonne organisation et du contentement des employés, car il ne s'établit jamais qu'au milieu d'hommes qui sont satisfaits et même fiers de leur position.

Rien ne contribue davantage à établir parmi les valets les habitudes de moralité sans lesquelles le maître ne peut être bien servi, que l'attention la plus scrupuleuse de ce dernier à se tenir envers tous dans les limites de l'équité la plus impartiale, à ne tolérer aucun désordre grave dans la conduite, et surtout à flétrir d'un renvoi immédiat la plus légère atteinte à la probité : c'est là un point sur lequel on ne peut pousser trop loin la sévérité. Le maître doit bien se garder de tolérer aucun acte contraire à la probité, quand même il aurait été commis dans son propre intérêt. L'honnête homme seul, au reste, peut espérer d'être servi par des valets probes et fidèles, et les recommandations ou les reproches n'y pourraient rien, s'il ne leur donne l'exemple de la droiture dans ses relations soit avec eux, soit avec les étrangers. Nos valets sont à cet égard nos juges les plus clairvoyants, et nul ne passera près d'eux pour un homme intègre et fidèle à ses engagements, s'il ne l'est en réalité.

Pour les autres genres de reproches qu'un maître peut adresser à ses subordonnés, il faut savoir à propos user d'indulgence aussi bien que de fermeté. L'une des études les plus importantes pour l'homme qui est appelé à commander à d'autres, est de rechercher, pour chaque circonstance, les limites qu'il convient d'établir entre la sévérité et l'indulgence : ce n'est jamais qu'après mûre réflexion qu'il doit prendre ses déterminations sur ce sujet. Aussi, l'homme prudent évitera avec soin d'infliger des punitions ou même d'adresser des reproches graves sous l'impression de l'emportement et de la colère, dont il n'est guère au pouvoir de personne de se garantir complétement.

Les punitions ne peuvent guère consister qu'en des amendes pécuniaires, dont l'usage est fort utile lorsqu'on sait employer ce moyen avec réserve : ces amendes doivent toujours se combiner avec des gratifications accordées périodiquement aux valets dont la conduite a été exempte de tout reproche. Le maître peut annoncer, par exemple, qu'il consacrera chaque mois à des récompenses une somme de cinq à dix francs, selon le nombre de ses valets. On ajoutera à cette somme le montant des amendes encourues pendant le mois, et le tout sera distribué par parts égales en gratifications le premier dimanche du mois suivant, sans que ceux qui ont encouru des amendes puissent y prendre part. Le taux des amendes ne doit pas être élevé, et il ne conviendra presque jamais qu'il dépasse les limites de cinquante centimes à un franc, somme déjà importante pour les gens de cette classe. Il faut d'ailleurs

éviter avec grand soin d'employer fréquemment ces punitions, qui causent presque toujours beaucoup de mécionten-
tement chez ceux qui en sont l'objet : il convient donc de
ne pas multiplier les cas d'amende et de n'appliquer ce
moyen qu'aux négligences graves, aux manquements à la
discipline ou à des ordres précis.

Depuis que j'ai établi à Roville la combinaison de gratifications et d'amendes que je viens d'exposer, je n'ai eu
qu'à m'en applaudir, et j'ai reconnu que le maître se donne
par là un moyen d'action très-efficace sur la conduite des
subordonnés. Il est bien entendu qu'on ne doit faire concourir entre eux, dans ce système, que les hommes placés
dans une position analogue relativement au service. S'il y
a par exemple dans les attelages des garçons et des valets
mariés, comme les amendes seront fréquemment encourues pour infractions aux règlements établis relativement à
l'heure à laquelle les valets doivent rentrer le soir, les
valets mariés, qui ne sont pas soumis à cette règle, ne
pourront concourir avec les autres pour le partage des
amendes. Les chefs doivent être rigoureusement exclus de
ce partage, et il ne conviendra guère de leur infliger des
amendes, parce que cela nuirait à la considération dont ils
doivent jouir. Les gratifications qu'ils auront pu mériter
leur seront données d'une autre manière.

Au reste, le succès que l'on pourra attendre de l'application des amendes aussi bien que des gratifications, dépendra essentiellement du degré de confiance que le maître
aura su inspirer aux valets, relativement à l'impartiale
équité avec laquelle les unes et les autres seront distri-

buées : les moyens de ce genre seront beaucoup plus nuisibles qu'utiles entre les mains du maître qui aurait laissé s'accréditer, parmi les valets, l'accusation de favoritisme ou de préventions mal fondées contre tel individu. Il ne faut pas non plus que les soupçons du même genre puissent planer sur le chef qui fait au maître les rapports d'après lesquels les amendes sont infligées. Aussi le maître devra-t-il entendre ces rapports en particulier, et discuter longuement avec le chef la valeur réelle des faits qui peuvent donner lieu à punition. C'est ensuite à la réunion du soir, en présence de tous les chefs, qu'il prononcera l'amende, dont on prend note immédiatement avec indication du motif. Dans aucun cas, le maître ne devra autoriser les chefs à infliger eux-mêmes des amendes ou toute autre punition.

La nourriture des valets doit être réglée sans prodigalité, mais sans parcimonie. Partout il faut s'assujettir à cet égard à certains usages locaux que l'on ne pourrait changer sans de graves inconvénients, parce qu'une nourriture souvent meilleure plairait beaucoup moins aux habitants de la campagne que le régime auquel ils sont habitués. Ce n'est donc qu'avec une extrême circonspection que l'on devra tenter d'introduire dans un canton l'usage de tel aliment qui est du goût des habitants d'un autre pays. Il importe infiniment que les valets soient satisfaits de leur manière de vivre, car ce n'est qu'à cette condition qu'ils s'attachent à leur position, et qu'on pourra en attendre de bons services. C'est même un fort bon calcul que de faire en sorte qu'ils se trouvent un peu mieux traités chez vous qu'ils ne le seraient dans les autres exploitations du pays. Cependant il importe d'éviter toute exagération de ce principe : il faut bien traiter ses valets, mais il ne faut pas les gâter.

Ce principe s'applique également aux règlements des salaires. Il importe beaucoup qu'ils soient réglés avec impartialité selon le mérite réel de chacun, mais aussi selon l'ancienneté des services. Il faut en effet que chaque employé entrevoie une augmentation de salaire dans la suite, comme la récompense de sa bonne conduite. Par ce motif, il est prudent de ne pas élever plus qu'il n'est rigoureusement nécessaire le salaire des valets qu'on engage, mais il faut que tous aient l'assurance que leur bonne conduite et leurs services seront pris en considération à l'époque des rengagements.

Il est fort utile de ne pas faire partir de la même époque de l'année les engagements de tous les valets d'une ferme. C'est là un usage presque général ; seulement l'époque varie selon les cantons. Rien ne tend davantage à favoriser la disposition qu'ont fréquemment les valets à s'entendre entre eux pour imposer la loi aux maîtres, par la menace de le quitter tous à la fois. Avec un peu d'adresse, on parviendra partout à s'affranchir graduellement de cette contrainte, soit par des engagements pour un an contractés dans le courant de l'année avec de nouveaux valets accidentellement sans place, soit en déterminant quelques-uns des anciens à contracter des engagements pour une année, avant le terme de leur engagement précédent. Ensuite, si l'on a soin, comme on doit toujours le faire, de ne payer aux valets que des à-compte qui leur laissent à toucher à la fin de l'année une partie importante de leurs gages, on est assuré qu'ils ne partiront pas avant cette époque.

C'est par des moyens de ce genre qu'on parviendra, dans le cours de quelques années, à se créer au moins le noyau d'un personnel d'employés attachés à l'exploitation par des liens durables, dans les localités mêmes où il est d'usage à peu près constant que les valets quittent chaque année la ferme où ils ont trouvé du travail : on ne peut faire trop d'efforts pour atteindre ce but, car rien n'est possible en améliorations agricoles et en bonne administration avec un personnel ainsi renouvelé chaque année. Je ne conseillerais toutefois à personne de tenter de remédier à ce mal, comme on a voulu le faire quelquefois, en faisant contracter aux valets des engagements pour plusieurs années : un tel lien est complétement illusoire. Toutes les fois qu'un homme sera mécontent de sa position chez vous, il saura bien vous forcer à le renvoyer, s'il ne vous quitte pas lui-même. Cependant il convient dans la plupart des cas d'engager les valets pour une année, ce qui forme le cercle entier des travaux agricoles.

Quelques personnes, en organisant une exploitation agricole, ont cru devoir commencer par dresser un règlement écrit comprenant les obligations des valets dans les diverses branches du service, ainsi que les dispositions d'ordre intérieur. Je ne pense pas qu'aucun règlement préparé ainsi à l'avance ait pu supporter l'épreuve de l'expérience : du moins, dans les cas qui me sont connus, il a fallu ou que le maître renonçât bientôt à son règlement, ou qu'il abandonnât son exploitation, lorsqu'il s'est obstiné à vouloir le faire exécuter. Il est impossible, en effet, que l'homme qui n'a pas une très-longue habitude de l'administration du personnel d'une ferme puisse établir des dispositions convenables pour un tel règlement ; quant au cultivateur expérimenté, il le regardera comme superflu et comme beaucoup plus nuisible qu'utile, parce que dans les cas semblables le maître se lie beaucoup plus lui-même qu'il ne lie les autres par les dispositions d'un règlement. Il faut qu'il conserve son autorité tout entière pour toutes les éventualités.

On pourra cependant faire un règlement spécial pour certaines branches du service, par exemple pour fixer l'heure à laquelle les valets doivent rentrer le soir tous les jours de la semaine et le dimanche, ainsi que pour établir l'ordre dans lequel seront exécutées par les valets certaines corvées qui doivent alterner entre eux. Mais ce n'est que lorsque l'expérience aura prononcé sur la convenance des règles que l'on aura d'abord fixées verbalement, qu'il pourra convenir de les écrire pour en faire un règlement dont on donnera communication aux valets qu'on engagera. Il pourra se former ainsi à la longue divers règlements spéciaux qu'il n'est pas nécessaire de réunir en un seul, parce qu'ils ne concernent souvent pas les mêmes employés. En général, pour le plus grand nombre des obligations des valets, il se formera naturellement des habitudes de régularité dans une ferme administrée avec ordre, mais il faut que le maître reste toujours libre de les modifier à son gré, ou d'y faire des exceptions toutes les fois qu'il le jugera convenable. L'obligation qu'il importe d'imposer d'avance aux valets n'est pas de faire telle ou telle chose de telle ou telle manière, mais d'obéir à tous les ordres qui leur seront donnés, soit par le maître, soit par les chefs à qui il confie l'exercice de son autorité.

Malgré l'opinion contraire que pourraient concevoir quelques personnes qui ont puisé leurs idées dans d'autres espèces d'organisations hiérarchiques, je pense que ma conviction à cet égard sera partagée par tous les hommes qui ont eu à manier pendant longtemps le personnel d'une exploitation rurale.

QUATRIÈME SECTION

Des Manouvriers

Outre les chefs et les employés subalternes payés au mois ou à l'année, on est forcé de se servir, dans les exploitations rurales, de manouvriers exécutant des travaux moyennant un salaire réglé soit à la journée soit à la tâche. Les diverses localités diffèrent excessivement sous le rapport de la facilité avec laquelle on peut se procurer les ouvriers de ce genre, ainsi que relativement au salaire qu'ils exigent et à l'habileté qu'ils apportent dans le travail. Dans les cantons déjà avancés dans l'industrie agricole, où la population est nombreuse et où il n'existe pas certains genres d'usines qui emploient beaucoup de bras, on peut généralement se procurer à des prix raisonnables des travailleurs actifs et laborieux, mais il en est autrement dans certaines portions de notre territoire où l'industrie a encore fait peu de progrès. Dans ces localités, la population qui se trouve à portée d'un homme qui entreprend des travaux de culture est souvent plus nombreuse qu'il ne le faudrait pour ses besoins, mais les habitudes d'insouciance et de paresse s'y sont tellement enracinées par le défaut d'exercice des facultés morales et physiques, que le cultivateur éprouve le plus grand embarras pour obtenir l'exécution des travaux les plus simples. Il est beaucoup moins facile d'exercer de l'influence sur la population environnante, que sur un nombre limité d'employés que le maître choisit et occupe constamment.

Partout cependant, à l'aide d'un plan de conduite bien tracé et de persévérance, on parviendra à modifier ces dispositions dans les classes ouvrières. Il pourra être convenable d'appeler dans ces cantons un certain nombre d'ouvriers tirés des pays où la population est la plus laborieuse ; mais si la population du canton est déjà suffisante, c'est seulement comme des modèles à imiter qu'il conviendra dans la plupart des cas d'introduire des ouvriers étrangers. On devra bien se garder toutefois de blesser l'amour-propre des habitants de la localité, en leur présentant les étrangers comme des modèles, et en établissant entre eux des comparaisons offensantes. Mais le contact des nouveaux venus suffira pour faire naître dans l'ancienne population des habitudes favorables à son propre bien-être. L'introduction des ouvriers étrangers est toujours, au reste, une chose fort délicate ; la position du maître exige alors beaucoup de tact pour éviter les suites de la jalousie qui en résulte toujours dans la population indigène. On ne peut mettre trop de soin à faire comprendre à cette dernière qu'on lui accordera la préférence à mesure qu'elle contractera des habitudes plus laborieuses. Si l'on s'y prend avec quelque intelligence, on ne peut manquer de réussir.

C'est toujours le défaut de demande de travail qui engendre la fainéantise ; mais ce mal tend à se perpétuer, car une population misérable est nécessairement mal nourrie, et une des premières conditions du travail est un régime convenable pour la quantité et la nature des aliments. Les ouvriers ne sont physiquement capables de travail que dans la proportion des aliments qu'ils consomment. C'est là une règle que ne doit jamais perdre de vue l'homme qui fait exécuter des travaux de main-d'œuvre. Du pain de bonne qualité de froment ou de seigle doit toujours former la base de la nourriture des manouvriers : c'est en vain que l'on croirait pouvoir obtenir un bon travail de ceux dont l'alimentation consiste presque exclusivement en pommes de terre, châtaignes, maïs ou sarrasin, comme cela a lieu encore dans plusieurs de nos départements. Si l'on ajoute au pain du laitage, de la viande et une ration modérée de vin, le courage et la vigueur corporelle des travailleurs s'accroissent dans une grande proportion.

On s'étonne quelquefois de la masse de travail que l'on voit exécuter par les ouvriers, dans les populations avancées en aisance et en industrie : quoique le prix des journées y soit généralement fort élevé relativement aux cantons pauvres, les observateurs attentifs n'hésitent pas à penser que le travail s'exécute réellement à plus bas prix dans les premiers que dans les derniers. La différence vient principalement du mode d'alimentation, qui rend les individus capables d'exécuter avec moins de fatigue une plus grande somme de travail. Les substances farineuses que j'ai indiquées plus haut, ainsi que des légumes de diverses espèces, forment toutefois de bons aliments, pourvu qu'ils soient associés à des substances plus nutritives, surtout à celles qui sont d'origine animale.

Quant au lait, il forme un aliment très-salubre et très-substantiel pour tous les âges, mais c'est surtout dans les premières années de la vie qu'il exerce une très-grande influence sur le développement du corps. On ne rencontre que des populations chétives et incapables de résister à de rudes travaux, dans les cantons où les enfants des classes pauvres sont privés de laitage ; et si les populations des pays de montagnes se distinguent d'une manière si frappante par la haute stature, par la beauté des formes et la vigueur musculaire, cela vient surtout de ce que les enfants y sont nourris en grande partie de préparations du lait, qui se produit toujours en grande abondance dans ces localités.

Lorsqu'on offrira à une population quelconque un travail convenablement rétribué, il se trouvera d'abord quelques individus de l'un ou de l'autre sexe qui se détermineront à essayer de se procurer quelque aisance par ce moyen, et qui se mettront ainsi en état de se nourrir d'aliments plus substantiels. Cet exemple sera bientôt imité, si l'on sait encourager avec intelligence les premiers efforts.

Dans ces circonstances, il convient particulièrement de chercher des moyens d'occupation pour les jeunes gens et même pour les enfants de douze à quinze ans, dont on peut déjà utiliser le travail dans une exploitation rurale, et chez lesquels la paresse n'est pas encore devenue une habitude insurmontable; mais c'est là surtout qu'il est indispensable de soumettre les manouvriers à une surveillance non interrompue. On remarque, dans toutes les parties de la France, qu'à la réserve d'un très-petit nombre d'exploitations rurales dirigées avec une sagacité particulière, on ne prend nulle part les dispositions convenables pour la surveillance des manouvriers. Cependant, c'est de cette surveillance que dépendent partout l'économie et la bonne exécution des travaux, mais c'est une condition bien plus indispensable encore dans les cantons où. la population ouvrière manque d'activité et d'habitude du travail.

Lorsque des manouvriers de l'un ou de l'autre sexe sont employés isolément à des travaux particuliers, on peut leur donner directement les ordres et les instructions : on trouve une responsabilité suffisante de leur exécution dans un examen fait de temps à autre de l'état du travail. Il suffit pour cela que le maître ait quelque habitude de juger ce que peut faire un ouvrier dans un temps donné, à chaque genre d'ouvrage et dans les diverses circonstances du travail. Chaque individu est alors personnellement responsable de ses œuvres. Mais on peut poser comme règle générale que deux ou plusieurs hommes ou femmes, employés à des travaux de main-d'œuvre, ne doivent jamais travailler sans être accompagnés par un agent qui dirige et surveille leurs opérations, et qui exerce sur eux l'auto-rité d'un chef. Dans la plupart des cas, cet agent est lui-même un ouvrier qui travaille avec les autres.

Le plus souvent, dans la pratique ordinaire, on se contente de placer des ouvriers à l'œuvre en leur faisant des recommandations, et de venir de temps à autre inspecter le travail. On peut être assuré qu'on n'obtiendra rien de bon, s'il n'existe pas au nombre des ouvriers un individu chargé spécialement de faire exécuter les ordres du maitre, et sur qui repose la responsabilité de leur exécution et du bon emploi du temps; car, pour une responsabilité collective, il n'y faut pas plus compter avec des manouvriers que dans toute autre classe de la société. C'est parce qu'on' néglige presque toujours dans les opérations agricoles ce principe fondamental de l'art d'employer les facultés de l'homme, qu'on regarde comme une espèce d'axiome parmi les cultivateurs que les manouvriers sont un fléau dont on doit se garantir autant qu'on le peut. Quelques maitres croient obtenir plus d'assiduité en s'étudiant à surprendre les ouvriers au moment où ils l'attendent le moins; quelquefois même on s'embusque dans un lieu où l'on n'est pas aperçu, afin de guetter ce que fait l'atelier. Mais tout cet espionnage, qui dégrade le maitre, est entièrement inefficace pour le bon emploi du temps : le maitre s'emporte en reproches, il tempête, mais il n'obtiendra pas davantage le jour suivant. Il finit par rebuter ses ouvriers et par se dégoûter lui-même; et l'on regarde ainsi comme avéré qu'il vaut mieux laisser là les opérations les plus profitables en elles-mêmes, que de les faire exécuter par des journaliers.

Il en est tout autrement dès qu'on a adopté le principe qui fait la règle de toutes les fabriques, et d'après lequel les ouvriers employés à la journée travaillent constamment sous la surveillance d'un individu chargé seul à l'égard du maître de toute la responsabilité, relativement à l'exécution des travaux et au bon emploi du temps. La responsabilité cesse alors d'être illusoire parce qu'elle pèse sur un seul, et des ouvriers, fainéants et négligents lorsqu'ils étaient placés dans d'autres circonstances, deviennent souvent des hommes laborieux lorsqu'ils font ainsi partie d'un ensemble bien organisé. On obtient des manouvriers, par ce moyen, une masse de travail dont ne peuvent se faire une idée les hommes qui n'en ont pas acquis l'expérience.

La surveillance établie de cette manière n'est pas fort coûteuse : presque toujours, il ne s'agit que d'accorder un salaire un peu plus élevé à l'ouvrier qui remplit les fonctions de chef d'atelier. Quand même on supposerait que cet excédant s'élevât à la moitié du salaire ordinaire de la journée, on trouvera que l'augmentation de dépense n'est pas considérable, si elle se répartit sur le travail d'une dizaine d'ouvriers soumis à ce chef, et l'on ne peut faire entrer en balance ce surcroît de dépenses avec l'augmentation de travail que l'on obtient par ce moyen, quand même le chef n'aurait à diriger que quatre ou cinq ouvriers.

Mais le choix de ce chef est de la plus haute importance, et c'est de ce choix que dépend presque toujours l'économie que l'on peut obtenir sur la dépense des travaux. Rarement on peut placer à ce poste un homme ayant son domicile dans le lieu, car cet homme est lié par trop de considérations diverses pour pouvoir s'acquitter avec fermeté de la tâche qu'on lui confie. Presque jamais on ne pourra employer une femme comme chef d'atelier, quand même il ne s'agirait que de commander à d'autres femmes. L'homme propre à cette tâche doit être d'un caractère doux mais ferme, et disposé à traiter ses subordonnés sans préférence et sans partialité ; il doit être dévoué aux intérêts du maître, mais il est indispensable qu'il sache se concilier la confiance et la considération des individus qui seront sous ses ordres.

Des hommes réunissant ces qualités diverses ne sont communs nulle part, mais on en trouvera partout si on les cherche avec soin et si l'on se donne quelque peine pour les façonner à ce genre de commandement. A cet égard, il faut que le maître les dirige dans leurs débuts par des conseils donnés en particulier, comme je l'ai dit dans la deuxième section de ce chapitre. Lorsqu'on en possède un qui réunit au moins les qualités essentielles, il faut lui accorder une entière confiance dans le cercle de ses attributions : on doit lui laisser choisir les ouvriers qu'il emploie, et il faut que tous sachent qu'il dépend du chef de les renvoyer immédiatement s'il n'est pas satisfait de leur travail, ou du moins de les faire renvoyer d'après son rapport.

Le maître doit s'abstenir de donner personnellement aucun ordre aux individus qui composent l'atelier : c'est toujours au chef qu'il doit adresser ses ordres et ses instructions, ainsi que les reproches sur le mauvais emploi du temps ou sur la mauvaise exécution du travail. Lorsque le chef n'aura à surveiller qu'un petit nombre d'hommes ou de femmes, douze ou quinze au plus, il travaillera avec eux, devra leur donner l'exemple de la diligence et des soins d'exécution ; mais si l'atelier est nombreux, s'il est composé d'ouvriers peu exercés qu'il faut dresser à un certain genre de travail, le temps du chef sera beaucoup mieux employé à surveiller le travail de tous qu'à travailler lui-même.

Il est nécessaire que l'homme qu'on emploie ainsi connaisse parfaitement l'exécution des travaux qu'il devra diriger ; comme les opérations agricoles sont d'autant plus parfaites qu'elles se rapprochent davantage des procédés de la culture jardinière, il sera bon, lorsqu'on le pourra, de prendre le chef de main-d'œuvre dans la classe des jardiniers. Il ne sera pas difficile de l'habituer à négliger ce qu'il y aurait de trop minutieux, pour la culture champêtre, dans les procédés de la culture des jardins. Il est à désirer que cet homme soit garçon et nourri dans l'exploitation, parce que le maître peut bien mieux compter ainsi sur son dévouement à ses intérêts. S'il sait écrire, il est convenable que ce soit lui qui prenne note des journées des ouvriers, ou même qui dresse le tableau de main-d'œuvre d'après lequel les salaires sont payés chaque semaine.

Presque partout il est d'usage que les manouvriers employés dans les travaux agricoles reçoivent la nourriture outre un salaire en argent : quelque onéreuse que soit cette coutume, les cultivateurs ordinaires ne pourraient s'en affranchir sans risquer d'être abandonnés par les ouvriers dont ils ne peuvent se passer. Mais cela vient uniquement de ce que les cultivateurs n'emploient des ouvriers qu'à certaines époques de l'année, et tous les cultivateurs d'un canton en même temps, de sorte que les ouvriers leur dictent facilement la loi. L'expérience montre qu'il en est tout autrement pour le cultivateur qui adopte les procédés agricoles au moyen desquels il donne de l'occupation aux manouvriers pendant une grande partie de l'année. Ceux qui sont dans ce cas se trouvent dans une position beaucoup plus indépendante des travailleurs, parce qu'ils peuvent refuser d'employer, dans le temps où le travail est peu recherché, les individus qui leur auraient imposé des conditions trop dures, ou qui les auraient abandonné à l'époque des grands travaux. Dans cette situation, on pourra presque toujours s'affranchir de la nécessité de nourrir les manouvriers. Il est infiniment préférable et plus économique de payer·la totalité des salaires en argent : les ouvriers n'y perdent rien, car ils se nourrissent chez eux à bien meilleur compte, et l'on s'épargne ainsi de grands embarras.

Dans les cantons ou la classe ouvrière se nourrit très-mal, il pourrait être convenable de faire une exception à la règle dont je viens de parler, en donnant la nourriture aux ouvriers en même temps que le salaire en argent. Mais ce serait seulement pour des ouvriers que l'on emploierait continuellement et pendant un temps prolongé, car ce n'est qu'après un certain temps que les effets d'un bon régime se manifestent : des ouvriers mal nourris jusque-là consomment une énorme quantité d'aliments, lorsqu'on leur en offre de bonne qualité, et jusqu'à ce que les organes se soient mis au niveau de ce nouveau régime. On doit donc s'attendre à une très-grande dépense de nourriture, lorsqu'on distribue à des ouvriers qu'on n'emploie qu'accidentellement des aliments de qualité supérieure à ceux dont ces gens font usage chez eux.

Il est certains travaux qui se font généralement à la tâche, et quelques personnes ont cru qu'il serait utile aux cultivateurs d'étendre cet usage à beaucoup d'autres opérations. Les avantages de l'exécution à la tâche sont que l'ouvrier y travaille avec plus de diligence et d'activité, parce que son intérêt le porte à avancer la besogne autant qu'il lui est possible, et qu'il peut, pour certains travaux, y employer des membres de sa famille qui n'auraient pu travailler à la journée, parce qu'une partie de leur temps est consacrée à des occupations du ménage. D'un autre côté, cette méthode offre deux graves inconvénients. Le premier est que les ouvriers ont intérêt à faire l'ouvrage le plus promptement qu'ils le peuvent, mais nullement à le bien faire : en sorte que, pour certains travaux, il faudrait une surveillance aussi assidue, pour obtenir une bonne exécution par des ouvriers à la tâche, que pour obtenir un exact emploi du temps par des ouvriers à la journée.

Le second inconvénient est que le maître possède bien plus de moyens de faire exécuter les travaux à point nommé et en temps opportun par des ouvriers à la journée, que par ceux qui travaillent à la tâche. Ces derniers ont coutume d'entreprendre beaucoup d'ouvrage; ils le commencent, et se regardent ensuite comme assurés de l'exécuter un peu plus tôt ou un peu plus tard ; ils ne se font pas faute de l'interrompre pour aller travailler dans leurs propres terrains, et ils choisissent pour cela les circonstances les plus favorables aux travaux. Ils reviendront à votre ouvrage s'il survient une journée où la terre ne soit pas en bon état pour le binage ou pour le béchage. On croit souvent pouvoir se garantir de ces inconvénients par des conventions et des stipulations expresses, mais· dans l'exécution, ces gens trouvent toujours quelques moyens de dérouter votre prévoyance. Il résulte de là que quoique nominalement et en apparence le travail entrepris à la tâche soit généralement à plus bas prix que celui que l'on fait exécuter à la journée, il arrive souvent qu'il est fort peu profitable à cause de la mauvaise exécution ou de retards préjudiciables.

On fera bien toutefois de donner à la tâche les travaux pour lesquels cet usage est introduit dans le canton que l'on habite, parce qu'alors il s'est établi des règles que personne ne méconnaît, relativement à la bonne exécution du travail et à l'époque où il doit être fait ; mais toutes les fois qu'il sera question d'introduire l'usage de donner à la tâche des travaux qui auparavant se faisaient à la journée, ou qui peut-être sont nouveaux pour la grande culture dans la localité, on fera bien de marcher avec beaucoup de circonspection dans les tentatives de ce genre, et il sera bien rare qu'on ne finisse pas par reconnaître l'immense avantage qu'offre l'exécution des travaux à la journée, par la facilité qu'elle donne au maître de diriger ses opérations entièrement à son gré. Au total, c'est certainement l'habitude, trop générale parmi les cultivateurs, de laisser les journaliers sans une surveillance bien combinée, qui a donné naissance à l'opinion des avantages que l'on trouverait à donner tous les travaux à la tâche : pour celui qui aura un bon chef de main-d'œuvre, il demeurera bientôt évident qu'il peut, à l'aide d'un atelier de journaliers, obtenir une exécution aussi économique, et beaucoup plus prompte et plus parfaite, de toutes les opérations pour lesquelles l'usage du travail à la tâche n'est pas adopté depuis longtemps dans la contrée.

Il est d'ailleurs des travaux qui, par leur nature, se prêtent plus ou moins à l'exécution à la tâche : par exemple, le fauchage des prairies, le faucillage des céréales et quelques autres travaux de même nature, sont généralement exécutés avec plus d'économie par des ouvriers à la tâche que par des journaliers ; aussi presque partout les exécute-t-on de cette manière. Dans beaucoup de localités, on donne aussi à la tâche l'opération de lier les gerbes, et presque partout celle de les battre ; mais je ne pense pas qu'il soit d'usage dans aucun canton de faire exécuter à la tâche les travaux de fanage du foin, et l'on ne pourrait certainement le faire qu'en courant grand risque de détériorer le produit, parce que la bonne qualité du foin dépend essentiellement de soins minutieux dans le travail du fanage. Les détails de ce travail ne peuvent se préciser d'avance, mais doivent être réglés par les variations des circonstances atmosphériques. Dans beaucoup de cas, on fera de bon ou de mauvais foin, selon qu'on aura employé à sa préparation des soins plus judicieux et souvent plus de travail : tout cela ne peut guère être abandonné à des ouvriers travaillant à la tâche, qui épargnent le travail autant qu'ils le peuvent.

Pour les binages des récoltes sarclées, il est quelques cantons où l'on fait habituellement exécuter à la tâche ceux qui sont le plus fréquemment pratiqués : ici les cultures pour les pommes de terre, là pour les navets ou les féveroles. Il est vraisemblable qu'on n'obtient pas, par ce moyen, une exécution aussi parfaite de ces travaux que si on les faisait faire par des journaliers ; cependant, dans ces cantons, il est généralement entendu et connu des deux parties, sans même qu'il soit nécessaire de conventions précises à cet égard, que les opérations doivent être exécutées de telle manière, à telle époque et dans telle circonstance, en sorte qu'il n'y aurait pas d'hésitation de la part d'un expert qui serait appelé pour décider si telle culture a été bien ou mal exécutée ; et, par ce motif même, il est rare que le travail soit gravement défectueux. Le prix de ces travaux est d'ailleurs établi par la concurrence, et fixé ordinairement à un taux raisonnable ; on peut donc sans inconvénient adopter à cet égard l'usage établi.

Il en est tout autrement lorsqu'on veut introduire dans un canton l'usage des marchés de cette espèce, en même temps que la culture des plantes sarclées. D'abord on ne trouve à traiter qu'à des prix onéreux, parce que les manouvriers, ne connaissant pas parfaitement les détails de l'engagement qu'ils prennent, craignent toujours de contracter un marché où il y aura à perdre pour eux plutôt qu'à gagner ; ensuite, le marché étant supposé conclu, ils exécuteront généralement si mal un travail auquel ils ne sont pas accoutumés, et pour lequel il est fort difficile de fixer d'avance des règles bien précises, qu'on aura presque toujours lieu de se repentir d'avoir adopté cette méthode. La perfection des travaux de sarclage exerce une si puissante influence sur le produit des récoltes de ce genre, qu'on pourra éprouver les pertes les plus considérables par suite de la mauvaise exécution des travaux.

On peut en dire à peu près autant de l'arrachage exécuté à la tâche pour certaines racines, et spécialement pour les pommes de terre, comme cela se fait quelquefois. Mais soit qu'on fixe le salaire en argent ou en nature, d'après l'étendue du terrain ou d'après la quantité des tubercules arrachés, il y a toujours beaucoup à gagner pour l'entrepreneur à travailler avec négligence : un ouvrier extraira dans sa journée une beaucoup plus grande quantité de tubercules, s'il laisse en terre un quart ou un cinquième de la récolte, que s'il se donne la peine de rechercher soigneusement les tubercules que le premier coup de bêche ou de crochet n'a pas enlevés. Il faudrait donc exercer une surveillance bien assidue sur les ouvriers à tâche. D'ailleurs, pour les récoltes un peu étendues de racines de quelque espèce que ce soit, le cultivateur peut bien difficilement s'assurer par cette méthode d'une exécution prompte et d'un arrachage marchant bien de front, de manière que ses attelages soient constamment occupés sans encombrements accidentels, et que les terres soient complétement débarrassées, au moment où il aura besoin d'y mettre la charrue pour exécuter la semaille qui doit succéder à la récolte sarclée. Il est bien plus sûr de réussir en employant un atelier de journaliers, à l'aide duquel il débarrasse complétement ses pièces de terre l'une après l'autre, à mesure qu'il veut les labourer.

Pour les fossés, on peut très-bien les faire exécuter à la tâche, en précisant la largeur et la profondeur qu'ils doivent avoir, le lieu où la terre doit être jetée, ainsi que les autres détails d'exécution. Il est facile de vérifier après l'opération si les conventions ont été remplies, mais encore c'est sous la condition que la surface du terrain est unie, et qu'il ne sera pas nécessaire de creuser plus profondément sur certains points que sur d'autres, pour procurer l'écoulement aux eaux; car, s'il en était ainsi, il pourrait devenir difficile d'établir des conditions précises et qui ne donnassent pas matière à des contestations après l'exécution des travaux.

CHAPITRE III

EXTRAITS D'OLIVIER DE SERRES.

Mes lecteurs trouveront ici, je pense, avec plaisir, le chapitre du *Théâtre d'agriculture et Mesnage des champs,* dans lequel le patriarche de notre agriculture trace la conduite que doit tenir le père de famille à l'égard de ses gens. Ce morceau ne contient pas seulement d'excellents conseils, mais c'est un monument fort intéressant qui nous retrace les mœurs rurales de la noblesse française, à une époque où la vie des champs était encore en honneur dans notre pays. Le Théâtre d'agriculture a été publié pour la première fois en 1600, sous le règne de Henri IV. Son auteur, Olivier de Serres, seigneur du Pradel, avait alors environ 60 ans.

De l'office du Père-de-famille envers ses domestiques, et voisins.

Ces choses seraient vaines sans bon gouvernement, ne pouvant en ce monde rien subsister sans police. En quoi reluit la Providence divine d'autant plus, qu'on void l'ordre qu'elle a establi en nature marcher continuellement son train sans interruption : ayant donné à aucuns le sçavoir commander, et à autres, l'obéir ; dont par ce moyen chacun est retenu en office, pour la conservation du genre humain.

Le Mesnager. Pour un préalable donques, nostre père-de-famille sera averti de s'estudier à se rendre digne de sa charge ; afin que sçachant bien commander ceux qu'il a sous soi, en puisse tirer l'obéissance nécessaire (ce qui est l'abrégé du mesnage) taschant pour en venir là, de changer, ou du moins d'adoucir, les humeurs qu'il pourrait avoir contraires à tant louable exercice, par n'y estre né. Moyennant ce, et la faveur du ciel, ne doutera de venir très-bien à bout de ses desseins, bien que pour les mettre en exécution, il soit contraint se servir

> ..... des hommes de nul prix
> Dont les corps sont de fer, et de plomb les esprits.

En cela imitant le général-d'armée, qui employe aux fortifications, des pionniers, n'ayans, comme bœufs, autre valeur qu'en la force, sans esprit ni entendement. Sur ce sujet dit le poëte ;

> Que son vers chante l'heur du bien-aisé rustique
> Dont l'honneste maison semble une république.

Ainsi, je m'adresse au gentil-homme et à autre vertueux personnage, capable de raison, qui ayant délibéré faire valoir le bien que Dieu lui a donné, ou par ses ante cesseurs, ou par ses honnestes acquets, se résoud à prendre joyeusement la peine de le faire cultiver, par serviteurs domestiques, ou par fermiers : pour, sur telle matière, lui donner des avis du tout nécessaires, qu'il amplifiera lui-mesme, par son bon sens et ses expériences.

Ce lui sera un grand support et aide, que d'estre bien *La mesnagère.* marié et accompagné d'une sage et vertueuse femme, pour faire leurs communes affaires avec parfaite amitié et bonne intelligence. Et si une telle lui est donnée de Dieu, que celle qui est descrite par *Salomon,* se pourra dire heureux, et se vanter d'avoir rencontré un bon thrésor : estant la femme l'un des plus importants ressorts du mesnage, de laquelle la conduite est à préférer à toute autre science de la culture des champs. Où l'homme aura beau se morfondre à les faire manier avec tout art et diligence, si les fruicts en provenans, serrés dans les greniers, ne sont par la femme gouvernés avec raison. Mais au contraire, estans entre les mains d'une prudente et bonne mesnagere, avec honorable liberalité et louable espargne, seront convenablement distribués : si qu'avec toute abondance, les vieux se joindront aux nouveaux, avec votre grand et commun profit, et louange. Aussi,

> On dict bien vrai, qu'en chacune saison
> La femme fait ou défait la maison.

Par telle correspondance la paix et la concorde se nourrissans en la maison, vos enfans en seront de tant mieux instruicts, et vous rendront tant plus humble obeissance, que plus vertueusement vous verront vivre par ensemble.

Cela mesme vous fera aussi aimer, honorer, craindre, obéir, de vos amis, voisins, sujets, serviteurs. Et par telle

marque estant vostre maison recogneue pour celle de
Dieu ; Dieu y habitera, y mettant sa crainte : et la com-
blant de toutes sortes de bénédictions, vous fera prospérer
en ce monde, comme est promis en l'escriture,

> Si à ton souverain tu rens obéissance,
> En la ville et aux champs tu auras abondance
> D'huile, de blé, de vin, de bestail à jamais.

Le père-de-
famille
instruira ses
enfans et ser-
viteurs.

Hésiode, Caton, Varron, Columelle et autres anciens
autheurs de rustication, quoi-que payens, ne se peuvent
souler de nous recommander d'implorer l'aide de Dieu en
toutes nos affaires, comme article fondamental du mesnage. Et puis qu'en nostre agriculture nous recerchons leurs
enseignemens pour nostre utilité, à plus forte raison devons-
nous faire profit de leurs sainctes amonitions, conformes à
la piété et religion chrestienne. Par là nous apprendrons de
policer nostre maison, spécialement d'instruire nos enfans
en la crainte de Dieu, nos serviteurs aussi : afin qu'avec la
révérence qu'ils nous doivent, chacun face sa charge, sans
bruit, vivans honnestement et religieusement, sagement se
comportans avec les voisins. Et pareillement d'aimer les pauvres, pour exercer charité envers eux, leur despartant de nos
biens, selon nos moyens et leurs nécessités, desquelles nous-
nous enquerrons sur-tout en temps de famine et de cherté.
Comme aussi en toute saison des pauvres malades, néces-
siteux et désolés, pour leur assister opportunément, de vivres, d'habits, de deniers, de consolations ; ayans au cœur,

> Que Dieu accroist et bénist la maison
> Qui a pitié du pauvre misérable.

Le père-de-famille aimera aussi ses sujets, s'il en a, les *Aimera ses sujets.* chérissant comme ses enfans, pour en leur besoin les soulager de ses crédits et faveurs : mesme en cas de nécessité, du passage des gens de guerre et autres occurrences, les gardant de foules et sur-charges, d'exactions indeues et semblables violences, que les temps diversement produisent. Leur fera faire bonne justice par ses officiers, du département desquels s'enquerra souvent : ne souffrant jamais que sous ombre de justice, ne autre occasion, son nom et sa réputation soient aucunement souillés. Sera sévère punisseur des vices, à ce qu'extirpés de sa terre, Dieu y soit seul servi et honoré.

Ajoustera à ces œuvres pies et charitables, ceste-ci, de *Sera pacificateur.* s'employer à pacifier les différens et querelles d'entre ses sujets et voisins, les gardans d'entrer en procès, et les en sortir s'ils y sont : à ce que la paix estant conservée parmi eux, il participe lui-mesme à l'aise et repos qu'elle aura produit. Imitant, par son entremise, plusieurs grands seigneurs et gentils-hommes de ce royaume, lesquels, avec beaucoup d'honneur, ont telle exquise partie en recommandation.

N'exigera rien de ses sujets que justement ne lui soit *Juste exacteur.* deu : comme au contraire, ne leur quittera, ne laissera courir chose aucune, tant petite soit elle, lui appartenant de ses fiefs ou rentes : et soit blé, vin, argent, chastaignes, poules, chapons, cire, huile, espice, courvées, servitudes, hommages et autres droicts et devoirs seigneuriaux, du tout exactement s'en fera faire la raison, sans rien rabattre, ne laisser accumuler terme sur terme : ou seroit que la pauvreté de l'année, ou autre calamité publique ou particulière, lui fournit matière de faire l'aumosne à quelqu'un de ses débiteurs, le mettant en ce cas, au nombre des pauvres.

Sera honneste envers tous, mesme envers ses parens, amis et voisins ; les caressant de toutes sortes d'amitié et bons offices ; leur faisant bonne chère estant par eux visité, de visage, de courtoisie, de vivres, avec toute libéralité : de quoi il aura tous-jours très-bon moyen, le tirant de son ménage : car

> Le débonnaire donne et preste,
> Par raison ses affaires traicte.

Et expérimentera véritable,

> Que bien-heureuse est la maison
> Qui d'amis reçoit à foison.

Mettra ses affaires en tel poinct, qu'il soit plustost en commodité de prester à ses voisins, qu'en nécessité d'emprunter d'eux : et si d'aventure il emprunte, que ce soit des moindres choses, lesquelles néantmoins leur seront tost rendues ; croyant que qui bien rend, emprunte deux fois. A quoi parviendra-t-il, si tous-jours il void à l'œil trois cueillettes de son bien, l'une dans la bource, l'autre ès greniers et caves, et la dernière en la campagne. Et qu'il ajouste à son mesnage, quelque honneste négotiation, laquelle, compatible avec la culture de ses terres, fortifiera la récolte de ses fruicts, d'où sortiront des moyens à suffisance, pour exercer tous offices honnestes, de charité, de libéralité, d'acquests, de réparations. En somme, par là se rendra-il tel que *Caton* désire le père-de-famille : assavoir, plus vendeur, qu'achepteur.

Plus vendeur, que achepteur.

Encores que ce ne soit sans louange, que de sçavoir seulement bien cultiver la terre, pour en tirer l'ordinaire rapport, nostre père-de-famille surpassant le vulgaire, ne s'arrestera en si beau chemin : ains par nouvelles et bien choisies fondations et réparations, taschera d'augmenter son revenu : sans toutes-fois s'abandonner à l'immodéré désir d'acquérir et réparer. A ce qu'estans ses affections bridées par la raison, il rejette toutes autres inventions, quoi-que subtiles, et dont plusieurs abondent, pour s'arrester à l'affection propre du bon mesnager, qui est de conserver et avaluer son bien : ce que ne se pouvant faire sans despence, se mocquera de ceux, qui sans distinction abhorrent toutes sortes de mélioremens ; par là manifestans leur jugement estre offusqué d'avarice : retenant cette maxime, *que celui n'a que faire des terres, qui n'aime les réparations.*

Est requis à tout bon mesnager, d'estre hasardeux à vendre, hastif à planter, tardif à bastir ; diligent néantmoins à édifier, après avoir planté, non devant, si nécessité ne le presse, ou quelque bonne occasion ne le pousse.

Autres qualités du bon mesnager.

N'entrera jamais en querelle avec aucun, s'il est possible, pour le péril de l'issue ; semblable aux excès des guerres civiles, tirans en ruine le vainqueur avec le vaincu. Mais au contraire, envers un chacun sera humain et courtois, non cholère ou vindicatif, en tout raisonnable, de facile convention et loyal compte en ses négoces, exacte payeur de ses debtes, prompt à satisfaire le salaire de ses serviteurs et manœuvres. Sera véritable, continent, sobre, patient, prudent, provident, espargnant, libéral, industrieux et diligent. Parties nécessaires à l'homme qui désire bien vivre en ce monde, mesme au mesnager; estans leurs contraires, ennemies formelles de nostre profit et bonheur, Dieu maudissant le labeur des vicieux et fainéans, et les hommes les ayans en exécration.

Leurs effects.   Ces belles vertus seront à nostre père-de-famille, des asseurées guides et adresses à la vraie science d'agriculture; moyennant laquelle noblement il augmentera son bien, dont il recevra d'autant plus grand profit et honneur, qu'avec plus d'industrie et de diligence, il se gouvernera en ses affaires. Et comme oracle de ses voisins, sera imité d'eux; voyant son labeur prospérer; faisant devenir bonnes, les mauvaises terres : et meilleures, les bonnes; voire, de rien (sans mettre en compte les blés, vins, et autres communes denrées) tirer grands revenus, par aqueducts, moulins, prairies, minières, soies, herbes, racines, pour divers usages; et autres choses perdues, que l'homme d'entendement met en évidence, pour son profit particulier et utilité publique. En somme, d'un désert et misérable lieu, laissé en friche plusieurs siècles (comme à la honte de leurs possesseurs et intérest publiq, de tels se treuvent beaucoup en ce royaume) fera-il une très-plaisante, riche, et commode demeure.

Orné que soit le père-de-famille de telles qualités, et rendu sçavant en tous les termes du mesnage, commandera hardiment ses gens, lesquels lui obéiront d'autant plus volontiers, que par expérience cognoistront ses ordonnances estre et raisonnables et profitables : et pour la bonne opinion qu'ils auront conceue de sa suffisance, travailleront de bon cœur et sans murmure : ce qui communément n'avient, quand les mercenaires sont sous la charge d'un qui n'entend ce qu'il veut faire, ains s'en rapporte à autrui ; des commandements duquel ont accoustumé de se mocquer.

Distinguer l'ouvrier d'avec l'ouvrage, pour convenablement les approprier, est un notable article de mesnage. A telle cause donques, aux plus robustes de nos serviteurs, seront commises les œuvres les plus grossières : aux plus spirituels, celles où l'engin est plus requis que la force; et les autres meslées de ces deux qualités, à ceux qui ont et du sçavoir et du pouvoir. Aussi est de grande efficace pour se faire servir, de discerner les humeurs des mercenaires; pour, selon icelles, commander les uns doucement, et les autres rudement. Toutes-fois en nommant par nom, celui ou ceux auxquels on s'adresse : car de commander confusément à toute la trouppe, de faire ceci ou cela; avant que d'y mettre la main, se regardent l'un l'autre, à l'intérest de l'ouvrage, qui en reste en arrière, ou se fait mal. En vain tout cela, sans continuelle sollicitation à leur devoir, par régner presque en toute sorte de mercenaires, une générale brutalité, qui les rend sots, négligens, sans conscience, sans vergongne, sans amitié : n'ayans autre soin que de faire bonne chère et d'observer le temps de toucher argent. Pour lesquelles causes, il est force que le père-de-famille s'accoustume à se lever ordinairement de grand matin, à telle heure se faisant voir à ses domestiques : à ce qu'estant exemple de diligence, dès-lors chacun se range à sa besongne, pour jouir de l'effect de ces maximes, *que la matinée, avance la journée : que le lever matin, enrichit ; et le lever tard, appauvrit.* Pour ce faire se couchera-il de bonne heure. Sur ce propos dit le sage mesnager,

> Si tu te couches tard, tard tu te leveras :
> Tard te mettras en œuvre, aussi tard disneras.

Ne se mesle donques de mesnage celui qui ne se résoudra à ce poinct, que de conduire lui-mesme ses domestiques et manœuvres, comme le capitaine ses soldats ; de peur que cuidant espargner sa peine, il ne tumbe en honteuse confusion : car,

Non seulement au mesnage telle grande solicitude et vigilance est requise, mais aussi en toutes actions du monde : n'estans mesme les rois exempts de s'employer en personne en leurs affaires, qu'ils font d'autant mieux aller, que plus curieusement les voyent et entendent ; ainsi que ceste maxime se treuve utilement vérifiée au restablissement de ce royaume, par la vertueuse conduite de notre roi HENRI IV, heureusement régnant. Mais comme le capitaine a des lieu-tenans pour le seconder ; aussi, pour son soulagement nostre père-de-famille se pourvoira de quelque habile homme, homme-de-bien, de moyen aage, comme de trente à cinquante ans (un plus jeune ou un plus vieil ne lui est propre ; à l'un défaillant le sens, à l'autre la force) ; sur lequel il se reposera aucunement, non entièrement, de

Se fera soulager par un bon serviteur.

toutes ses affaires, desquelles retiendra pour soi la principale administration : mais lui commettra les choses qu'il ne pourrait exécuter lui-mesme sans trop de travail : dont souvent se fera rendre compte, et avec lequel conférera tous les jours de ses besongnes, afin qu'aucune chose n'en demeure en arrière, par faute de prévoyance. Et gardant son authorité sur tous les siens, parlera souvent avec ses mercenaires ; plus privément toutes-fois aux journaliers, qu'aux domestiques : louant ceux qui auront bien fait, et redarguant les autres. Discernera les occasions de se gaudir et courroucer avec eux, pour faire revenir à son profit et l'un et l'autre. *Oportunément sera aigre et doux.* Meslera la rigueur avec la douceur, les rudoyant à propos, et non continuellement ; tant de peur d'estre estimé chagrin, que de les accoustumer à ne craindre. Comme par le contraire, ne sera trop facile à contenter en son service, treuvant tout bon et bien fait ; ains y remarquera quelque cas à redire, prenant par là occasion de les exhorter à mieux faire : afin qu'ils en soient plus obéissans ; et se défians de leur suffisance, moins glorieux, taschent à se rendre meilleurs serviteurs. Ne se mettra en cholère jusques là, *Sera retenu à congédier ses serviteurs, aussi,* que de renvoyer et donner congé à aucun de ses serviteurs, à toute désobéissance, ou autre légère occasion, mesme à ceux qui sont les plus suffisans, et ès temps les plus nécessaires, esquels difficilement treuve-l'on gens pour faire les besongnes. Aussi se gardera tant qu'il pourra de les *à les injurier, menacer et battre.* injurier et menacer, et jamais d'en venir jusques aux coups, sur-tout avec ses grands serviteurs : lesquels plustost, ne faisans pour lui, il congédiera, après les avoir payés : mais aux petits, ne laissera rien passer de travers, les chastiant, selon leur démérites, pour leur faire entendre par force, ce que la raison ne leur peut persuader. Deux divers temps recognoist-on en l'année, esquels le flatter–serviteurs est requis, pour abatre de leur perverse humeur, ce qui lors sur-abonde au détriment des affaires : c'est, entrant en service, et, quand la cueillette des blés approche. En cestui-là, pour le changement d'habitation, et pour la nouvelle habitude, peu de chose les fait desdire : si qu'à la moindre occasion qui s'offre, impudemment se retirent, avec ou sans congé, mesme que cela est sans aucune de leur perte, pour le peu de temps qu'ils vous auront servi : en cestui–ci, à cause de la générale desbauche de toutes sortes de pauvres gens employés ès moissons, où avec la bonne chère, pour le naturel de l'œuvre, quelquesfois les gages de leurs journées sont grands, ce qui les fait repentir de s'estre asservis à vous, et loués à prix, qu'ils estiment petit, dont ils recerchent occasion pour cause de vous quitter, ce que volontiers ils feraient sans la crainte de perdre ce que leur devés de leur salaire. Par douces paroles donques les retiendrés en office, à vostre utilité, les repurgeans de telles folles fantasies, et ainsi leur ferés passer ces pas glissans.

Saisons de caresser les serviteurs.

Ordonnera le mesnager, tous les soirs de ce qui appartiendra pour ses affaires du lendemain, à ce que chacun sçache, où, et en quoi il doit s'employer la prochaine journée, et que dès le poinct du jour se renge à l'ouvrage qui lui aura esté commandé. Conférera souvent avec ses serviteurs de ce qui est requis à ses affaires, soit ou pour la culture ordinaire du fonds, ou pour quelque nouvelle réparation : fai-

Heure ordinaire à pourveoir aux affaires.

sant semblant de suivre leurs avis en ce qu'ils se rencontrent conformes à son intention ; car par telle ruse, ils travailleront de meilleure volonté, cuidans cela estre de leur invention. Aussi c'est un article de prévoyance, de se résoudre le samedi au soir de ce qu'on a à faire pour la semaine prochaine, mesme ès nouvelles réparations : à ce que dès le dimanche l'on se pourvoye d'ouvriers et autres choses requises. Donnant ce jour-là plus de moyen de communiquer avec les personnes, qu'aucun autre de la semaine.

Selon la portée de leur esprit, le père-de-famille exhortera ses domestiques à suivre la vertu et fuir le vice, afin *Le père-de-famille sagement instruira les siens.* bue bien morigenés, vivent ainsi qu'il appartient, sans faire tort à personne. Leur défendra les blasphèmes, paillardises, larcins et autres vices, ne souffrant iceux pulluler en sa maison, pour demeurer tous-jours maison d'honneur. Leur remonstrera aussi combien la diligence apporte de profit en toutes actions, spécialement au mesnage, moyennant laquelle, plusieurs pauvres personnes ont fait de bonnes maisons : comme au contraire par négligence, infini nombre de riches familles est tumbé en extrême ruine : et qu'en toutes affaires, la négligence est de plus grand labeur, que la diligence, les paresseux estans trompés par les choses rustiques.

Sur ce propos leur alléguera les beaux dicts des Sages, *Louera la diligence.* mesme de *Salomon : que la main du diligent, l'enrichit : qu'en temps de nécessité, il ne sera point confus, ayant amassé des biens à suffisance et pour lui et pour autrui : que sa chevance est comme une forte cité : que l'habile-*

*homme en sa besongne, sera au service des rois : que qui
labourera sa terre, sera rassasié.* A l'opposite : *que le
paresseux ne voulant travailler à cause de l'hyver, men-
diera en esté : que celui qui craint toutes sortes de dangers, qu'il se figure comme des lions en chemin, pour prendre excuse de se tenir dans le lict : qui aime mieux le
dormir que le veiller, le ployer les mains, que les estendre
au labeur : qui est lasche à la besongne et de cueur failli :
qui prend des excuses quand il faut travailler, par orgueil,
en ayant honte, est moqué et comparé au fumier et à la pierre
souillée d'ordure, et exposé en grande ignominie, par voir
ses champs et vignes couvertes d'orties et espines, leurs
cloisons démolies, la pauvreté et la famine le saisir, sans
lui rester autre chose que vains souhaits, folles espérances,
avec une sotte présomption de soi-mesme, s'estimant plus
sage que plusieurs de ses voisins.* Lesquels paresseux il
renvoye aux fourmis, pour devenir diligens : à ce qu'ils ap-
prennent à travailler en esté, pour l'hyver. *Pibrac* en dit
son avis :

> Ce que tu peux maintenant, ne diffère
> Au lendemain, comme le paresseux :
> Et garde bien que tu ne sois de ceux
> Qui par autrui font ce qu'ils pourroient faire.

Aussi fait *Hésiode :*

> Qui son labeur va délayant,
> Son profit aussi va fuyant.

Et *Cicéron : qu'en ne faisant rien, l'on apprend à mal-
faire.* A ces salutaires discours ajoustoient les antiques :
*que la diligence est la mandragore, que le sot vulgaire es-
time estre entre les mains de ceux qui font bien leurs
affaires : que ce sont aussi les charmes, dont se sert le bon
mesnager, pour abondamment faire produire ses terres :
que c'est la paresse du fainéant qui donne lustre à la diligence de son voisin, homme soucieux, et qui met en évidence
les limites de leurs héritages : à la honte et confusion du
paresseux, qui par remises et longueurs, ne treuve jamais
loisir de mettre la main à l'œuvre :* dont lui avient l'effect
de ses menaces,

> Qui le temps par trop attendra :
> A la fin le temps lui faudra :

pour à la longue, escoulées les bonnes saisons, tumber
en extrème ruine, et se rendre lui et les siens du tout
misérables : quand pour vivre, aura dissipé son héritage
(tant chèrement assemblé par ses prédécesseurs) le man-
geant une pièce après l'autre.

Tels et semblables discours seront les devis ordinaires du
sage et prudent père-de-famille avec ses gens : d'où lui
mesme prendra instruction, pour estre le premier à suivre
la vertueuse diligence. De la bouche duquel ne sortira jamais aucune parole blasphématoire, lascive, sotte, ne mesdi-
sante ; afin qu'il soit miroir de toute modestie. Et à l'exemple de *Caton,* se patronant à *Manius Curius,* réformera
sa maison, réordonnant les choses destraquées, chassant

tous vagabons, bouffons, et autres gens-de-néant, à ce qu'aucun inutile, ne de mauvaise vie, n'y mange le pain. Apprendra aussi à mesurer le temps, l'une des principales sciences de la conduite des affaires du monde, pour de rang et en saison expédier ses ouvrages, dont sera prévenue et évitée la confusion, ruine de tout négoce.

Pourvoira à la nourriture de ses gens.

Fera bien nourrir ses domestiques et manœuvres, selon leur estat, qu'il continuera tous-jours d'un train, ou ce sera quand à la maison se fera quelque extraordinaire honneste, ils participent à la bonne chère. Pourvoira que leurs vivres, quoi-que grossiers, soyent bons et francs, et distribués par bon ordre, à ce qu'aucune partie ne s'en dissipe. Souffrira à ses gens de prendre leurs repas, à repos, sans les destourner que le moins qu'il pourra, et seulement pour affaires d'importance. Ne prendra en coustume de les regarder manger, comme semblant vouloir compter leurs morceaux, ains avec quelque liberté les laissera dans la cuisine à telles heures, pour se deslasser de leurs labeurs, se chauffans et gaudissans ensemble. Et afin qu'en telle licence n'y ait de l'excès, le père-de-famille les tiendra en office et sujection, les gardant de crier et folatrer de son anti-cuisine, où il sera souvent mesme à l'heure de ses repas, y faisant son ordinaire : et de là se prendra garde, après honneste refection, de les faire retourner à leur besongne.

En hyver disneront avant le jour.

Disneront devant le jour au temps des plus longues nuicts, quatre mois continuels, depuis la mi-Octobre jusqu'à la mi–Février : afin que dès l'aube du jour, chacun se range à sa besongne, estant la matinée l'avancement de toute œuvre. Et par ce moyen gaignant autant de temps, sera aussi espargnée la peine de revenir disner à la maison, ou de leur porter les vivres dehors ; en quoi a tous-jours de l'intérest. Après leur souper, ceux qui auront charges des bestes, s'en iront les panser, et souventes-fois le père-de-famille en se promenant, descendra aux estables, pour s'en prendre garde : tenant l'œil que le bestail soit traicté ainsi qu'il appartient, tous-jours d'un ordinaire ; pour le profit qui en revient, suivant le proverbe : *que l'œil du maistre engraisse le cheval.* Et tous jusques aux moindres, employeront la veillée des longues nuicts, faisans auprès du feu, des paniers, corbeilles, mandes, vans, et semblables meubles du mesnage, selon le pays et matières qu'on a : desquelles en tels temps et heures se pourvoira pour le reste de l'année ; estant vergongne au mesnager de desbourser argent en l'achapt de tels meubles, et d'employer le temps à en faire hors ladite saison : suivant ceste maxime, *de ne faire jamais de jour, ce qu'on peut faire de nuict : ni en beau temps, ce qu'on peut faire en laid.* A laquelle défense, ont ajousté les anciens, cestui leur avis : *que celui n'entend rien au mesnage, qui en temps clair et serein travaille plustost en la maison qu'aux champs* (1).

Donques tenant en besongne ses gens, ès jours pluvieux, neigeux, et autres importuns, se soignera le père-de-famille de leur faire faire grande provision de toutes sortes d'outils

____

(1) *Pessimum, qui sereno die sub tecto potiùs operaretur, quàm in agro.*

PLIN. Liber XVIII, cap. 6.

et instrumens de labourage, pour s'en fournir lors à suffisance, voire de la moitié plus qu'il ne lui en faut. Et soient socs, charrues, hoyaux, besches, pelles, haches, et autres meubles des champs, qu'il en aye à rechange; envoyant au mareschal forger des outils de fer, et apprestant en la maison ceux de bois : à ce que le tout appareillé comme il faut (et en temps presques perdu, pour ne pouvoir travailler à la terre, où y a de l'espargne) se treuve prest au besoin sans estre contraint, ne de les refaire, s'en rompant sur la besongne; ne d'en emprunter, en ayant faute : par telle réserve s'évitant, outre la honte et danger d'estre refusé, la perte du temps de les aller quérir et rendre. Tels meubles et outils seront curieusement serrés et gardés en cabinet à ce destiné, pour là les aller prendre au besoin, et remettre après le service. Mais ce sera distinctement, selon leurs espèces, matières et usages; séparant les grands, d'avec les petits, ceux de fer d'un costé, et de bois de l'autre : par tel ordre s'espargne la perte et l'esgarement, causant grand rompement de teste : la peine de les cercher estimée demie-perte. Aussi en mauvais temps le mesnager fera curer ses estables et travailler à autres telles œuvres, qui ne doivent estre faites en bon, gardant à dessein semblables besongnes pour lors employer ses gens : mesme après les pluies, à faire couper les buissons des prairies sèches, les espierrer, charrier matières pour bastir, en attendant la vraie disposition de la terre, pour la continuation de son labourage.

Seront bien payés selon les conventions. Payera bien et gaiement les serviteurs, afin que de mesme il soit servi d'eux, et soit argent, habits et autres choses convenues pour leur salaire, tout cela leur sera baillé au terme arresté; sans rabat, ne délai. Aussi ne leur sera rien avancé sans nécessité de maladie ou autre légitime cause, pour crainte de perte : à raison du sauvage et pervers naturel des mercenaires (ou de la pluspart) qui pleins d'inconstance et sans honneur, se sentans payés, à la moindre occasion de mescontentement, quitteraient vostre service : auquel maugré eux, souventes-fois ils s'arrestent, de peur de perdre leurs gages. Estant ce une bonne coustume, que de ne les payer qu'après le service et non devant, par là les tenans bridés : autrement peu s'en treuveraient s'enfoncer guières avant en vos affaires. Leur arrivant maladie ou blesseure, charitablement fera secourir ses serviteurs par bon traictement et remèdes, les faisant retirer à part en chambre à ce destinée, car c'est cruauté de les renvoyer alors, ou de ne les assister; sur-tout s'ils sont pauvres, ausquels sans autre obligation, est deu secours.

Et d'autant que c'est grande peine d'estre tous-jours après les mercenaires à les faire travailler : pour aucunement estre soulagé, le moyen est, de ne se charger par trop de serviteurs loués à l'année; ains justement pour l'ordinaire culture du domaine, convient pendre plustost du costé d'en avoir faute, que de reste; d'autant qu'avec de l'argent treuve l'on des gens à la journée, pour avancer les affaires; et les serviteurs ne se voyans en trop grand nombre, en travailleront mieux, sans s'attendre que bien peu, au labeur d'autrui. Dont aussi s'espargne et la confection et l'excessive despense, provenant de trop

grande multitude. D'ailleurs, estans les charges de vos
ordinaires serviteurs presque comme tasches, sçachans ce
qu'ils ont à faire pour toute l'année, il faudrait bien qu'ils
fussent du tout desloyaux et eshontés, s'ils n'y travailloient
passablement : sur lesquels, en vous promenant, tiendrés
facilement l'œil, par vostre présence et opportunés remons-
trances, les sollicitant à leur devoir. Réservant au bout
de l'année, à guerdonner et chastier ceux qui auront bien
ou mal servis, donnant à ceux-là quelque chose outre leur
salaire; et bannissant ceux-ci de vostre maison, pour n'y
revenir plus.

CHAPITRE III.

DES BATIMENTS RURAUX.

PREMIÈRE SECTION

Disposition générale des bâtiments.

Il est impossible de donner relativement aux constructions rurales des règles applicables à toutes les circonstances,
car l'étendue des bâtiments, leur disposition entre eux, le
mode de construction, etc., varient selon les localités
et selon le système de culture qui doit être adopté. Il ne
faut pas même négliger de consulter sur ce point les mœurs
et les habitudes des cultivateurs de la localité, mais il ne
convient de s'y astreindre qu'autant qu'on ne trouve pas
des avantages réels à s'en écarter. Il est néanmoins quelques indications plus ou moins générales, qui peuvent être
utiles aux personnes qui veulent entreprendre des constructions de ce genre : c'est à ces indications que je bornerai ce
que j'ai à dire dans ce chapitre.

Presque partout, à mesure que les procédés d'agriculture
s'améliorent, on remarque que les bâtiments qui servaient
à l'exploitation manquent d'étendue. En effet, on conçoit fa-

cilement que lorsqu'on a à loger des bestiaux plus nombreux et des produits plus abondants, un espace plus considérable devient nécessaire. Les personnes qui se livrent à des constructions rurales feront donc bien d'avoir en vue cette considération, lorsqu'elles traceront le plan de leurs bâtiments, et il sera sage de se réserver au moins toujours la facilité d'augmenter par la suite l'étendue de chaque bâtiment par des constructions nouvelles, sans être gêné par la situation des autres.

Il est en général fort utile que les divers bâtiments qui dépendent d'une exploitation soient disposés autour d'une cour close, de manière que le propriétaire ou le fermier tienne sous une seule clef tout le personnel et le matériel de l'exploitation. Cette cour doit être vaste, car il faut qu'on puisse à volonté y trouver des emplacements pour recueillir à part les diverses espèces de fumier, et que la circulation des animaux, des chariots et des instruments de culture, s'y fasse avec facilité et sans encombrement. Il faudra donc presque toujours compléter par des murs ou au moins par d'excellentes haies la clôture de la cour, dans les parties où elle n'est pas fermée par les bâtiments d'exploitation.

Si l'on peut disposer d'eau de source, une fontaine doit être placée dans cette cour, où elle alimentera un réservoir facile à curer, solidement et proprement construit, qui servira aux bestiaux d'abreuvoir et où ils pourront prendre des demi-bains qui leur seront fort utiles. Partout où de l'eau courante doit traverser la cour, il faut ou pratiquer un canal souterrain ou former de bons cassis avec beaucoup de pente, afin d'éviter qu'il s'y forme, dans le temps des gelées, de grandes surfaces couvertes de glace. Un canal couvert est toujours préférable. Lorsqu'on n'a pas d'eau courante à sa disposition, on devra du moins faire, autour d'un ou plusieurs puits, les dispositions les plus convenables, selon la localité, pour la commodité du service et l'accès du bétail qui doit s'y abreuver.

Pour la facilité des communications entre les granges, les étables et les autres bâtiments qui entourent la cour, il est indispensable qu'il règne, tout autour de cette dernière, une espèce de chemin suffisamment large pour que deux voitures puissent s'y croiser sans se gêner, et sur lequel tous les bâtiments aient leurs issues. C'est au delà de ce chemin que seront placés les dépôts de fumier. Presque partout on peut exécuter avec peu de dépense un chemin semblable, qui sera préférable sous beaucoup de rapports à un chemin pavé, en le formant, selon la méthode de *Mac-Adam,* d'un massif de 16 à 22 cent. (6 à 8 pouces) d'épaisseur de pierres concassées à la grosseur d'une noix, et arrangées avec soin de manière à former une surface unie, avec une pente nécessaire pour l'écoulement des eaux. Un cassis doit toujours, à cet effet, régner sous la gouttière des bâtiments : il est à peu près indispensable que ce cassis soit pavé. Un chemin construit ainsi durera fort longtemps à l'aide de réparations très-peu coûteuses, si on les exécute avant qu'il se soit formé de fortes ornières, et il procurera une grande facilité pour la circulation des voitures dans toutes les parties de la ferme.

Un tel chemin, s'il est entretenu très-roulant, offrira aussi de grandes commodités pour tous les transports de denrées destinées à la consommation journalière, ou que l'on doit déplacer chaque jour dans l'intérieur des bâtiments d'exploitation, comme fourrages, paille, racines, fumier, etc. Ces transports s'exécutent avec la plus grande facilité, si l'on y emploie des charrettes légères conduites à bras, à l'aide desquelles un homme peut facilement conduire un poids de deux ou trois cents kilogrammes. Il serait extrêmement utile que tout fût disposé dans l'intérieur de la ferme de manière à faciliter les transports de cette espèce, qui sont très-expéditifs et très-économiques. Il faudrait donc que les portes eussent une largeur suffisante pour permettre le passage de la charrette à bras, et que les seuils fussent disposés de manière à ne pas y faire obstacle. On se persuade à peine combien on peut économiser par ce moyen, non-seulement sur la main-d'œuvre des transports, mais sur les matières elles-mêmes, dont une partie considérable se perd dans les déplacements pénibles qu'on exécute chaque jour par des moyens mal organisés.

Il est une vérité qu'il me semble fort important d'inculquer aux propriétaires français qui se livrent à des constructions rurales, parce qu'elle est entièrement opposée à la manière d'agir de beaucoup d'entre eux : c'est que, dans les constructions de ce genre, il faut se dépouiller entièrement des idées qu'on est habitué à se former dans les villes sur les soins qu'il convient d'apporter à la grâce, à l'élégance ou à la symétrie, soit des bâtiments entre eux dans leur disposition autour de la cour de ferme, soit des portes ou croisées que l'on donne à chaque bâtiment. Ici, il y a erreur complète dans toute application qu'on veut

faire des idées de beauté ou de goût puisées dans l'archi-
tecture des édifices d'un autre genre ; le bâtiment d'exploitation le plus beau aux yeux de tout homme d'un esprit
solide, sera celui que trouvera tel un cultivateur qui aura
égard seulement aux facilités qu'il offre dans le service auquel il est destiné. Si nous avions des architectes ruraux,
dans l'acception spéciale et étroite de ce mot, il existerait
chez nous aussi un goût spécial applicable aux constructions
de cette espèce, goût dont l'utilité formerait certainement
la base. Mais les hommes qui sont appelés parfois à dresser des plans de constructions rurales, et surtout les propriétaires qui les font exécuter, se reportent toujours sans
le vouloir aux idées qu'ils ont puisées dans l'observation
des édifices d'un autre ordre ; c'est pour cela qu'on reconnaît presque toujours, dans les bâtiments ruraux construits
avec quelque soin, la répugnance avec laquelle on s'est
déterminé à sacrifier les idées de symétrie et d'élégance,
qui sont presque toujours incompatibles avec la plus
grande facilité du service, dans des bâtiments affectés à
des destinations très-diverses. A mesure que le goût et la
connaissance des choses rurales se propageront chez nous,
on verra sans doute des propriétaires plus disposés à n'a-
voir en vue que l'utilité réelle dans la construction des bâtiments d'exploitation.

Quant à la nature des matériaux qui doivent entrer dans
la construction des bâtiments, il conviendra rarement de
s'écarter des usages établis dans la localité, et qui sont fondés sur la facilité et l'économie avec lesquels on peut se les
procurer. Il pourra toutefois être fort utile, dans certaines

circonstances, qu'un propriétaire se livre à quelques essais sur l'introduction de modes de construction usités dans d'autres cantons. Je citerai en particulier le *pisé*, genre de construction si économique, et qui n'est néanmoins connu que dans un très-petit nombre des cantons où la matière existe ; car il est vraisemblable que toutes les terres argilo-siliceuses, dites terres blanches, sont propres à la constrution des murs en pisé, pourvu qu'elles aient un peu de consistance. Au reste, pour tous les essais de cette nature, il sera prudent de ne les faire d'abord qu'en petit, et de n'adopter en grand qu'après des épreuves suffisamment prolongées un mode de construction inutile dans le canton qu'on habite, à moins qu'on ne possède une expérience parfaitement acquise dans les localités où elle est en usage, avec des données certaines sur les circonstances qui doivent en faire prévoir le succès dans la localité où l'on travaille.

Dans toutes les constructions rurales, on doit se tenir également éloigné de la parcimonie avec laquelle elles sont communément exécutées dans les cantons où l'art est peu avancé, et de la prodigalité avec laquelle quelques propriétaires ont souvent procédé. Il faut ce qui est nécessaire en étendue et aussi en solidité ; mais, d'une autre part, tout ce qui dépasse ce nécessaire, sous l'un ou l'autre rapport, doit être considéré comme du luxe, et proscrit des bâtiments ruraux bien ordonnés.

DEUXIÈME SECTION.

Maison d'habitation.

§ 1er. *Maison du fermier.*

Dans chaque localité, il existe des usages établis sur l'étendue et la dispositon du logement personnel destiné au fermier. On ne doit guère s'écarter de ces usages lorsqu'on bâtit avec l'intention d'affermer ; cependant, s'il est une partie des bâtiments ruraux dans laquelle une certaine libéralité et quelque accroissement de dépense puissent être réellement profitables, je pense que c'est dans celle-ci : il importe beaucoup au propriétaire de remettre l'exploitation de son domaine à un fermier jouissant d'une aisance supérieure à celle de fermiers ordinaires, et rien ne sera plus propre à déterminer un tel homme à s'y fixer qu'un logement commode et même agréable. Presque toujours, dans la fixation du prix du fermage, le fermier paiera, sans s'en douter, à un taux élevé, l'intérêt du capital employé à rendre *confortable* l'habitation dans laquelle il va fixer sa résidence. Il conviendra beaucoup aussi d'y attacher un jardin enclos et beaucoup plus étendu que ceux qui dépendent communément des maisons de ferme, car ce jardin offrira, pour la subsistance du fermier et de toute sa famille, beaucoup plus de ressources que ne sont portés à le croire les habitants de la campagne ; et il importe beaucoup d'encourager le fermier, par les facilités qu'on lui offre, à se livrer à ce mode de culture.

La maison d'habitation devra être disposée de manière que le cultivateur puisse, avec le plus de facilités qu'il est possible, exercer sa surveillance sur tous les bâtiments ruraux; il conviendra presque toujours de la placer immédiatement à côté de la porte d'entrée, en faisant en sorte que la pièce même occupée par la famille du fermier ait vue sur ce passage, afin que rien ne puisse entrer ou sortir sans qu'on le sache dans la maison.

§ 2. *Habitation du propriétaire.*

Je n'adresse pas aux hommes opulents ce que j'ai à dire sur les habitations des propriétaires à la campagne. Ainsi, si vous avez cinquante mille francs de rentes, vous pouvez vous dispenser de lire ce qui suit. Vous pouvez vous en dispenser également si, ayant un revenu de cinq à dix mille francs, vous tenez à imiter dans ce qui fera plaisir aux étrangers qui vous invitent ceux qui ont un revenu double du vôtre. Mais sachez bien que ce n'est pas sur les jouissances de la vanité que peut se fonder le bonheur dans les mœurs rurales. Vous aurez peut-être à vivre avec des voisins plus riches que vous; mais si vous êtes disposé à vous en trouver humilié, allez habiter les grandes villes : c'est là qu'on a imaginé mille moyens pour satisfaire cette petitesse d'esprit, et pour cacher les privations de la pauvreté sous les dehors de l'opulence. Vous aurez aussi à la campagne des voisins dont la fortune est inférieure à la vôtre. Si la simplicité que vous rencontrez dans leur demeure leur fait quelque tort dans votre esprit, et vous empêche de jouir du charme que vous pourriez peut-être trouver dans leur société, allez encore habiter les villes : c'est là que le mérite des hommes se mesure, du moins dans l'esprit d'un certain monde, sur le luxe de leurs habitations et de leurs ameublements. Là, comme on se coudoie sans se connaître, on est disposé à juger sur l'extérieur.

A la campagne, c'est en vain que vous chercheriez à faire illusion sur votre fortune : tout est percé à jour : l'aisance ou la gêne de votre intérieur est connue du public tout comme la façade de votre maison, et celui qui s'efforce de passer pour plus riche qu'il n'est, soit en outrepassant ses revenus dans ses dépenses, soit en s'imposant en secret des privations pour satisfaire à son goût pour le faste, celui-là est bientôt un objet de moquerie pour les paysans eux-mêmes. Mais combien souvent vous rencontrez, dans une habitation rurale modeste et de peu d'apparence extérieure, un propriétaire jouissant de revenus considérables, et se conciliant l'estime et la considération universelles ! C'est donc seulement en mettant son habitation en rapport avec sa fortune, en sacrifiant souvent aux jouissances et aux commodités réelles de la vie les idées d'apparence extérieure et de faste, que l'on peut trouver une existence heureuse et honorable dans la vie rurale.

L'habitation que voudra faire construire pour lui un propriétaire qui désire faire valoir son domaine devra donc beaucoup varier selon l'état de sa fortune, et les détails de la construction pourront aussi être influencés par bien des circonstances diverses. Cependant il est quelques considérations que je crois pouvoir recommander aux personnes qui voudraient entreprendre une construction de ce genre. L'agrément personnel du propriétaire et des membres de sa famille doit occuper beaucoup plus de place ici que dans une maison d'habitation destinée à un fermier. On ne peut toutefois apporter trop d'attention à éviter de sacrifier à l'agrément l'utilité réelle et la facilité de surveillance de tout l'ensemble : si quelqu'un veut faire construire une maison des champs, il faut qu'il connaisse bien d'abord la vie rurale, afin de se tenir en garde contre une imitation maladroite des habitudes des villes, dans la disposition des diverses pièces qui composent son habitation.

Rarement il conviendra à un propriétaire de placer sa maison, comme je l'ai dit pour celle du fermier, immédiatement à l'entrée de la cour de ferme ; on pourra y suppléer jusqu'à un certain point en plaçant dans cette position un bâtiment destiné à servir de logement à une famille employée dans l'exploitation, et qu'on chargerait au moins du service de la porte d'entrée pendant la nuit. Il y a beaucoup d'inconvénients à disposer la maison du propriétaire qui veut faire valoir son domaine, de manière qu'elle ait son entrée hors de la cour de ferme. En plaçant cette entrée à l'intérieur, à proximité de la porte d'entrée de la cour, et, si l'on veut, avec une petite avant-cour particulière formée d'une clôture à claire-voie ou d'un mur peu élevé, le bâtiment sera disposé convenablement. Le propriétaire aura vue sur le tout, soit des croisées de ses appartements, soit chaque fois qu'il sort de chez lui, même sans un but spécial de surveillance. Derrière la maison d'habitation doivent se trouver les jardins et enclos d'utilité et d'agrément.

On a dit souvent que la cuisine est la première pièce dont on doit s'occuper dans la construction d'une maison, et cela est vrai surtout pour les habitations rurales, car la disposition de cette pièce, relativement à plusieurs autres, est d'une très-grande importance, non-seulement pour la commodité du service, mais aussi pour le maintien de l'ordre. A l'inverse des habitations des grands qui relèguent les *communs* dans un lieu écarté, on doit sans hésiter placer l'entrée de la cuisine à proximité de la porte d'entrée de la maison, car la cuisine doit faire ici l'office de la loge du portier : c'est aux personnes qui se trouvent toujours dans cette pièce que doivent s'adresser tous les étrangers, et si, par un sacrifice très-mal entendu aux grandes manières, on cherche à cacher ou dissimuler l'entrée de la cuisine, il faut bien qu'on s'attende à des inconvénients qui se feront sentir à chaque instant dans les rapports des habitants de la maison avec les gens du dehors. Ainsi, en supposant que la porte de la maison donne entrée dans un vestibule, la porte de la cuisine, apparente et bien distincte des autres, se trouvera intérieurement à proximité de cette entrée. La cuisine doit être vaste, surtout si les valets doivent y manger, et elle doit communiquer immédiatement à un garde-manger spacieux.

Il est fort bon aussi, lorsque cela est possible, de placer en communication avec la cuisine une chambre destinée au coucher des servantes.

Autrefois, dans les habitations rurales des gentilshommes, la salle à manger, qui servait aussi de salle de réception, était contiguë à la cuisine, en sorte que cette dernière lui servait d'antichambre. Olivier de Serres, en traitant des habitations des propriétaires à la campagne, se plait à signaler les avantages de cette disposition sous le rapport de la surveillance qu'exerce constamment le maître sur les valets qui mangent à la cuisine. La conduite de ces derniers est en effet plus régulière et plus décente, lorsqu'ils savent que le propriétaire et sa famille sont aussi rapprochés d'eux. Cette disposition se rencontre encore aujourd'hui chez beaucoup de propriétaires aisés qui habitent la campagne, et elle est si commode sous tous les rapports, qu'elle se généralisera, je pense, lorsque l'introduction des habitudes rurales dans les classes aisées aura appris ce qu'il en coûte, sous le rapport du bien-être, à sacrifier l'utilité réelle à l'ostentation ou à certaines idées de convention. Pour tout propriétaire qui n'a qu'une fortune modique, il me semble qu'il est déraisonnable de renoncer aux avantages que donne cette disposition ; et, à bien prendre les choses, une cuisine dans laquelle s'étale du moins le luxe de l'ordre et de la propreté, est une antichambre dont ne rougira que l'homme qui se laisse dominer par des idées d'une vanité bien étroite.

Dans cette disposition, le *parloir* ou salle de réunion, s'il y en a une distincte, devra se trouver à la suite de la salle à manger, et l'un et l'autre n'auront d'issue ou de dégagements que ceux qui sont à l'usage des membres de la famille ; en sorte que les étrangers soient forcés de traverser la cuisine pour y parvenir. Les personnes qui ont lu l'introduction comprendront pourquoi j'emploie ici la dénomination anglaise de parloir, au lieu du mot *salon*. Du reste le nom ne fait rien à l'affaire, et l'on appellera cette pièce comme on voudra, pourvu qu'on n'y oublie pas les convenances de la vie rurale, et pourvu qu'on se souvienne que la simplicité est de bon ton dans les ameublements à la campagne.

Si l'on ne voulait pas toutefois adopter la combinaison dont je viens de parler, la salle à manger devrait avoir son entrée dans le vestibule, très-près de la porte de la cuisine, et pourrait servir d'antichambre au parloir. Pour les propriétaires auxquels une plus grande aisance permet d'entretenir un personnel plus nombreux de gens de service, on pourrait aussi donner au parloir une antichambre spéciale qui serait, si l'on veut, une salle de billard, ou une pièce dans laquelle se tiendraient constamment, non pas des laquais oisifs, mais des femmes occupées à des ouvrages d'aiguille ou d'autres analogues. J'admets donc, relativement à la situation des salles de réunion, trois combinaisons qui peuvent convenir à des fortunes diverses : dans la première, la cuisine leur sert d'antichambre ; et je pourrais dire qu'elle devrait être adoptée par tout propriétaire dont le revenu ne dépasserait pas cinq ou six mille francs. Dans la seconde combinaison, la salle à manger sert d'antichambre au parloir, et dans la troisième, ce dernier aurait une antichambre particulière, et la porte de la salle à manger sur le vestibule ne serait ouverte qu'aux heures des repas.

Il y aurait bien encore une autre combinaison, qui serait d'établir une loge de portier proprement dite ; et celle-là, quelqu'inusitée qu'elle soit dans les habitations rurales, je ne la repousserais pas pour ceux qui sont en état de faire les frais d'un employé de ce genre. Ce serait vraiment le seul moyen qui permît de tenir constamment fermée la porte d'entrée d'une maison dont le propriétaire se livre à une exploitation agricole un peu étendue, car les entrées et les sorties des valets et des étrangers y sont si fréquentes, qu'on ne pourrait songer à charger du service de la porte des domestiques qui ont d'autres occupations ; mais si l'on ne voulait pas donner lieu à de très-fâcheuses pertes de temps, il faudrait que le service du cordon se fît ici avec autant de ponctualité et de prestesse que dans les hôtels de la capitale.

Ces considérations paraîtront peut-être déplacées aux personnes qui voient, chez un certain nombre de propriétaires aisés de la campagne, l'entrée de la maison libre à tout venant, la porte de la cuisine dissimulée autant qu'on le peut derrière un escalier, puis un beau salon à parquet ciré s'ouvrant sur le vestibule par une porte bien apparente. C'est là marier le luxe aux dispositions les plus incommodes pour les membres de la famille. A chaque instant cette incommodité se fera sentir : vous verrez sans cesse se présenter des gens qui avaient affaire ailleurs, et vous éviterez à peine que les mendiants s'introduisent jusqu'à la porte de votre salon. Dans les habitations rurales, on est généralement au large sous le rapport de l'étendue des bâtiments ; et si l'on sait en disposer convenablement les diverses pièces, il en résultera un des principaux avantages de la vie des champs, celui d'être logé commodément. Avec dix mille francs de revenus, une famille peut presque toujours être aussi bien logée, sous le rapport de la commodité réelle, que celle qui possède un revenu double ou triple dans une ville : c'est là sans aucun doute un des premiers éléments du bien-être de la vie. Mais il faut pour cela savoir appliquer aux convenances de la vie rurale, l'art qui a fait tant de progrès de nos jours dans la distribution des habitations dans les cités. Il faut bien dire que sous ce rapport les choses sont encore bien arriérées dans la plupart de nos habitations rurales.

Il est encore deux pièces qu'il convient de placer au rez-de-chaussée : d'abord un cabinet de bains, dont ne devrait jamais être privée une famille aisée habitant la campagne, et ensuite, pour un propriétaire qui se livre à l'exploitation de son domaine, un cabinet dans lequel le maitre tient ses livres de compte et règle ou fait régler par un commis tous les détails des affaires d'intérêt : c'est le *bureau*. Comme c'est là que viendront s'adresser en grand nombre les employés et les manouvriers pour le paiement de leur salaire, il importe qu'il s'ouvre sur le vestibule, afin qu'on y arrive sans traverser aucune autre pièce ; mais il aura une autre porte de dégagement à l'intérieur. Il sera bon, pour la sûreté de la caisse, de faire coucher un employé de confiance dans une autre pièce attenante au bureau.

J'ai parlé de la disposition dans laquelle on fait manger les valets à la cuisine, et c'est là ce qui se pratique le plus communément. Cependant il ne faut pas se dissimuler qu'il en résulte beaucoup d'inconvénients, surtout pour la maitresse de la maison. Si vous avez une épouse disposée à s'occuper avec assiduité de la surveillance des travaux du ménage, rien de plus raisonnable que de chercher à l'affranchir de cette incommodité, en disposant près de la cuisine une salle dans laquelle mangeront les valets. Cette pièce leur sert aussi de lieu de réunion, et il sera fort bien d'y disposer un certain nombre de petites armoires, à l'usage de ceux qui couchent dans les écuries. A défaut d'armoires, chacun doit y avoir son coffre fermant à clef, et dans lequel il enferme ses effets. C'est là que le dimanche ceux qui n'ont pas d'autre chambre viennent faire leur toilette. Dans l'intérêt de l'ordre, cette pièce ne doit pas avoir d'issue au dehors, en sorte que personne ne puisse y entrer sans passer par la cuisine. Cette pièce devra être chauffée pendant l'hiver; mais pour éviter la dilapidation du combustible, il est bon, lorsque cela est possible, qu'elle soit chauffée par un poêle dont le foyer s'ouvre dans la cuisine.

J'ai supposé dans tout ceci que les valets non mariés sont nourris à la maison, et que leurs aliments se préparent dans la cuisine même du maître. C'est là sans doute une incommodité; et il arrive à beaucoup de débutants dans la carrière agricole de vouloir s'en affranchir par diverses combinaisons. Je ne dirai pas qu'on ne puisse y réussir dans aucun cas, mais il est certain qu'un grand nombre de personnes, après avoir formé des tentatives de ce genre, ont été forcées de revenir au système le plus simple et le plus ordinaire, parce qu'elles ont trouvé que les autres combinaisons entraînaient des dépenses excessives, ou d'autres inconvénients qu'elles n'avaient pas prévus. On fera donc bien dans tous les cas de se ménager, dans la distribution des bâtiments, les moyens de rentrer dans cette combinaison si on le désire.

Je crois devoir placer ici quelques mots sur le mode de construction qu'il conviendra d'adopter pour le chauffage de la salle à manger et du parloir, attendu que c'est dans la construction même de ces pièces qu'il convient de disposer les moyens de chauffage. A la campagne, le froid des hivers se fait sentir beaucoup plus rigoureusement qu'à la ville. D'un autre côté, c'est dans la vie rurale surtout qu'on doit chercher à concentrer dans l'intérieur de chaque famille toutes les jouissances du bien-être, et parmi ces jouissances, il n'en est guère que l'on doive placer au-dessus de celles que procure une habitation chaude et à l'abri des intempéries de la saison. En France, d'après d'anciennes habitudes, beaucoup de personnes regardent la cheminée ouverte comme un moyen de chauffage supérieur à tous les autres. Mais à cet égard, nous sommes encore fort arriérés, relativement à nos voisins du nord. Les Français qui ont voyagé en Espagne ou en Italie pendant l'hiver se plaignent d'y avoir souffert du froid beaucoup plus que dans nos départements du Nord, parce qu'on n'y sait pas échauffer les habitations. Les Allemands ou les Russes qui viennent en France disent la même chose de nos appartements chauffés par des cheminées ouvertes, où quelques personnes seulement peuvent prendre part à la chaleur du foyer, et où le froid se fait sentir d'un côté du corps pendant que l'on est grillé de l'autre. Il est bien naturel, au reste, que sur cette matière les leçons viennent du Nord, et il est peu raisonnable de ne pas savoir en profiter.

Il n'est qu'un seul moyen de répandre une chaleur

douce dans toutes les parties d'un vaste appartement ; c'est l'usage du poêle, qui s'est introduit dans nos départements du Nord-Est depuis le commencement de ce siècle, et qui y fait chaque jour des progrès dans les classes aisées, car dans le peuple, soit dans les villes, soit dans les campagnes, son emploi est bientôt devenu général. On entend dire souvent qu'un poêle est bien triste, et qu'il est agréable d'attiser le feu et de voir pétiller la flamme. C'est purement une affaire d'habitude ; et au fond, rien n'est plus triste que de souffrir du froid, comme cela arrive nécessairement dans une vaste salle, pour ceux qui ne sont pas immédiatement rapprochés du foyer. Le plaisir qu'on trouve à voir la flamme et à tisonner prend précisément sa source dans la sensation pénible que fait éprouver le froid, contre lequel on appelle le feu comme remède. C'est pour cela que pendant l'été on se tient dans un appartement sans songer le moins du monde à regretter les jouissances de la cheminée, et l'on n'y songe pas davantage en hiver, lorsqu'on jouit, à quelque point qu'on se place, d'une température douce qui fait oublier et la saison et le foyer.

Les poêles en faïence, qu'on construit aujourd'hui avec beaucoup d'élégance, sont préférables à ceux de tôle ou fonte, parce qu'ils produisent une chaleur plus durable et plus uniforme. Au surplus, de quelque manière qu'ils soient construits, les poêles doivent être grands relativement à la pièce qu'ils doivent chauffer, parce que, présentant plus de surface, ils n'ont pas besoin d'être échauffés aussi fortement pour transmettre à tout l'appartement une température donnée, et aussi parce que leur masse, plus considérable, conserve pendant plus longtemps la chaleur. En général, les grands poêles sont réellement les plus économiques pour le combustible; mais pour les poêles construits en faïence, il est nécessaire, sous ce dernier rapport, qu'ils soient mis en communication avec la cheminée par des tuyaux en tôle d'un diamètre un peu grand, et d'une longueur suffisante pour que la fumée qui les parcourt transmette à l'air de l'appartement au moins une grande partie de la chaleur qu'elle a acquise dans le poêle. Sans cette précaution, une grande partie de cette chaleur s'échappe en pure perte dans le tuyau de la cheminée.

Quelques personnes qui avaient pu juger les avantages du poêle, mais qui ne voulaient pas sacrifier les agréments prétendus de la cheminée, ont cru pouvoir tout concilier en plaçant un poêle à côté de cette dernière, et en entretenant du feu dans l'un et l'autre. Cette disposition se voit en effet dans quelques salons, mais il faut bien qu'on sache qu'elle détruit complétement l'avantage qu'on peut attendre d'un poêle bien disposé. Si les cheminées échauffent si mal un appartement, c'est parce qu'elles déplacent continuellement une énorme masse d'air qui s'échappe par le tuyau, et qui doit nécessairement être remplacée par une masse égale d'air froid qui entre par les joints des portes et des croisées. Le poêle, au contraire, n'ayant qu'une petite ouverture, ne déplace qu'une quantité d'air infiniment moindre; en sorte qu'à mesure que l'air de l'appartement est échauffé par les surfaces du poêle, il reste dans la pièce, se distribue dans toutes ses parties, et n'est remplacé par l'air extérieur que lentement et autant que cela est nécessaire pour la salubrité de l'habitation. Maintenant, si l'on entretient un feu de cheminée dans la même pièce, il déplacera constamment, en l'attirant dans le tuyau, l'air échauffé par le poêle, et l'air froid du dehors viendra aussi constamment remplir le vide. Ainsi, lorsqu'il existe une cheminée ouverte dans l'appartement où l'on place un poêle, on doit avoir grand soin de la fermer au moyen d'un plafond en tôle placé à la partie inférieure du tuyau, et exactement scellé dans tout son pourtour; sans cela la cheminée tendrait à refroidir considérablement la pièce, quand même on n'y ferait pas de feu. Mais le mal sera bien plus grand encore, si l'on rend plus actif le courant d'air ascendant dans la cheminée, en y entretenant du feu; la chaleur produite par ce foyer ne compensera que bien imparfaitement cette cause de déperdition de l'air échauffé par le poêle. Avec des poêles bien établis, et pourvu qu'on n'ait pas donné aux appartements une hauteur immodérée, on les chauffera uniformément et entièrement à volonté avec une dépense de combustible infiniment moindre que celle qu'entraîne l'usage des cheminées.

Je reviens à la disposition des pièces de l'habitation. Si le bâtiment n'est pas très-vaste, les pièces dont il a été parlé occuperont à peu près tout le rez-de-chaussée: aucune d'elles ne peut convenablement être placée ailleurs. Le premier étage et quelquefois aussi le second seront distribués en appartements pour les membres de la famille, et l'on n'y oubliera pas ce qu'on nomme dans la vie rurale les chambres d'amis. On donnera à toutes ces pièces des dimensions moyennes plutôt que grandes, en apportant un grand soin à établir des distributions commodes, de manière que chaque appartement soit pourvu de cabinets, de dégagements, etc. C'est ici qu'on fera fort bien d'imiter les constructions des maisons urbaines ; tandis qu'on trouve si souvent, dans des habitations construites avec prétention dans les campagnes, des chambres immenses sans cabinet et sans aucune des commodités qui exercent tant d'influence sur le bien-être de la vie.

Il est indispensable qu'un vaste grenier soit consacré au séchage du linge après les lessives. Ce grenier sera mieux placé dans la maison d'habitation que partout ailleurs. Il faut aussi des pièces spéciales pour la conservation de plusieurs espèces de provisions de ménage, et l'on ne doit pas oublier le fruitier, qui sera mieux placé dans les caves qu'en aucun autre lieu, pourvu qu'elles soient saines. Quant aux greniers à graines, qui doivent toujours être vastes dans une exploitation rurale, on pourra aussi quelquefois les placer dans les étages supérieurs de la maison d'habitation, où ils seront très-convenablement pour la surveillance. On peut toutefois aussi les placer dans un autre bâtiment, à portée de l'œil du maître.

Il est quelques dépendances qui doivent être placées dans le voisinage immédiat de la maison d'habitation, par exemple le bûcher ; il doit, si l'on veut être chauffé agréablement et économiquement, contenir l'approvisionnement de deux ans pour le ménage, afin qu'on ne brûle que du bois sec. On y placera de même la buanderie, dans laquelle on peut aussi mettre le four à pain pour le ménage, ainsi que le pigeonnier peuplé de pigeons domestiques ; car, pour des fuyards, ils sont si nuisibles à la culture, que je ne suppose pas qu'un propriétaire intelligent veuille en entretenir. Il est très-utile aussi de disposer, dans le voisinage immédiat de l'habitation, une chambre qu'on puisse chauffer en hiver, et où l'on placera momentanément un ou deux valets en cas de maladie, car ils seront mieux soignés là que si on les laisse coucher dans les étables, et le service sera beaucoup plus commode pour les gens de la maison. Mais cette chambre ne devant être occupée que rarement par les malades, cela n'empêchera pas qu'on l'emploie à quelques autres usages.

Si l'on n'entretenait des vaches que pour la consommation de la maison, il conviendrait aussi que la laiterie fût placée très-près de la cuisine. Quant au poulailler, quelque avantage qu'il y ait à le rapprocher de la ménagère, il sera plus convenablement placé dans la plupart des cas dans une étable, comme je le dirai plus loin. Les volailles aimant d'ailleurs à fréquenter les tas de fumiers, où elles trouvent une abondante nourriture, on ne doit pas les en éloigner..

TROISIÈME SECTION

Écuries et étables

Les étables et les écuries doivent être vastes et aérées : cependant il ne faut pas ici donner dans l'excès. Il est certain que pour les chevaux et pour le bétail à cornes, il importe que la température du local qu'ils habitent soit chaude en hiver. Pour les bœufs à l'engrais et pour les vaches laitières, une température élevée forme même une des circonstances qui contribueront le plus à l'abondance des produits. Deux mètres et demi à trois mètres (8 à 9 pieds) de hauteur sous le plancher, forment une élévation convenable dans presque tous les cas ; des jours suffisamment multipliés et fermés de châssis bien clos seront disposés dans la partie supérieure des murailles, et autant que possible dans des directions opposées, afin qu'on puisse établir à volonté des courants et renouveler l'air de l'intérieur.

Si le local ne permettait pas d'obtenir une aération suffisante de l'étable par les ouvertures latérales, on devrait établir un *ventilateur* ou même deux, si l'étable était fort grande. Le ventilateur le plus simple est une espèce de cheminée verticale qu'on peut construire en bois, et qui, partant du plancher supérieur de l'étable, s'élève jusqu'au-dessus de la toiture, où elle est surmontée d'une espèce d'auvent pour empêcher la pluie d'y pénétrer. Au bas, cette cheminée est fermée par un volet qu'on ouvre ou ferme à volonté, au moyen d'une tige que l'on manœuvre de l'intérieur de l'écurie. En donnant à cette cheminée une ouverture intérieure de 65 centimètres (2 pieds) en carré, elle évacuera constamment une très-grande masse d'air, et l'on sera souvent forcé de fermer en partie le volet dans les temps froids. Si le passage de cette cheminée dans l'étage supérieur entraînait quelque inconvénient, on pourrait le construire extérieurement, en l'adossant au mur de bâtiment : l'air vicié sortirait alors de l'étable par une ouverture verticale, mais le tirage s'opérerait de même dans la cheminée, pourvu qu'on ait soin de placer cette ouverture le plus haut possible dans l'étable, c'est-à-dire immédiatement au-dessus du plancher supérieur.

Les écuries et étables doivent être disposées de manière qu'il ne se perde aucune partie des urines des animaux qu'elles renferment. Pour les chevaux, lorsqu'on leur consacre une litière abondante, on peut très-bien faire absorber toute l'urine par cette litière ; ainsi, il suffit de ne pas donner d'issue au dehors au cassis qui règne derrière les animaux. S'il s'amasse une petite quantité d'urine dans la partie intérieure de ce cassis, on la fera absorber par de la paille. Quant au bétail à cornes, qui produit une quantité d'urine beaucoup plus considérable, et auquel on ne peut pas toujours consacrer une litière très-abondante, il convient dans beaucoup de cas d'établir quelques dispositions dans le but de recueillir à part les urines : ainsi, le cassis qui longe toute l'étable pourra s'écouler dans une citerne, d'où, pour la commodité du service, il importe que l'on puisse puiser le liquide par dehors. Si l'on veut employer immédiatement cette urine comme engrais, autrement qu'en la mêlant dans l'eau destinée à l'irrigation des prairies, il sera même nécessaire que cette citerne soit double, et que chacune des deux contienne la quantité d'urine qui se produira pendant deux ou trois mois, afin qu'on puisse laisser l'urine en fermentation dans l'une pendant que l'autre s'emplira. L'urine pouvant sans inconvénient se mêler fraîche à l'eau des irrigations, une seule citerne suffira, et même on pourra la faire plus petite, si l'on adopte cette méthode d'emploi de l'urine.

Pour le bétail à cornes, la disposition la plus commode pour la distribution de la nourriture consiste en une plate-forme planchéiée ou cimentée régnant en avant du rang des animaux, et figurant une allée d'une surface unie, élevée d'environ 33 centimètres (un pied) au-dessus du sol sur lequel le bétail repose. Cette plate-forme, qui sert à la fois de ratelier et de crèche, doit être suffisamment large pour recevoir le fourrage et pour servir de passage aux personnes qui soignent les animaux. Un mètre et demi (4 pieds 6 pouces) au moins de largeur est nécessaire, si elle ne sert qu'à un rang d'animaux : dans les étables doubles où elle sert aux deux rangs, elle doit avoir 2 mètres 30 centimètres (7 pieds) au moins. Les fourrages verts ou secs, entiers ou hachés, se placent sur cette plate-forme, ainsi que les racines découpées, les tourteaux, la drèche des brasseries, etc. Les aliments liquides, comme les soupes, se donnent dans des baquets en bois qu'on pose momentanément sur la plate-forme devant chaque animal. Dans quelques grandes vacheries, on a établi, pour ce dernier objet, des dispositions particulières qui peuvent varier beaucoup, mais où il est généralement assez difficile de maintenir la propreté dans les auges ou crèches qu'on y place à demeure, tandis qu'un coup de balai suffit lorsque la plate-forme occupe tout l'espace qui est devant les animaux.

Une planche, placée de champ avec solidité, en avant

de la plate-forme, présente un rebord de 20 centimètres (7 ou 8 pouces) de hauteur, qui empêche les aliments qu'on dépose sur la plate-forme de tomber sous les pieds des animaux. Cette planche est maintenue par des montants ronds en bois, fixés dans le sol et au plancher supérieur, à la distance convenable entre eux pour qu'un animal soit logé dans chaque intervalle. L'animal est attaché au montant de droite et de gauche par une double longe, et au moyen d'un anneau en fer qui se meut librement sur le montant et qui porte, opposés l'un à l'autre, deux œillets auxquels se fixent les longes de l'animal de droite et de l'animal de gauche. Par cette disposition, les animaux ne peuvent nullement inquiéter leurs voisins, et aucune portion de la nourriture ne peut se perdre. Pour les vaches des plus petites races, un espace d'un mètre (3 pieds) entre les montants est suffisant, et l'on y mettra de 1 mètre 15 centimètres à 1 mètre 30 centimètres (3 pieds 1/2 à 4 pieds), dans les étables destinées à des vaches de race plus forte ou à des bœufs. Un mètre et demi (4 pieds 6 pouces) est même nécessaire pour des animaux de grande taille.

Dans cette disposition des étables, une porte doit être placée, pour le service des repas, à une des extrémités de la plate-forme ou allée régnant en avant des animaux ; si cette allée est longue, il est bon d'en placer une à chaque extrémité. D'autres portes sont placées aux extrémités du passage qui règne derrière les animaux : c'est par ces dernières que les animaux entrent ou sortent, et que les fumiers s'évacuent.

Le sol sur lequel reposent les animaux doit être formé

d'un pavé bien uni, d'un ciment ou d'un plancher, avec un peu de pente en arrière, pour que les urines n'y séjournent pas et pour qu'elles se rendent dans le cassis tracé derrière les animaux. Selon la grandeur de la race, le corps des animaux occupe un espace de 2 mètres à 2 mètres 70 centimètres (6 à 8 pieds), à partir du rebord de la plate-forme, et il faut ensuite laisser par derrière un espace suffisant pour le service du pansement et pour l'évacuation des fumiers : on voit donc qu'une largeur totale de 5 mètres environ (14 à 16 pieds) est nécessaire pour une étable simple, et que l'étable double devra avoir de 9 à 10 mètres (28 à 30 pieds). Quelques pieds de plus en largeur donneront toujours beaucoup de facilité pour le service.

Dans les étables suisses, le cassis qui règne derrière les animaux est remplacé par une auge assez profonde en bois, dans laquelle on tire plusieurs fois par jour les gros excréments, qu'on y délaie avec de l'eau, afin d'employer la plus grande partie du fumier sous forme d'engrais liquide ou lizée. L'auge a un peu de pente vers l'une de ses extrémités : on y introduit l'eau par l'extrémité supérieure, et l'on vide le liquide dans la citerne en ouvrant une bonde placée au bas de l'auge. On enlève ensuite la litière et les excréments solides qui sont restés dans l'auge, pour en former les tas de fumier.

Dans une partie de la Belgique, les étables sont disposées avec des plates-formes au-devant des animaux, comme je l'ai dit tout à l'heure, mais elles ont beaucoup plus de largeur derrière les animaux, par exemple deux mètres et demi et trois mètres (8 à 10 pieds) derrière chaque rang. Cet espace, remplaçant l'auge des Suisses et creusé d'un mètre à un mètre et demi (3 à 4 pieds) dans le sol, sert à y déposer chaque jour le fumier qu'on tire de dessous les animaux. Les urines s'écoulent dans ce fumier, et l'on n'évacue que tous les mois ou même plus rarement. Cette disposition est excellente, relativement à la quantité et à la qualité du fumier, mais la construction en est un peu coûteuse, à cause du grand espace qu'exige l'étable : il est nécessaire, dans ce cas, que celle-ci soit très-élevée ou très-aérée, parce que cette masse de fumier en décomposition dégage beaucoup de chaleur et une grande quantité de gaz ammoniacal.

Une dépendance nécessaire d'une écurie ou d'une étable est un local placé à sa proximité, où l'on dépose le fourrage vert pendant l'été à mesure qu'il arrive des champs. Ce local doit être assez vaste pour que le fourrage ne soit pas trop fortement entassé; pour le bétail à cornes, il est fort utile que ce local puisse contenir, pour le service d'hiver, le couperacine, ainsi qu'une chaudière et des cuviers pour la préparation des soupes, dont l'emploi est si profitable au bétail de cette espèce. Il faut aussi ménager dans les écuries et les étables des dispositions commodes pour que les gens de service puissent y coucher, et, à proximité des animaux de trait, un petit local doit être réservé pour qu'on puisse y disposer en ordre les divers objets de harnachement.

Pour les chevaux, c'est généralement dans des rateliers et dans des crèches qu'on leur distribue la nourriture,

mais on fait communément les crèches beaucoup trop pe—
tites, par suite de l'habitude où l'on est de donner les
grains sans mélange. Il est beaucoup de cas où il convient
de pouvoir mêler les grains égrugés à de la paille hachée
ou à d'autres substances qui occupent beaucoup de volume. Les carottes découpées ou les pommes de terre
cuites, qu'il est bon aussi de mélanger souvent à diverses
substances, exigent des crèches beaucoup plus larges et
plus profondes. On a supprimé complétement les rateliers
dans des établissements très-bien tenus, et les fourrages
verts ou secs, mélangés comme on le juge convenable, se
donnent hachés, dans des crèches larges et profondes.

QUATRIÈME SECTION

Bergeries

Les bergeries doivent être plus aérées que les écuries et
les étables destinées au bétail à cornes, parce que la santé
des bêtes à laine s'accommode mal d'un local où l'air ne se
renouvelle pas. Cependant on a quelquefois poussé jusqu'à un excès préjudiciable les précautions contre la sta-
gnation de l'air, car, au moment de l'agnelage, il importe
beaucoup pour la réussite des agneaux, du moins pour les
races qui ne sont pas très-rustiques, que ce local puisse
être tenu chaudement. On fera donc bien de donner à la
bergerie une hauteur d'environ 3 mètres et demi (10 pieds)

sous le plancher, et de ménager à la partie supérieure du local, c'est-à-dire immédiatement au-dessous du plancher, des ouvertures larges et nombreuses que l'on puisse fermer à volonté, de manière qu'on soit toujours maître d'établir la circulation de l'air lorsqu'elle est utile. Au besoin on y établira des ventilateurs, comme je l'ai expliqué dans la section précédente. Pour l'étendue de la bergerie, on calcule communément qu'une surface de neuf pieds carrés, soit d'un mètre carré, est nécessaire par tête d'animaux adultes des races moyennes. Il faudra aussi que chaque division soit pourvue de rateliers assez étendus pour que les animaux qu'elle contient puissent y trouver place à la fois sans se gêner. Pour les races moyennes, les animaux, lorsqu'ils ne sont pas trop pressés, occupent au ratelier une longueur d'environ 27 centimètres (10 pouces) par tête. Cela varie beaucoup, au reste, selon le volume qu'occupe la toison dans les diverses races, et selon l'état de la laine relativement à l'époque plus ou moins éloignée de la tonte.

Les rateliers les plus commodes sont ceux qui sont mobiles, parce qu'on peut les élever à mesure que la couche de fumier s'épaissit; en sorte qu'ils sont toujours placés commodément pour les animaux. On peut aussi les disposer à volonté dans la bergerie, de manière à former des divisions plus ou moins étendues, selon que l'exige le classement des animaux. On donne communément à ces rateliers la longueur d'une planche ordinaire, c'est-à-dire de 4 mètres (12 pieds), et on les place bout à bout, pour former les lignes de division. Ceux de ces rateliers qui sont doubles présentent de chaque côté une crèche qui doit être large et profonde, si l'on veut faire usage de la balle des grains, des siliques de colza, des fourrages hachés, des racines découpées, etc. Les crèches, dans ce cas, peuvent être formées d'une planche de 25 centimètres (9 pouces) de largeur, placée horizontalement, avec un rebord en avant de 8 centimètres (3 pouces) de hauteur. Derrière la crèche sont plantés les fuseaux du ratelier, un peu inclinés en avant, distants de 8 centimètres (3 pouces) environ entre eux, et qui ne doivent pas avoir plus de 27 centimètres (10 pouces) de hauteur. La partie supérieure du ratelier, qui va en s'évasant, doit être formée de planches, afin que les débris du fourrage ne puissent tomber sur la toison des animaux. La hauteur totale du ratelier, à partir du sol, doit être de 1 mètre à 1 mètre 15 cent. (3 à 3 pieds 1/2), ou même davantage pour les races dont les animaux sont disposés à sauter, car il importe d'empêcher qu'ils s'introduisent dans le ratelier. Le fond du ratelier, ou l'espace compris entre les deux rangs de fuseaux, auquel on donne 27 centimètres (10 pouces) de largeur, doit être incliné des deux côtés, en forme de V renversé, de manière à ramener dans les crèches tous les débris du fourrage.

On peut construire des rateliers de cette espèce avec légèreté et économie, en les formant entièrement de planches de pins ou de sapins. Chaque extrémité est formée par deux bouts de planches d'environ 1 mètre 30 centimètres (4 pieds) de longueur, croisés et cloués à plat l'un sur l'autre en forme de chevalet ou de croix de saint André, et l'extrémité inférieure de ces planches forme les pieds sur lesquels reposent le ratelier : c'est sur ces planches que viennent s'assembler les crèches et les planches dont le ratelier est composé. Par cette disposition, les pieds forment une saillie de 16 à 22 centimètres (6 ou 8 pouces) de chaque côté en dehors des faces du ratelier, en sorte que celui-ci repose solidement sur le sol. Outre ces rateliers doubles, on en construit aussi de simples du même genre, destinés à être placés le long des murailles, où on les suspend avec de petites cordes ou à l'aide d'autres dispositions qui permettent de les élever à volonté.

La porte d'entrée de la bergerie doit être fort large ; et malgré cette précaution, les animaux sont disposés à se presser tellement en entrant, qu'il en résulte souvent des avortements dans la saison de la gestation des brebis, lorsqu'on distribue aux animaux, à cette époque, et pendant qu'ils sont hors de la bergerie, des racines ou d'autres aliments dont ils sont très-avides. On prévient très-efficacement ces inconvénients, en établissant le seuil de la porte, et par conséquent le sol de la bergerie, à environ 33 centimètres (1 pied) au-dessus du niveau du sol extérieur, et en construisant en face de la porte, pour y parvenir, une rampe en pente douce qui n'ait précisément que la largeur de la porte. Si le seuil de la porte est de niveau avec le sol extérieur, on atteindra le même but en pratiquant en dehors, de chaque côté de la porte, à fleur des jambages de cette dernière, des excavations d'environ 70 centimètres (une couple de pieds) en carré et d'environ 25 centimètres (9 pouces) de profondeur, et en soutenant la terre tout autour par de petits murs ou par des blocs de

pierres de dimensions appropriées. Par l'effet de l'une ou
de l'autre de ces dispositions, il ne pourra jamais se présenter au passage de la porte que le nombre d'animaux
qui s'étaient rangés librement auparavant sur une largeur
égale à son ouverture ; de cette façon, les animaux ne seront
jamais serrés en franchissant la porte.

CINQUIÈME SECTION

Porcheries

Dans les exploitations où l'on n'entretient qu'un petit nombre de porcs destinés à l'engraissement, les loges doivent être
placées sous des hangars situés au Nord autant que possible, car les porcs adultes ne craignent nullement le froid,
et sont fort incommodés de la chaleur. La construction la
plus avantageuse pour ces loges est, je pense, celle qui est
usitée dans les départements du Nord-Est du Royaume.
Chaque loge, ordinairement adossée à une muraille, est
formée à sa partie supérieure par trois chapeaux ou pièces
de bois de 18 centimètres (7 pouces) d'équarrissage, sur
deux mètres environ (6 pieds) de longueur. Ces trois pièces sont placées horizontalement ; deux d'entre elles sont
fixées dans la muraille par l'une de leurs extrémités, et
assemblées entre elles par la troisième. Le tout est soutenu
à 1 mètre 30 centimètres (4 pieds) de hauteur par deux
montants placés aux angles et fixés en terre par leur ex-

trémité inférieure ; en sorte que l'espace occupé par cet encadrement est entièrement ouvert par dessus.

Deux des côtés sont fermés depuis le sol jusqu'aux chapeaux, soit en maçonnerie, soit en planches, et le troisième est occupé inférieurement dans toute sa longueur par une pièce de bois de chêne d'un équarrissage suffisant, dans laquelle on creuse une auge de 27 centimètres (10 pouces) de largeur sur 16 à 19 centimètres (6 à 7 pouces) de profondeur, et qui occupe presque toute la longueur de la pièce de bois. Cette auge repose sur le sol au-dessous du chapeau qui occupe ce côté et parallèlement à ce dernier.

Tout l'espace compris entre le chapeau et l'auge est fermé par un volet en planches suspendu librement par son côté supérieur, en sorte que le bas du volet se meut à volonté en dehors et en dedans de la loge. Pour établir cette suspension, la planche supérieure du volet est plus épaisse que les autres, et forme une espèce de molette de 5 centimètres (2 pouces) environ d'épaisseur, et elle a aussi plus de longueur que les autres, de manière à former à chaque extrémité du volet une saillie de 8 centimètres (3 pouces) de longueur environ. Chacune de ces saillies est taillée de manière à former un tourillon qui s'arase avec le côté supérieur de la molette, et ces deux tourillons s'engagent dans des trous ronds pratiqués à cet effet dans les montants qui supportent le chapeau, immédiatement au-dessous de ce dernier. Sur la molette, que l'on construit ordinairement en chêne, sont assemblées deux traverses qui descendent verticalement, et sur lesquelles sont clouées les planches qui forment le volet. Ce dernier étant ainsi suspendu li—

brement par les deux tourillons, ferme tout ce côté de la
loge ; son côté inférieur se présente au-dessus de l'auge
dans toute la longueur de ce dernier, et à peu près au
milieu de sa largeur. Mais le volet n'est jamais laissé dans
cette position pour le service : au moyen d'un verrou vertical placé au milieu de son côté inférieur, on le fixe
soit en dehors, soit en dedans de l'auge, relativement
à la loge. Lorsqu'on veut distribuer la nourriture aux animaux, on pousse le volet en dedans : en abaissant le verrou,
qui vient heurter contre la face intérieure de la pièce de
bois qui forme l'auge, cette dernière se trouve en dehors,
et l'on peut, sans être incommodé par les animaux, net-
toyer librement l'auge et y placer la nourriture. En levant
ensuite le verrou, on tire le volet à soi, et l'on place le
verrou dans l'œillet disposé à cet effet sur la face extérieure
de l'angle ; les animaux ont alors la libre disposition de ce
qui a été placé dans l'auge.

Le volet dont je viens de parler ne sert qu'à la distribution de la nourriture : une porte particulière est pratiquée
sur un autre côté de la loge pour l'entrée et la sortie des
animaux. Si plusieurs loges sont placées de file, en sorte
qu'on ne puisse leur donner leur issue que par la face an-
térieure, on pratique, à côté de chaque volet, une petite
porte de 40 centimètres (15 pouces) de largeur environ,
pour l'entrée et la sortie des animaux. Quant aux gens de
service, qui ne doivent entrer dans la loge que pour enlever le fumier, ils s'y introduisent facilement en passant par
dessus les chapeaux. Le fond des loges doit être très-solide-
ment pavé, en pierres de grande dimension, avec un peu

de pente vers un cassis extérieur, pour l'écoulement des urines. Là où l'on peut difficilement se procurer des pierres convenables pour ces pavés, il est préférable de former le fond des loges en madriers de chêne, dans lesquels on peut pratiquer des trous nombreux, afin que les urines s'écoulant au travers, tombent sur une surface inclinée placée au-dessous; car les porcs détruisent promptement les pavés s'ils ne sont pas très-solides. Ils détruisent même les murailles en fouillant avec leurs groins dans les joints des pierres, lorsque celles-ci ne sont pas très-bien unies. Dans ce cas, on revêt de planches les murailles à l'intérieur, jusqu'à la hauteur où les animaux peuvent atteindre. Pour les races petites ou moyennes, une loge de 2 mètres (6 pieds) de côté suffit pour le logement de deux cochons à l'engrais, ou d'une truie avec ses petits. On augmentera un peu ces dimensions pour les grandes races.

Dans les exploitations où l'on se livre en grand à l'éducation des porcs, il est très-utile de disposer une cour particulière destinée à ces animaux. En supposant la cour carrée, on pourra placer au milieu un hangar couvert d'une toiture à deux pentes qui le traversera d'un des côtés jusqu'à l'autre, en laissant seulement un passage de communication aux extrémités. Les loges seront disposées sur deux rangs sous ce hangar, en faisant face des deux côtés, en sorte qu'au moyen de séparations fixes ou mobiles placées entre les loges et le mur extérieur, on pourra former plusieurs divisions dans lesquelles on laissera sortir les porcs de diverses classes. La toiture du hangar doit toujours former une saillie de 1 mètre 60 centimètres (5 pieds) au moins en avant des loges, afin qu'on puisse y circuler librement et à couvert pour le service. Si cette cour est grande, on pourra encore placer des loges sous des hangars simples, disposés le long des murs d'enceinte. Des loges spéciales, prenant issue sur une division de la cour, seront destinées aux truies portières, qu'on y lâchera successivement avec leurs petits. Ces loges doivent être disposées de manière à pouvoir être tenues chaudement pendant l'hiver, car le froid est très-nuisible aux porcs pendant leur première jeunesse. D'autres loges seront destinées aux animaux à l'engrais, qui n'auront guère besoin d'en sortir. Une division, qui doit être aussi tenue chaudement dans les temps froids, sera réservée aux jeunes porcs en sevrage jusqu'à l'âge de 3 ou 4 mois ; et depuis cette époque jusqu'à celle de l'engraissement, ils occuperont en commun une division particulière pourvue de grandes loges qui n'ont pas besoin d'abri contre le froid.

La cour des porcs devra contenir un réservoir d'eau courante, où les animaux puissent s'abreuver et se baigner, ainsi qu'une petite maison pour l'habitation des gens destinés à les soigner ; cette maison devra avoir une pièce pourvue d'une chaudière et de cuviers pour la préparation de la nourriture des porcs. Un emplacement devra aussi être disposé pour recevoir un approvisionnement de fourrage vert, que l'on pourra, dans beaucoup de cas, y jeter à la fourche de dessus une voiture placée en dehors de la cour. Toutes les dispositions seront prises de manière à pouvoir transporter sur un petit chariot à bras les aliments solides ou liquides jusque près des auges des porcs, et pour qu'on puisse évacuer les fumiers par le même moyen. A l'aide de dispositions judicieuses analogues à celles que je viens de décrire, on pourrait, avec beaucoup de facilité et d'économie, se livrer en grand à l'éducation des porcs, qui fournirait dans beaucoup de circonstances un des emplois les plus profitables de produits de divers genres dans les exploitations rurales.

* * *

SIXIÈME SECTION

Granges et meules de grains

Dans beaucoup de cantons, on dispose en meules, hors des bâtiments d'exploitation, une bonne partie au moins du produit des récoltes en gerbes. Cet usage offre certainement une diminution sur les dépenses de construction des granges. Cependant, si l'on calcule exactement la dépense qu'occasionne chaque année la confection et la couverture des meules, et si l'on fait entrer en ligne de compte les embarras qu'entraîne la construction des meules dans les saisons pluvieuses et les chances de pertes qui en résultent, je pense qu'aucun fermier expérimenté ne refuserait de payer, en excédant de fermage, l'intérêt du prix de construction des granges et les frais qu'exige leur entretien.

Toutefois, là où il n'existe pas de granges suffisantes, il faut bien se déterminer à faire usage des meules : on ferait bien, dans ce cas, d'imiter la pratique usitée en Angleterre, qui consiste à élever les meules d'une couple de pieds au-dessus du sol, en disposant à cet effet une plate-forme en bois du même diamètre que la meule, et soutenue par un nombre suffisant de piliers. Ces piliers peuvent se construire en pierre ou en bois, mais il est bien préférable de les construire en fonte, comme on le fait en Angleterre. On leur donne, principalement dans la partie supérieure, une forme telle que les rats et les souris ne puissent y grimper. La plate-forme doit être formée d'un assemblage en bois de chêne de 19 à 22 centimètres (7 à 8 pouces) d'équarrissage.

Quelques personnes ont vanté un genre de construction usité en Hollande, consistant en quatre fortes pièces de bois plantées aux quatre angles de l'emplacement destiné à former une meule carrée; un toit mobile monte et descend le long de ces quatre montants, et s'arrête à la hauteur qu'on désire, au moyen de chevilles placées dans des trous pratiqués dans ces derniers. Plusieurs personnes qui connaissent par expérience ce genre de construction, le trouvent à la fois coûteux et embarrassant pour le maniement de la toiture. Cette dernière doit d'ailleurs être fort légère, si l'on veut la rendre maniable, et alors elle est peu solide. Une toiture fixe est préférable aussi parce qu'on peut la faire servir à une construction beaucoup plus étendue, et un simple hangar, soutenu par des étages en bois et abrité par une muraille du côté de la pluie, me semble plus économique et préférable sous tous les rapports à ces espèces de hangars à toit mobile. Il n'est pas nécessaire en effet, du moins pour garantir parfaitement les récoltes des intempéries, qu'une grange soit entourée de murailles de tous côtés : là où les bois sont à bas prix et offrent une grande économie sur la maçonnerie, on peut très-bien disposer ainsi les granges en forme de hangars, auxquels on peut facilement donner l'étendue et la hauteur suffisante pour y loger une grande quantité de gerbes.

Partout où les grains se battent au fléau, l'usage est de placer les granges près des écuries ou étables ; on pratique même communément des ouvertures communiquant de l'une à l'autre, en sorte qu'on peut jeter immédiatement de l'aire de la grange dans les rateliers et les crèches, la paille et les balles de grains, à mesure du battage. Cette disposition offre certainement une grande économie de main-d'œuvre. Cependant, si l'on y regarde de près, on trouvera qu'elle donne lieu très-fréquemment à un genre de dilapidation plus préjudiciable qu'il ne le parait au premier abord : l'étable étant placée là comme une espèce de décharge pour la grange, on y verse chaque jour les résidus de cette dernière, en quelque quantité qu'ils soient et quels que soient les besoins, plutôt pour s'en débarrasser que pour les employer utilement, et l'on ne s'occupe guère de mettre en réserve l'excédant des besoins journaliers pour le temps où le battage sera terminé.

Dans les exploitations où l'on doit employer la machine à battre, la construction des granges exige des dispositions particulières pour que le service de la machine se fasse commodément et avec le moins de dépense de main-d'œuvre possible. Une des dispositions les plus convenables dans ce cas, consiste à établir deux granges placées sur la même ligne dans le sens de leur longueur, et séparées entre elles

par un espace couvert dans lequel sera placée la machine :
l'emplacement du manége serait pris dans l'une des deux
granges. L'emplacement destiné à recevoir la machine aurait ainsi une profondeur égale à la largeur des granges. Il
sera fermé à sa partie postérieure par un mur percé d'une
ou deux grandes croisées, afin de l'éclairer et d'y établir à
volonté une circulation d'air. Ce mur pourra aussi, selon la
disposition du local, être ouvert par une porte charretière
destinée au passage des voitures qui amèneront les gerbes
à côté de la machine. Cet emplacement devra, en effet,
avoir une largeur suffisante pour que les voitures viennent
se ranger près de la machine, pour certains cas où il conviendra de battre les récoltes au moment même de leur
rentrée, ou pour celui où l'on conduirait à la machine des
gerbes provenant des meules ou d'autres lieux de dépôt.
Cette largeur est d'ailleurs nécessaire pour qu'on puisse disposer à portée de la machine, dans l'intervalle des attelées,
toutes les gerbes qu'on doit battre, lorsqu'on les apporte
des granges.

L'emplacement occupé par la machine sera totalement
ouvert par devant, et la machine sera tournée de manière
que la paille vienne se rendre du côté de cette ouverture, à mesure du battage. La toiture doit faire saillie de
ce côté de 4 mètres (12 pieds) au moins en avant de la
machine, afin que les hommes occupés à recueillir et à bot-
teler la paille puissent travailler librement et à couvert. La
hauteur à laquelle il convient de placer la machine est de
2 mètres (6 pieds) environ au-dessus du sol, pour la plate-
forme sur laquelle se tient l'ouvrier qui alimente la machine.

Cette hauteur peut au reste varier selon la construction des machines ; mais celles qui exigent beaucoup de hauteur sont peu commodes pour le service des gerbes, et l'on peut gagner de 30 à 50 centimètres (un pied ou un pied et demi) sur cette hauteur, en enfonçant un peu dans le sol, sous la machine, l'emplacement destiné à recevoir le grain, disposition fort commode pour le service. La plate-forme supérieure dont j'ai parlé doit être grande, et occuper tout l'espace qui sépare la machine du mur postérieur, afin qu'on puisse y placer à la fois un assez grand nombre de gerbes.

Dans les exploitations où l'on fait usage de la machine à battre, il est néanmoins quelques opérations pour lesquelles il faut employer le fléau, par exemple pour battre la graine de trèfle, si l'on ne fait pas usage d'une meule verticale, et aussi dans quelques autres occasions. Il faudra donc qu'une des deux granges au moins qui accompagne la machine à battre contienne une aire sur laquelle ce battage puisse s'exécuter. Si la grange n'est pas très-longue, il conviendra de placer cette aire à l'extrémité du côté de la machine, et elle traversera la grange dans toute sa largeur avec une issue à ses deux bouts, de manière qu'à la moisson les voitures vides puissent sortir par une extrémité, pendant que les voitures chargées de gerbes entrent par l'autre. Si la grange est fort longue, il conviendra mieux de placer l'aire au milieu de cette longueur, parce qu'il est incommode de transporter trop loin les gerbes à bras, pour faire ou défaire les taisseaux : il ne faut guère, par cette raison, que la profondeur du taisseau dépasse 10 mètres (30 pieds), à partir de l'aire sur la-

quelle les voitures s'arrêtent pour être déchargées. En
pratiquant cette dernière au milieu de la longueur de la
grange, on formera ainsi deux taisseaux, l'un à droite,
l'autre à gauche de l'aire ; mais il sera nécessaire de pratiquer, dans le taisseau placé entre l'aire et la machine, un
passage couvert dans lequel on apportera chaque jour les
gerbes qu'on doit battre, car c'est sur l'aire que l'on jettera les gerbes au bas de chaque taisseau. Ce passage
pourra se construire en une charpente grossière contre laquelle s'appuieront les gerbes des côtés et par dessus ; on
lui donnera 2 mètres (6 pieds) de hauteur et 1 mètre 30
centimètres (4 pieds) de largeur au moins.

Dans la grange qui renfermera le manége de la machine
à battre, l'aire se trouvera nécessairement éloignée de la
machine de la largeur du manége, et il sera nécessaire de
pratiquer à côté de ce dernier un passage pour apporter
des gerbes à la machine. Deux granges ainsi disposées et
ayant chacune 10 mètres (30 pieds) de profondeur sur
une longueur double, suffiront presque toujours pour une
ferme d'environ deux cents hectares, pourvu qu'elles
soient un peu élevées. En divisant chaque grange en deux
parties à peu près égales, par des aires ou passages destinés aux voitures, on aura quatre taisseaux, où l'on pourra
emmagasiner séparément les diverses espèces de grains.

Il est très-utile de disposer, immédiatement à côté de la
machine à battre, un local couvert où l'on puisse loger la
paille à mesure qu'on l'obtient : dans la disposition que je
viens d'indiquer, un hangar adossé extérieurement aux
granges dans toute leur longueur, des deux côtés de la

machine et sur la face où vient arriver la paille battue, conviendra parfaitement à cet usage. Il faut songer aussi à prendre, sous ce hangar ou ailleurs, les dispositions convenables pour qu'on puisse y loger commodément les menues pailles ou balles de grains, qui forment un article de grande importance pour la nourriture du bétail, lorsqu'on sait les mettre à profit. Ces parties de la plante qui avoisinent la semence sont en effet beaucoup plus nutritives que le reste de la paille, et offrent un aliment précieux pour toutes les espèces de bestiaux. Cependant il est fort rare qu'on les emploie d'une manière profitable, à cause des difficultés qu'offre cette denrée pour la transporter et l'emmagasiner : comme on ne peut la mettre en bottes de même que les fourrages, et comme elle occupe un volume considérable relativement à son poids, il est certain qu'il se présente beaucoup d'embarras lorsqu'on veut en faire un approvisionnement.

Si cela est vrai des balles de céréales, cela l'est encore plus des siliques qui forment la menue paille du colza et de la navette, parce que le volume qu'occupe cette matière est très-considérable. Pour cette raison, presque partout on la laisse se perdre en totalité ; ordinairement on la brûle sur place pour s'en débarrasser, lorsque le battage s'opère sur des baches dans les champs. Cependant ces siliques sont fort nourrissantes, et offrent un excellent aliment pour les bêtes à laine ; on peut aussi les faire entrer avec beaucoup d'avantage dans les soupes que l'on prépare pour le bétail à cornes. Comme, d'un autre côté, les récoltes de colza ou de navette produisent une très-grande quantité de ces siliques, qui forment une proportion considérable de la paille de ces plantes, on peut y trouver une ressource fort importante, dans les exploitations où l'on se livre à leur culture, et il est fort utile de prendre d'avance les dispositions nécessaires pour pouvoir emmagasiner sans trop d'embarras ce genre de produits.

Le moyen le plus commode pour le transport des menues pailles de toute nature, consiste à y employer des espèces de civières d'une construction très-légère, présentant une caisse à claire-voie, en forme de carré long, garnie entièrement en toile grossière, et pouvant contenir douze a quinze hectolitres de menue paille, ce qui forme à peu près la charge de deux hommes, l'hectolitre de siliques de colza pesant communément de 6 à 7 kilog.; soit 60 à 70 kilog. pour le mètre cube. Un vaste hangar fermé extérieurement de planches, ou tout autre local étant destiné à recevoir ces siliques lorsqu'on bat le colza à la machine, on y disposera une estrade un peu élevée, construite en planches grossières, d'où les ouvriers pourront verser le contenu de leurs civières, au lieu de s'avancer avec elles sur le tas déjà existant : il est nécessaire qu'ils puissent monter à cette estrade par un plan incliné en pente douce, car ils ne pourraient monter un escalier, chargés de la civière. Si l'on ne prend pas un moyen de ce genre, on aura bientôt couvert une surface considérable de silique que l'on ne pourra amonceler à une grande hauteur, attendu que les ouvriers ne peuvent pas facilement monter, en portant leur civière, sur un tas déjà un peu élevé.

Par des dispositions analogues à celles que je viens de

décrire, on peut se ménager une ressource de très-grande importance pour la nourriture des bestiaux pendant l'hiver; et lorsqu'on y aura recours, on trouvera que le colza et la navette sont loin d'être des récoltes qui ne rendent rien à la terre, comme on le croit communément. Il est certain que lorsqu'on utilise convenablement toutes les parties de ces plantes, il est au contraire peu de récoltes destinées à la vente qui produisent autant de fumier. Leur paille, lorsque les tiges ne sont pas trop grosses, forme une litière qui produit un fumier excellent. Les dispositions convenables dans les bâtiments sont la condition indispensable pour qu'on puisse tirer un parti profitable de ces produits, et c'est faute de les avoir prises que les cultivateurs sont presque toujours privés d'une ressource aussi précieuse, dans les cantons où l'on se livre à la culture de ces récoltes.

Dans la construction des granges, il est utile de leur donner beaucoup de hauteur, parce que la toiture formant toujours la partie la plus considérable des dépenses qu'entraîne la construction des bâtiments de cette espèce, il importe d'en réduire la surface autant qu'il est possible. Le seul motif qui doive limiter la hauteur des granges est pris dans la commodité du service pour l'emmagasinage des gerbes. En effet, lorsque le tas ou taisseau devient très-haut, il est nécessaire d'employer un grand nombre d'hommes placés en échelons sur ce tas, pour élever les gerbes jusqu'à la partie supérieure. Une hauteur de 8 à 9 mètres (24 à 28 pieds), sans gouttière, me semble convenable dans la plupart des circonstances.

Il est fort important de donner, par la toiture, du jour aux granges fermées, car elles ne peuvent en recevoir d'ailleurs. Lorsqu'on a négligé de ménager des jours dans la toiture par un moyen quelconque, les ouvriers qui travaillent sur les taisseaux déjà élevés à une grande hauteur, soit pour les former, soit pour prendre les gerbes destinées au battage, se trouvent dans une obscurité à peu près complète, et il arrive souvent que pour éviter momentanément cet inconvénient, ils écartent les tuiles, que l'on oublie ensuite de replacer, ce qui donne lieu à des gouttières extrêmement préjudiciables, car on ne s'en aperçoit ordinairement que lorsque la masse des grains a éprouvé un dommage considérable. Divers moyens sont employés selon les localités pour ménager des jours dans les toitures : tous sont bons, pourvu qu'en donnant une lumière suffisante, ils s'opposent à l'entrée des eaux des pluies et de la neige. Dans les pays où les granges sont couvertes en tuiles creuses, on atteint ce but d'une manière très-commode et très-économique au moyen de tuiles en verre un peu épaisses, de même forme et de même dimension que les tuiles en terre. Six ou huit tuiles semblables suffisent pour former un jour qui se répand dans un emplacement assez vaste. Il ne faut aucune disposition particulière pour les placer, puisqu'elles tiennent lieu des tuiles ordinaires et sont disposées de même sur les lattes de la toiture; on peut facilement les poser et les déplacer selon le besoin. Là où l'on désire obtenir une grande lumière, on peut aussi couvrir en tuiles de verre quelques mètres carrés d'une toiture, sans qu'il soit nécessaire d'établir aucune construction particulière dans la charpente. On construit ces tuiles dans plusieurs verreries des Vosges, et elles coûtent environ 50 francs le cent. On pourrait vraisemblablement user du même moyen, en construisant des tuiles plates en verre des mêmes dimensions que les tuiles en terre, pour les localités où les tuiles de cette espèce sont en usage, mais les tuiles de verre de cette forme auraient moins de solidité que celles qui sont courbées, et il serait nécessaire de leur donner beaucoup d'épaisseur.

Je n'ai pas besoin de dire sans doute qu'on doit prendre toutes les précautions possibles dans la construction pour empêcher l'accès des rats et des souris dans les granges ; mais bien rarement on pourra atteindre complétement ce but sans des dispositions trop coûteuses pour qu'on puisse les conseiller. Le sol des granges devra être à l'abri de toute humidité, et il est convenable qu'il soit toujours un peu plus élevé que le sol environnant. Dans les localités où l'on peut se procurer des matériaux convenables, il est fort utile de le former d'une surface cimentée ou bétonnée.

SEPTIÈME SECTION

Fenils

L'usage le plus répandu est de placer les fenils au-dessus des écuries et des étables où sont logés les animaux qui doivent consommer les fourrages : quoiqu'on ait quelquefois blâmé ce genre de construction, il offre tant d'avantages dans la pratique, que l'on fera bien, je pense, de l'adopter dans le plus grand nombre des circonstances. Les granges spéciales destinées à loger le fourrage ne conviennent guère qu'aux exploitations où l'on fait de ce genre de produit un objet destiné à la vente ; mais là où le foin doit être consommé dans l'exploitation, on évite des déplacements journaliers fort embarrassants, en mettant au-dessus de l'étable même le fourrage destiné à l'alimentation des animaux. D'un autre côté, cette construction offre beaucoup d'économie, parce que la toiture étant la même pour deux étages que pour un seul, la construction du fenil n'occasionne ici d'autre dépense que celle de l'exhaussement des murs. Enfin, un plancher étant presque toujours nécessaire au-dessus des écuries, des étables et des bergeries, pour y entretenir une chaleur suffisante pendant l'hiver, il n'est guère possible d'utiliser d'une manière plus profitable la partie du bâtiment supérieure à ce plancher, qu'en la destinant au logement des fourrages. Ces fenils sont utiles quand même on disposerait en meules une portion de la récolte des fourrages, car il faut toujours en avoir une portion de rentrée pour la consommation journalière ; et si l'on peut loger toute la récolte à couvert, on évitera certainement beaucoup d'embarras et de chances de détérioration des fourrages, lorsque la récolte se fera par une saison pluvieuse.

On a dit que les exhalaisons des étables tendent à détériorer le fourrage placé au-dessus ; mais cela n'a pas lieu lorsque le local de l'étable est suffisamment aéré, et lorsque les planchers sont construits avec soin. Il est certain même que lorsqu'on loge les fourrages au-dessus des étables dont le plancher ne consiste, comme dans quelques cantons, qu'en un assemblage de perches à claire-voie, la couche du fourrage qui éprouve la détérioration est peu épaisse : dans ce cas, le fenil ainsi placé a certainement son genre d'utilité, puisqu'il sert à entretenir une température chaude dans l'étable ou dans la bergerie. Il est bien préférable, au reste, que la construction du bâtiment prévienne cette détérioration d'une portion du fourrage, au moyen d'un plancher aussi bien joint qu'il est possible ; pour l'établir, on fera usage des ressources qu'offre la localité. Par le même motif que j'ai indiqué en parlant des granges, il est convenable que le fenil soit un peu élevé : rien n'est moins économique que les constructions dans lesquelles la gouttière de la toiture se trouve presque au niveau du plancher, comme cela se voit souvent, car on ne peut presque rien loger dans un fenil semblable. Il ne conviendra presque jamais de placer à moins de 2 mètres (6 pieds) de hauteur, au-dessus du plancher du fenil, la gouttière de la toiture. Il est aussi nécessaire ici que dans les granges, de pratiquer des jours dans la toiture pour éclairer la partie supérieure du fenil.

Des dispositions doivent être prises dans la construction des fenils pour qu'ils puissent se fermer exactement à clef, afin qu'il soit possible d'établir quelque ordre dans la consommation des fourrages. On pourra souvent disposer les choses de manière que la ration de chaque jour puisse s'introduire dans l'étable par un conduit que l'on fermera à volonté, et, si le fourrage doit être jeté par le dehors, on aura soin que cet endroit soit couvert par un appentis, et que le fourrage puisse être transporté de là à couvert dans l'intérieur. Dans la construction que j'ai indiquée pour les étables de bêtes à cornes, l'emplacement le plus convenable pour le conduit qui y amène la ration de fourrage est une des extrémités de l'allée placée au-devant des animaux, et sur le sol de laquelle on leur distribue les aliments.

HUITIÈME SECTION

Poulailler, laiterie et hangars

L'emplacement le plus convenable pour le poulailler est le voisinage immédiat d'une étable ou d'une bergerie, en les séparant seulement par une cloison à claire-voie : de cette manière la volaille est logée très-chaudement, et la production des œufs est plus abondante et plus hâtive. Si une étable est fort élevée, par exemple si elle a 4 mètres (12 pieds) sous le plancher, on peut placer le poulailler sans perte de place, en disposant, dans une partie quelconque de l'étable, un plancher soutenu à 2 mètres (6 pieds) environ au-dessus du sol, et en le suspendant aux travures par de petites pièces de bois. On entourera ensuite ce plancher d'une cloison en lattes à claire-voie, dans la hauteur qui le sépare du plancher supérieur de l'étable. On peut même, dans le cas où la hauteur de l'étable ne serait pas suffisante, ouvrir le plancher supérieur au-dessus de l'espace occupé par le poulailler, qu'on exhaussera ainsi de 65 centimètres à 1 mètre (2 ou 3 pieds), en prenant cette hauteur dans le fenil placé au-dessus de l'étable : on perdrait seulement par ce moyen un espace de quelques mètres cubes dans le fenil. Le poulailler se trouvera ainsi logé au-dessus des animaux, et ne fera perdre aucun espace dans l'étable. Un tel poulailler est très-chaud, et sera trouvé très-commode par les ménagères. L'entrée pour les volailles devra toujours être placée en dehors; on pourra aussi y ménager une porte de service à l'extérieur avec un escalier en bois, afin de ne pas embarrasser l'étable. Il est nécessaire toutefois, dans cette construction, que le plancher inférieur du poulailler soit double, et qu'une planche de 33 centimètres (un pied) de hauteur au moins, fixée sur le battage, règne au pourtour au-dessus du plancher, afin d'empêcher qu'aucune ordure du poulailler tombe dans l'étable.

Quant aux laiteries, je ne dirai rien de celles qui sont destinées à la préparation et à la conservation des fromages : selon la nature du fromage qu'on veut produire, il faut des dispositions diverses, et un degré de température et d'humidité approprié au but que l'on se propose. Pour les laiteries ménagères et celles qui ne sont destinées qu'à la préparation du beurre, le local doit être autant que possible frais en été et chaud en hiver, sans être trop humide. Un bon cellier ou une cave très-saine y conviennent fort bien. Autant qu'on le peut, il faut que le local soit entouré de pièces échauffées pendant l'hiver, et maintenues fraiches pendant l'été. Il est important surtout que la laiterie prenne son entrée dans une pièce qui soit dans ce cas. Une entrée à l'extérieur ne convient pas, non plus que la situation dans l'angle d'un bâtiment, parce que la température y est trop variable. Il est à désirer que l'étage supérieur à la laiterie soit occupé soit par un fenil, soit par une pièce où le grand froid et la grande chaleur ne pénètrent pas. Si cela n'était pas possible, il serait nécessaire d'établir un plafond sous les travures de la laiterie, construction qui convient, au reste, toujours beaucoup ici, à cause de la propreté. Le sol de la laiterie sera dallé ou bétonné, les murs seront enduits ou plâtrés avec soin, et l'on prendra toutes les dispositions convenables pour pouvoir facilement entretenir une grande propreté dans cette pièce. Si l'on peut y amener de l'eau par une fontaine ou par une pompe, on ne doit pas le négliger, du moins pour les laiteries considérables. On trouvera des détails plus étendus sur ce sujet dans le chapitre où je traiterai des vaches laitières.

Il est indispensable que les bâtiments ruraux contiennent des hangars où l'on puisse mettre à l'abri de la pluie ou du soleil les chariots et tous les instruments de culture. L'expérience fera bientôt reconnaître que ces hangars doivent être très-vastes, dans les exploitations où l'on emploie des instruments variés d'une valeur assez élevée. Tous les instruments se détériorent très-promptement, si on les laisse exposés aux intempéries ; et il faut que les hangars soient assez étendus pour qu'on puisse les y disposer avec ordre, et de manière à ce qu'on ne soit pas forcé à des déplacements pénibles, lorsqu'on a besoin d'y prendre quelque instrument. L'intelligence avec laquelle on dispose les hangars peut d'ailleurs faciliter beaucoup tous ces arrangements : il est convenable, à cet effet, qu'ils soient étendus en longueur plutôt que profonds. Il ne convient guère de leur donner plus de profondeur que celle qui est nécessaire pour mettre complétement à couvert un chariot remisé. Il est bon que les hangars contiennent un emplacement fermant à clef, où l'on puisse placer les instruments à main, comme pioches, fourches, etc., ainsi que quelques instruments qu'on désire soustraire à la destructive curiosité des désœuvrés, par exemple les semoirs. On suspend aussi à des crochets, disposés à cet effet autour de cet emplacement, les parties des gros instruments qui pourraient facilement être déplacées, comme les chaînes des herses, les régulateurs des charrues, les cordes qui servent à serrer les voitures de foin, etc.

Il est fort important que les hangars destinés à recevoir les gros instruments soient placés le plus près qu'il est possible des lieux où le service journalier appelle les chariots, et surtout de l'entrée de la cour de ferme. Si ces hangars se trouvent dans un lieu écarté, et s'il faut parcourir de grandes distances pour aller y remiser les instruments ou pour les y prendre dans le moment du besoin, on peut être assuré que malgré les injonctions les plus précises, les chariots et autres instruments resteront fréquemment, au grand détriment de leur conservation, abandonnés dans la partie de la cour où le hasard les a placés.

Une des dispositions les plus commodes qu'on puisse donner à ces hangars consisterait à les disposer au milieu même de la cour de ferme, où ils se trouvent à portée de tous les bâtiments qui l'entourent, en les rapprochant un peu de la porte d'entrée, si la disposition du local l'exige. Dans cette combinaison, un hangar double, placé dans le sens de la longueur d'une vaste cour de ferme qui aurait son entrée sur un de ses petits côtés, serait accessible sur tous les points. Il serait entouré d'un chemin empierré et fort large, afin qu'on puisse facilement remiser les chariots sous les hangars.

Les places à fumier seraient disposées dans l'espace laissé entre ce chemin et celui qui doit régner le long des bâtiments qui entourent la cour de ferme, et l'on devrait ménager sur divers points les communications empierrées entre ces deux chemins, pour la libre circulation des voitures. La pente de ces chemins doit être réglée de manière à évacuer, par des cassis, toutes les eaux provenant des toitures des bâtiments et des hangars. Il en coûterait fort peu de dépense pour obtenir, à l'aide de dispositions de cette nature, des cours de fermes propres et facilement accessibles sur tous leurs points, même par les plus mauvais temps, au lieu des cloaques dégoutants que présentent trop souvent les cours des bâtiments d'exploitation.

Dans le chapitre des fumiers, je donnerai des indications sur la manière la plus convenable de disposer l'emplacement qui leur est destiné, et sur la manière de recueillir le liquide qui s'en écoule, sans qu'aucune partie se répande dans la cour. Je dirai seulement ici que le sol de la cour doit être disposé de manière que les eaux de pluies qui tombent sur sa surface, ou qui proviennent des gouttières des bâtiments, aient un écoulement constant qui les éloigne des places à fumier. Cet effet n'est nullement difficile à obtenir, si l'on apporte quelque intelligence dans le nivellement qu'il est nécessaire d'opérer sur toute la surface de la cour de ferme.

NEUVIÈME SECTION

Celliers pour l'approvisionnement des racines et balance à peser les voitures.

Dans les exploitations où l'on emploie les racines à la nourriture du bétail, il est indispensable d'avoir un local assez vaste où l'on puisse loger au moins une partie des récoltes ; car en supposant qu'on fasse usage de silos placés dans les champs, il faut toujours qu'on ait dans les bâtiments un approvisionnement suffisant pour les temps de gelées, pendant lesquels on ne peut attaquer les silos. Des caves voûtées conviennent bien pour la conservation des racines, pourvu qu'elles soient bien saines et exemptes d'humidité. On peut aussi y employer des celliers, dont la construction peut varier beaucoup selon les localités, mais qui doivent être impénétrables à la gelée. Par ce motif, ils doivent être enfoncés au-dessous du niveau du sol, au moins d'une partie de leur hauteur : dans le cas où on ne le pourrait pas, on devrait prendre, dans la construction, les précautions que j'ai indiquées à l'article de la laiterie. On ne peut guère placer sous les étables les caves ou celliers destinés à contenir les racines, à cause des infiltrations. Cependant on a formé quelquefois un lieu de dépôt pour les racines sous le passage un peu élevé placé au-devant du rang des animaux, dans la construction que j'ai indiquée pour les étables. Mais ce local présente peu de ressources, parce qu'il n'a que peu de capacité. Les celliers ou caves seraient très-bien placés sous une grange, où la masse de gerbes ou de paille qui s'y trouve en hiver formerait un abri très-efficace contre l'invasion de la gelée.

On a quelquefois disposé ces magasins de manière à pouvoir y verser du dehors les racines, en faisant faire la bascule au tombereau qui les contient, à l'ouverture de soupiraux pratiqués à cet effet. Cette méthode me semble présenter un inconvénient fort grave : ce n'est pas sur un seul point ni sur quelques points du magasin qu'il faut entasser les racines, mais la capacité entière doit en être remplie à une certaine hauteur, si l'on veut ménager l'espace ; il faudra donc transporter dans l'intérieur du magasin les racines d'un point à l'autre. Si l'on voulait y procéder en employant des paniers ou d'autres vases, l'opération serait fort longue et coûteuse ; aussi, si ce sont des pommes de terre, on les poussera à la pelle à plusieurs reprises, ce qui ne peut manquer d'en blesser beaucoup, ou, si ce sont des racines plus volumineuses, comme des betteraves ou des carottes, on les jettera de loin à la main à la nouvelle place qu'elles doivent occuper, ce qui ne peut se faire

sans en meurtrir un grand nombre. Je pense qu'en général on doit s'arranger de manière que les racines, à mesure
qu'on les rentre, soient portées directement sur le point
où elles doivent rester, ce qui ne peut se faire qu'en trans-
portant dans des hottes ou dans des paniers les racines
prises sur les voitures qui les ont amenées. Comme les
ouvriers sont forcés de monter sur le tas déjà formé pour
empiler les racines à une certaine hauteur, on jette sur le
tas des planches mobiles sur lesquelles ils marchent, afin
qu'ils ne blessent pas les racines avec les ferrures de leurs
souliers.

L'entrée du cellier doit être commode pour les ouvriers
chargés de fardeaux, et si l'on peut la disposer en pente
douce plutôt qu'en escalier, cela sera préférable. Si l'entrée
est à l'extérieur, il est indispensable d'y pratiquer un tam-
bour, afin qu'on puisse ouvrir et fermer les deux portes
alternativement, lorsqu'on entre dans le cellier par des
temps de fortes gelées pour y prendre la provision journalière.

Lorsque les racines sont entassées en grande masse, il
s'en exhale une vapeur abondante, surtout dans les premiers temps : on voit alors les murailles et le plafond couverts d'eau produite par la condensation de la vapeur, si
l'on ne donne pas issue à cette dernière. On doit donc pratiquer des soupiraux dans la partie supérieure de la capacité du cellier. Ces soupiraux, au reste, n'ont pas besoin
d'être très-larges, et il vaudrait mieux les multiplier que
de leur donner beaucoup d'ouverture : on aura soin de
les fermer lorsque les gelées surviendront. L'issue des

soupiraux doit être dirigée horizontalement ou à peu près, car la vapeur qui en sort se condensant au contact de l'air froid, retombe dans la masse des racines, si l'ouverture du soupirail est dirigée verticalement.

Je dirai quelques mots ici d'une grande balance propre à peser les voitures, parce qu'on l'emploiera souvent à peser quelques voitures de racines au moment de la rentrée, afin d'estimer la quantité de la récolte d'après le nombre des voitures. Cette balance est également utile, au reste, pour plusieurs autres usages, comme pour peser des voitures de fourrage, de paille, le fumier, etc., et l'on ne peut guère s'en passer dans une exploitation d'une certaine importance et dans laquelle on veut établir de l'ordre.

Le lieu le plus convenable pour y établir cette balance est la porte d'entrée de la cour de ferme, afin qu'on puisse soumettre les voitures au pesage sans déplacement, lorsqu'elles entrent ou sortent. La porte sera placée à cet effet sous un hangar ou autre construction couverte, d'une étendue suffisante pour abriter une voiture chargée de foin ou de paille, et sous laquelle sera placée la balance.

Cette dernière peut consister en une forte romaine en fer, dont le fléau sera divisé de manière à ce qu'un kilogramme, appliqué à la branche la plus longue, fasse équilibre à dix kilogrammes portés par la branche courte. De cette dernière pendent quatre chaines qui enveloppent la voiture, et qui sont terminées par des colliers ou anneaux au moyen desquels on saisit les quatre roues par l'extrémité des fusées d'essieux. L'extrémité de la branche longue supporte un plateau ordinaire de balance de 45 à 50 centimètres (18 à 20 pouces) en carré, sur lequel on place les poids. Le fléau est suspendu à une forte traverse placée à 1 mètre 60 centimètres (5 pieds) environ au-dessus d'un plancher que l'on établit à 30 centimètres (1 pied) au moins au-dessus du niveau de la partie supérieure de la porte d'entrée ; le plancher est percé d'une ouverture suffi—sante pour le passage des quatre chaînes qui doivent enlever le chariot. C'est sur ce plancher, auquel on monte par une échelle, qu'on se place pour opérer le pesage : ainsi c'est là que seront placés le plateau et les poids.

Comme le plateau suspendu à la branche longue de la romaine ne doit pas avoir un mouvement vertical de plus de 65 centimètres (2 pieds), le point de la branche courte, où se trouve suspendu le fardeau que l'on veut peser, ne peut s'élever ou s'abaisser que du dixième de cette hauteur, dans la division que j'ai indiquée pour la romaine. Ce mouvement serait insuffisant pour enlever les voitures du sol, surtout lorsqu'il est question de voitures de fourrage, parce que les chaînes de suspension tendent à se redresser en s'enfonçant dans la masse de fourrage, dans le mouvement que l'on fait pour enlever le chariot. On supplée à cette insuffisance au moyen d'un engrenage semblable à ceux des crics, que l'on fixe à la traverse de suspension de la romaine, à 1 mètre ou 1 mètre 30 centimètres (3 ou 4 pieds) de distance du point où doit avoir lieu cette suspension. La chaîne par laquelle la romaine est suspendue, après s'être élevée verticalement, embrasse le quart de la circonférence d'une forte poulie de renvoi fixée à la traverse sur ce point, et va, dans une direction horizontale, se fixer à l'engrenage, au moyen duquel on peut ainsi, à l'aide d'une manivelle, lever ou abaisser la romaine avec le fardeau qu'elle supporte. On enlève ainsi la voiture à mesure qu'on place des poids sur le plateau pour lui former équilibre. D'autres combinaisons mécaniques pourraient fort bien, au reste, remplacer ici l'engrenage à cric.

J'ai fait usage pendant longtemps d'une romaine semblable à celle que je viens de décrire, et dont le fléau a 2 mètres 50 centimètres (7 pieds et demi) de longueur totale, et j'ai reconnu que l'usage en est assez commode. Cependant un pont à bascule placé sous la porte d'entrée serait d'un service encore plus facile, mais la dépense de construction serait beaucoup plus élevée. Un tel pont à bascule aurait en outre l'avantage de pouvoir être employé au pesage des bestiaux en vie, tandis qu'un plateau suspendu à la romaine n'y est pas propre, à cause des inconvénients qui résultent du balancement du plateau lorsqu'il est enlevé. Beaucoup d'animaux sont disposés à s'effrayer du mouvement qu'ils éprouvent ainsi, et il pourrait en résulter de graves accidents.

FIN DU TOME I.

TABLE DES MATIÈRES

DU PREMIER VOLUME

INTRODUCTION

Des mœurs et des habitudes sociales en France, dans leurs rapports avec l'état de l'agriculture et de la propriété foncière.

PREMIÈRE PARTIE.

INTERVENTION DES POUVOIRS PUBLICS.

CHAPITRE Ier.

Concours et primes.

PREMIÈRE SECTION.

DES CONCOURS EN GÉNÉRAL.

SIXIÈME SECTION.

DES ENCOURAGEMENTS POUR L'AMÉLIORATION DES INSTRUMENTS D'AGRICULTURE.

CHAPITRE II.

Etablissements d'instruction agricole.

DEUXIÈME PARTIE.

ÉCONOMIE GÉNÉRALE.

CHAPITRE Ier.

De la nature, de l'étendue et des limites des connaissances agricoles.

CHAPITRE VI.

Du contrat de métayage.

CHAPITRE VII.

Du bail à ferme.

TROISIÈME PARTIE.

DU PERSONNEL.

CHAPITRE Iᵉʳ.

Des qualités et des circonstances personnelles du cultivateur.

QUATRIÈME SECTION.

DES MANOUVRIERS.

CHAPITRE III.

QUATRIÈME PARTIE.

Des bâtiments ruraux.

PREMIÈRE SECTION.

DISPOSITION GÉNÉRALE DES BATIMENTS.

DEUXIÈME SECTION.

MAISON D'HABITATION.

1er. *Maison du fermier.*

Considérations qui doivent engager les propriétaires à disposer des logements très-commodes pour leurs fermiers. — Nécessité d'y joindre un vaste jardin. — Place que doit occuper la maison d'habitation dans la cour de ferme ; p. 313.

§ 2e. *Habitation du propriétaire.*

Nécessité de consulter ici les convenances de la vie rurale. — Emplacement de la maison et des jardins. — Distribution intérieure selon les diverses fortunes. — Dispositions relatives au chauffage des appartements. — Dépendances de l'habitation ; p. 314.

TROISIÈME SECTION.

ÉCURIES ET ÉTABLES.

Dispositions relatives à la salubrité de l'air. — Ventilateur. — Nécessité de conserver une température assez chaude. — Dispositions relatives à l'emploi des urines. — Moyen de distribuer la nourriture — Plate-forme cimentée formant crèche et ratelier pour le bétail à cornes. — Largeur de l'emplacement destiné à chaque animal. — Dispositions des étables suisses pour la préparation de l'engrais liquide. — Dispositions des étables belges. — Emplacements divers nécessaires aux services. — Crèches pour les chevaux ; p. 328.

QUATRIÈME SECTION.

BERGERIES.

Dispositions pour le renouvellement de l'air. — Emplacement nécessaire pour un nombre déterminé d'animaux. — Forme des rateliers. — Manière de disposer la porte d'entrée afin d'empêcher que les animaux s'y pressent en passant ; p. 333.

CINQUIÈME SECTION.

PORCHERIES.

SIXIÈME SECTION.

GRANGES ET MEULES DE GRAINS.

SEPTIÈME SECTION.

FÉNILS.

HUITIÈME SECTION.

POULAILLER, LAITERIE ET HANGARS.

tinés à abriter les instruments de culture. — Disposition de ces hangars relativement à la cour de ferme et aux autres bâtiments. — Moyens d'assurer une propreté constante dans la cour de ferme ; p. 357.

NEUVIÈME SECTION.

CELLIERS POUR LE LOGEMENT DES RACINES ET BALANCES A PESER LES VOITURES.

Caves ou celliers. — Dispositions pour les mettre à l'abri de la gelée. — Leur emplacement. — Arrangement des racines dans l'intérieur. — Disposition pour l'entrée du cellier. — Soupiraux pour donner issue aux vapeurs. — Emplacement de la balance à peser les voitures. — Description d'une romaine destinée à cet usage. — Pont à bascule ; p. 358.

FIN DE LA TABLE DES MATIÈRES DU PREMIER VOLUME.